21 世纪全国高职高专计算机案例型规划教材

计算机组装与维护案例教程

主　编　谭　宁
副主编　王　震　张春水
参　编　张　刚　赵　凯　刘国栋

北京大学出版社
PEKING UNIVERSITY PRESS

内 容 简 介

本书主要介绍了计算机硬件结构、组装方法和维护技巧，不仅涵盖了计算机组装与维护的基础知识，而且更加注重计算机组装与维护能力的训练和培养。

全书共分 18 章，第 1～9 章介绍计算机硬件知识，主要介绍计算机硬件基础知识与计算机的组装、计算机实际应用过程中与硬件相关的问题；第 10～15 章介绍计算机软件安装与维护知识，通过实例讲述软件的安装与维护以及计算机实际应用过程中与软件相关的问题；第 16～18 章介绍笔记本电脑维护知识，通过实例讲述笔记本电脑实际应用中遇到的问题。

本书既可以作为高等学校计算机及相关专业的教材，也可以作为计算机爱好者的自学教材及参考书，还可以作为计算机硬件从业人员的培训教材。

图书在版编目(CIP)数据

计算机组装与维护案例教程/谭宁主编. —北京：北京大学出版社，2009.5
 (21 世纪全国高职高专计算机案例型规划教材)
 ISBN 978-7-301-14673-6

Ⅰ. 计… Ⅱ. 谭… Ⅲ. ①电子计算机—组装—高等学校：技术学校—教材②电子计算机—维修—高等学校：技术学校—教材 Ⅳ. TP30

中国版本图书馆 CIP 数据核字(2008)第 185919 号

书　　　名：	计算机组装与维护案例教程
著作责任者：	谭　宁　主编
策 划 编 辑：	李彦红　王显超
责 任 编 辑：	魏红梅
标 准 书 号：	ISBN 978-7-301-14673-6/TP·0996
出　版　者：	北京大学出版社
地　　　址：	北京市海淀区成府路 205 号　100871
网　　　址：	http://www.pup.cn　http://www.pup6.com
电　　　话：	邮购部 62752015　发行部 62750672　编辑部 62750667　出版部 62754962
电 子 邮 箱：	pup_6@163.com
印　刷　者：	北京飞达印刷有限责任公司
发　行　者：	北京大学出版社
经　销　者：	新华书店
	787mm×1092mm　16 开本　21.5 印张　501 千字
	2009 年 5 月第 1 版　2012 年 10 月第 3 次印刷
定　　　价：	33.00 元

未经许可，不得以任何方式复制或抄袭本书之部分或全部内容。

版权所有　侵权必究　　举报电话：010-62752024
　　　　　　　　　　　电子邮箱：fd@pup.pku.edu.cn

21世纪全国高职高专计算机案例型规划教材
专家编写指导委员会

主　任	刘瑞挺	南开大学
副主任	安志远	北华航天工业学院
	丁桂芝	天津职业大学
委　员	(按拼音顺序排名)	
	陈　平	马鞍山师范高等专科学校
	褚建立	邢台职业技术学院
	付忠勇	北京政法职业技术学院
	高爱国	淄博职业学院
	黄金波	辽宁工程技术大学职业技术学院
	李　缨	中华女子学院山东分院
	李文华	湖北仙桃职业技术学院
	李英兰	西北大学软件职业技术学院
	田启明	温州职业技术学院
	王成端	潍坊学院
	王凤华	唐山工业职业技术学院
	薛铁鹰	北京农业职业技术学院
	张怀中	湖北职业技术学院
	张秀玉	福建信息职业技术学院
	赵俊生	甘肃省合作民族师范高等专科学校
	周　奇	广东新安职业技术学院
顾　问	马　力	微软(中国)公司Office软件资深教师
	王立军	教育部教育管理信息中心

信息技术的案例型教材建设

(代丛书序)

刘瑞挺

　　北京大学出版社第六事业部在 2005 年组织编写了《21 世纪全国应用型本科计算机系列实用规划教材》，至今已出版了 50 多种。这些教材出版后，在全国高校引起热烈反响，可谓初战告捷。这使北京大学出版社的计算机教材市场规模迅速扩大，编辑队伍茁壮成长，经济效益明显增强，与各类高校师生的关系更加密切。

　　2008 年 1 月北京大学出版社第六事业部在北京召开了"21 世纪全国应用型本科计算机案例型教材建设和教学研讨会"。这次会议为编写案例型教材做了深入的探讨和具体的部署，制定了详细的编写目的、丛书特色、内容要求和风格规范。在内容上强调面向应用、能力驱动、精选案例、严把质量；在风格上力求文字精练、脉络清晰、图表明快、版式新颖。这次会议吹响了提高教材质量第二战役的进军号。

　　案例型教材真能提高教学的质量吗？

　　是的。著名法国哲学家、数学家勒内·笛卡儿(Rene Descartes，1596—1650)说得好："由一个例子的考察，我们可以抽出一条规律。(From the consideration of an example we can form a rule.)"事实上，他发明的直角坐标系，正是通过生活实例而得到的灵感。据说是在 1619 年夏天，笛卡儿因病住进医院。中午他躺在病床上，苦苦思索一个数学问题时，忽然看到天花板上有一只苍蝇飞来飞去。当时天花板是用木条做成正方形的格子。笛卡儿发现，要说出这只苍蝇在天花板上的位置，只需说出苍蝇在天花板上的第几行和第几列。当苍蝇落在第四行、第五列的那个正方形时，可以用(4，5)来表示这个位置……由此他联想到可用类似的办法来描述一个点在平面上的位置。他高兴地跳下床，喊着"我找到了，找到了"，然而不小心把国际象棋撒了一地。当他的目光落到棋盘上时，又兴奋地一拍大腿："对，对，就是这个图"。笛卡儿锲而不舍的毅力，苦思冥想的钻研，使他开创了解析几何的新纪元。千百年来，代数与几何，井水不犯河水。17 世纪后，数学突飞猛进的发展，在很大程度上归功于笛卡儿坐标系和解析几何学的创立。

　　这个故事，听起来与阿基米德在浴池洗澡而发现浮力原理，牛顿在苹果树下遇到苹果落到头上而发现万有引力定律，确有异曲同工之妙。这就证明，一个好的例子往往能激发灵感，由特殊到一般，联想出普遍的规律，即所谓的"一叶知秋"、"见微知著"的意思。

　　回顾计算机发明的历史，每一台机器、每一颗芯片、每一种操作系统、每一类编程语言、每一个算法、每一套软件、每一款外部设备，无不像闪光的珍珠串在一起。每个案例都闪烁着智慧的火花，是创新思想不竭的源泉。在计算机科学技术领域，这样的案例就像大海岸边的贝壳，俯拾皆是。

　　事实上，案例研究(Case Study)是现代科学广泛使用的一种方法。Case 包含的意义很广：包括 Example 例子、Instance 事例、示例、Actual State 实际状况、Circumstance 情况、事件、境遇，甚至 Project 项目、工程等。

　　我们知道在计算机的科学术语中，很多是直接来自日常生活的。例如 Computer 一词早在 1646 年就出现于古代英文字典中，但当时它的意义不是"计算机"而是"计算工人"，即专门从事简单计算的工人。同理，Printer 当时也是"印刷工人"而不是"打印机"。正是由于这些"计算工人"和"印刷工人"常出现计算错误和印刷错误，才激发查尔斯·巴贝奇(Charles Babbage，1791—1871)设计了差分机和分析机，这是最早的专用计算机和通用计算机。这位英国剑桥大学数学教授、机械设计专家、经济学家和哲学家是国际公认的"计算机之父"。

20 世纪 40 年代，人们还用 Calculator 表示计算机器。到电子计算机出现后，才用 Computer 表示计算机。此外，硬件(Hardware)和软件(Software)来自销售人员。总线(Bus)就是公共汽车或大巴，故障和排除故障源自格瑞斯·霍普(Grace Hopper，1906—1992)发现的"飞蛾子"(Bug)和"抓蛾子"或"抓虫子"(Debug)。其他如鼠标、菜单……不胜枚举。至于哲学家进餐问题，理发师睡觉问题更是操作系统文化中脍炙人口的经典。

以计算机为核心的信息技术，从一开始就与应用紧密结合。例如，ENIAC 用于弹道曲线的计算，ARPANET 用于资源共享以及核战争时的可靠通信。即使是非常抽象的图灵机模型，也受到二战时图灵博士破译纳粹密码工作的影响。

在信息技术中，既有许多成功的案例，也有不少失败的案例；既有先成功而后失败的案例，也有先失败而后成功的案例。好好研究它们的成功经验和失败教训，对于编写案例型教材有重要的意义。

我国正在实现中华民族的伟大复兴，教育是民族振兴的基石。改革开放 30 年来，我国高等教育在数量上、规模上已有相当的发展。当前的重要任务是提高培养人才的质量，必须从学科知识的灌输转变为素质与能力的培养。应当指出，大学课堂在高新技术的武装下，利用 PPT 进行的"高速灌输"、"翻页宣科"有愈演愈烈的趋势，我们不能容忍用"技术"绑架教学，而是让教学工作乘信息技术的东风自由地飞翔。

本系列教材的编写，以学生就业所需的专业知识和操作技能为着眼点，在适度的基础知识与理论体系覆盖下，突出应用型、技能型教学的实用性和可操作性，强化案例教学。本套教材将会有机融入大量最新的示例、实例以及操作性较强的案例，力求提高教材的趣味性和实用性，打破传统教材自身知识框架的封闭性，强化实际操作的训练，使本系列教材做到"教师易教，学生乐学，技能实用"。有了广阔的应用背景，再造计算机案例型教材就有了基础。

我相信北京大学出版社在全国各地高校教师的积极支持下，精心设计，严格把关，一定能够建设出一批符合计算机应用型人才培养模式的、以案例型为创新点和兴奋点的精品教材，并且通过一体化设计、实现多种媒体有机结合的立体化教材，为各门计算机课程配齐电子教案、学习指导、习题解答、课程设计等辅导资料。让我们用锲而不舍的毅力，勤奋好学的钻研，向着共同的目标努力吧！

刘瑞挺教授 本系列教材编写指导委员会主任、全国高等院校计算机基础教育研究会副会长、中国计算机学会普及工作委员会顾问、教育部考试中心全国计算机应用技术证书考试委员会副主任、全国计算机等级考试顾问。曾任教育部理科计算机科学教学指导委员会委员、中国计算机学会教育培训委员会副主任。PC Magazine《个人电脑》总编辑、CHIP《新电脑》总顾问、清华大学《计算机教育》总策划。

前　言

随着信息化技术的迅速发展和计算机的全面普及，计算机技术的应用已渗透到社会的各个领域，各行各业对计算机应用型人才的需求快速增长，人才培养问题亟待解决。

目前，市面上大多数的计算机组装与维护教材或相关参考书都是传统编排模式，先是介绍基础理论知识，然后是实训，最后是习题等，这种方法以知识点为主线，过于陷于理论知识的细节，而忽略了技能的训练，导致学完计算机组装与维护，即便掌握了所有的理论知识，也不能够自己独立地组装计算机和解决计算机在使用过程中出现的问题。以至于学生在学完本课程之后既不敢为用户编写计算机的配置，也不敢动手去解决计算机在使用过程中出现的实际问题。

基于案例教学过程的实践和思考，更为了培养读者的基本技能，编者提出了一种新的编写思路，先以案例入手，提出解决问题的方法和思路，分析问题需要的理论知识，然后根据需要讲解知识点，再解决提出的问题，最后举一反三，并以应用实例提升和巩固知识点，实现综合运用的目的。目前市面上适合这样讲授的教材或参考书很少，作者经过不断探讨和多年的案例教学经验，最终形成了本教材。

案例教学是计算机类课程教学最有效的方法之一，好的案例对学生理解基本知识、掌握如何应用知识和能力十分重要。本书以指导案例教学为目的，围绕教学内容组织案例，对学生的知识和能力训练具有很强的针对性，本书主要特色如下：

(1) 以能力线索设计案例，分解知识点，有明确的目的和要求，针对性强。
(2) 选择有代表性的案例，突出重点知识的掌握和应用。
(3) 将技术指导、基本技能、应用提高、相关知识有机结合起来。
(4) 注意新方法、新技术的应用。
(5) 强调实用性，培养应用能力。

课程教学目标

通过介绍计算机组装与维护基础知识及其基本技能训练，使学生了解计算机硬件和软件的发展概况，掌握基础知识和基本技能，结合实际应用计算机过程中遇到的问题，分析问题，解决问题，思考问题，举一反三。培养学生掌握和应用基础知识的一般方法，以及应用基础知识去解决和处理计算机在使用过程中出现的实际问题的基本能力，为进一步学习和应用计算机打下良好的基础。

学时分配

建议课程安排 80 课时，其中，理论教学为 36 课时，实训教学为 44 课时。

任课教师教学过程中应注意的事项

建议采用启发式案例教学法，应注重培养学生的创新能力。

本课程与其他课程的关系

前导课程有：计算机文化基础。

后继课程有：微机原理、计算机网络、计算机专业英语。

本书由淄博职业学院的谭宁担任主编，辽东学院信息技术学院的王震、淄博职业学院的张春水担任副主编。其中，第1章至第4章由谭宁编写，第5章至第7章由山西青年管理干部分学院的张刚编写，第8章至第9章由淄博职业学院的赵凯编写，第10章至第13章由王震编写，第14章至第15章由淄博职业学院的刘国栋编写，第16章至第18章由张春水编写。全书由谭宁负责统稿。

由于作者水平有限，书中难免有疏漏之处，恳请广大读者批评指正，以使本书得以改进和完善。

编 者

2010年8月

目 录

第一部分 硬件基础知识与维护

第1章 计算机概述 ... 3
1.1 微型计算机简介 ... 4
1.1.1 计算机发展简史 ... 4
1.1.2 计算机发展趋势 ... 5
1.2 硬件系统 ... 5
1.2.1 主机 ... 6
1.2.2 外部设备 ... 8
1.3 软件系统 ... 11
1.4 实训——品牌机与组装机的识别 ... 12
本章小结 ... 14
习题 ... 14

第2章 中央处理器(CPU) ... 16
2.1 CPU 概述 ... 17
2.1.1 Intel 公司的 CPU ... 17
2.1.2 AMD 公司的 CPU ... 20
2.2 CPU 的性能指标与选购 ... 21
2.2.1 CPU 的性能指标 ... 22
2.2.2 CPU 的选购 ... 25
2.2.3 CPU 风扇的选购 ... 26
2.3 CPU 和 CPU 风扇的安装 ... 27
2.3.1 CPU 的安装 ... 27
2.3.2 CPU 风扇的安装 ... 28
2.4 实训——安装 CPU 和 CPU 风扇 ... 28
本章小结 ... 30
习题 ... 30

第3章 主板 ... 33
3.1 主板的基础知识 ... 34
3.1.1 主板的分类 ... 34
3.1.2 主板的组成 ... 35

3.2 主板的技术指标与选购 ... 40
3.2.1 主板的技术指标 ... 40
3.2.2 主板的选购 ... 41
3.3 主板的安装与维护 ... 41
3.3.1 主板的安装与拆卸 ... 41
3.3.2 主板常见故障的处理 ... 43
3.4 实训——主板的安装与拆卸 ... 44
本章小结 ... 46
习题 ... 46

第4章 存储系统 ... 49
4.1 内存基础知识与维护 ... 51
4.1.1 内存的分类 ... 51
4.1.2 内存的技术指标 ... 53
4.1.3 内存的选购 ... 55
4.1.4 内存条的安装与拆卸 ... 55
4.1.5 内存常见故障的处理 ... 56
4.2 硬盘的基础知识与维护 ... 57
4.2.1 硬盘的分类 ... 57
4.2.2 硬盘的技术指标 ... 60
4.2.3 硬盘的选购 ... 62
4.2.4 识别不同类型的硬盘 ... 63
4.2.5 硬盘的安装与拆卸 ... 64
4.2.6 硬盘常见故障的处理 ... 65
4.3 移动存储的基础知识 ... 66
4.4 光驱与光盘 ... 69
4.4.1 光盘的分类 ... 69
4.4.2 光驱的主要产品 ... 70
4.4.3 光驱的安装 ... 71
4.5 实训——内存条的安装与拆卸 ... 72
本章小结 ... 73
习题 ... 74

第5章 显示系统 76

5.1 显示器的基础知识与维护 77
- 5.1.1 显示器的分类 78
- 5.1.2 CRT显示器的技术指标 78
- 5.1.3 液晶显示器的性能指标 80
- 5.1.4 显示器的选购 82
- 5.1.5 显示器的连接 83

5.2 显卡的基础知识与维护 84
- 5.2.1 显卡的分类 85
- 5.2.2 显卡的结构 85
- 5.2.3 显卡的技术指标 90
- 5.2.4 显卡的选购 91
- 5.2.5 显卡的安装与拆卸 92
- 5.2.6 显卡常见故障的处理 93

5.3 实训——显卡的安装与拆卸 94
本章小结 95
习题 95

第6章 声卡和音箱 97

6.1 声卡 98
- 6.1.1 声卡的基础知识 98
- 6.1.2 声卡的主要技术指标 100
- 6.1.3 声卡的选购 102
- 6.1.4 声卡的安装与拆卸 103
- 6.1.5 声卡常见故障的处理 104

6.2 音箱 105
- 6.2.1 音箱的组成 106
- 6.2.2 音箱的主要性能指标 107
- 6.2.3 音箱的选购 108
- 6.2.4 音箱常见故障的处理 108

6.3 实训——声卡和音箱的安装与拆卸 109
本章小结 111
习题 111

第7章 机箱电源与键盘鼠标 112

7.1 机箱 113
- 7.1.1 机箱的分类 114
- 7.1.2 机箱的选购 115

7.2 电源 117
- 7.2.1 电源的分类 117
- 7.2.2 电源的技术指标 118
- 7.2.3 电源的选购 119
- 7.2.4 电源的安装与维护 120
- 7.2.5 电源常见故障的处理 121

7.3 键盘 122
- 7.3.1 键盘的分类 122
- 7.3.2 键盘的结构 122
- 7.3.3 键盘选购与维护 123
- 7.3.4 键盘常见故障的处理 124

7.4 鼠标 125
- 7.4.1 鼠标的分类 126
- 7.4.2 鼠标的性能指标 127
- 7.4.3 鼠标的选购 127
- 7.4.4 键盘及鼠标的安装与拆卸 128
- 7.4.5 键盘及鼠标常见故障的处理 129

7.5 实训——电源的安装与拆卸 130
本章小结 131
习题 131

第8章 其他外设 133

8.1 打印机的基础知识 134
- 8.1.1 打印机的分类 134
- 8.1.2 打印机的应用 135
- 8.1.3 打印机的技术指标 136
- 8.1.4 打印机的安装与维护 138

8.2 扫描仪的基础知识 139
- 8.2.1 扫描仪的分类 139
- 8.2.2 扫描仪的技术指标 140

8.3 数码相机的基础知识 141
- 8.3.1 数码相机的分类 141
- 8.3.2 数码相机的技术指标 142

8.4 多功能一体机 142
- 8.4.1 多功能一体机的分类 142

8.4.2 多功能一体机的特点 143
8.5 实训——打印机的安装与
故障处理 143
本章小结 144
习题 144

第 9 章 计算机的组装 146
9.1 计算机组装前的准备 147
9.2 计算机硬件组装 148
 9.2.1 安装主板上的相关部件 149
 9.2.2 安装内存条 151
 9.2.3 机箱内部件的安装 152
 9.2.4 连接外部接口 157
 9.2.5 通电检查 158
 9.2.6 计算机组装常见故障及
处理 159
9.3 实训——计算机硬件的组装与
故障处理 159
本章小结 160
习题 161

第二部分 软件安装与维护

第 10 章 BIOS 设置 165
10.1 BIOS 的基础知识 166
 10.1.1 BIOS 功能 166
 10.1.2 CMOS 简介 167
 10.1.3 BIOS 的分类 168
10.2 BIOS 设置 169
 10.2.1 进入 BIOS 设置 169
 10.2.2 BIOS 设置主界面选项 170
 10.2.3 标准 CMOS 特性 171
 10.2.4 高级 BIOS 特性 174
 10.2.5 整合周边设备 176
 10.2.6 电源管理设置 178
 10.2.7 PnP/PCI 配置 180
 10.2.8 硬件监视 182
 10.2.9 频率/电压控制 183
 10.2.10 BIOS 中的其他选项 185
10.3 BIOS 的更新与升级 186
 10.3.1 BIOS 更新基础 186
 10.3.2 BIOS 的更新与升级 187
10.4 BIOS 常见故障的处理 188
10.5 实训——BIOS 的设置 190
本章小结 191
习题 192

第 11 章 硬盘分区与格式化 194
11.1 硬盘分区与格式化的基础知识 195
 11.1.1 硬盘的容量 195
 11.1.2 分区类型 196
 11.1.3 文件系统类型 197
11.2 硬盘分区 198
 11.2.1 使用 Fdisk 分区 198
 11.2.2 使用 Windows 安装程序
进行分区 200
 11.2.3 使用 DM 万用版进行
分区 201
 11.2.4 使用 PartitionMagic
进行分区 203
11.3 硬盘格式化 207
11.4 分区与格式化的相关问题 211
11.5 实训——硬盘的分区与格式化 212
本章小结 214
习题 214

第 12 章 操作系统和驱动程序 216
12.1 操作系统的基础知识 217
12.2 Windows 的安装 220
 12.2.1 Windows XP 的安装 220
 12.2.2 Windows Vista 的安装 224

12.2.3　Windows XP 的
克隆安装 226
12.3　设备驱动程序的安装 229
12.3.1　"傻瓜化"安装 229
12.3.2　使用安装程序进行安装 229
12.3.3　使用设备管理器
进行安装 230
12.3.4　驱动程序安装中的
常见故障处理 234
12.4　实训——Windows XP 与
驱动程序的安装 235
本章小结 236
习题 236

第 13 章　常用软件的安装 238

13.1　常用工具软件的安装 239
13.2　办公软件的安装 243
13.3　常用工具软件的使用 245
13.4　实训——软件的安装与使用 252
本章小结 253
习题 253

第 14 章　计算机病毒及防范 255

14.1　病毒的基础知识 256
14.1.1　病毒的定义与分类 256

14.1.2　蠕虫病毒的特征 260
14.1.3　蠕虫病毒的分类及
主要感染对象 261
14.1.4　蠕虫病毒的危害及
感染后的主要症状 261
14.1.5　蠕虫病毒清除和防治 262
14.2　木马的清除和防治实例 263
14.2.1　木马的清除和防治 263
14.2.2　著名后门木马——灰鸽子 266
14.2.3　其他木马专杀工具简介 268
14.3　实训——瑞星防护软件的
安装与设置 269
本章小结 273
习题 273

第 15 章　计算机系统备份 275

15.1　系统备份常用工具简介 276
15.2　Ghost 系统备份软件的
主要功能及应用 278
15.2.1　Ghost 软件的主要功能 278
15.2.2　Ghost 软件的应用 278
15.3　实训——用 Ghost 软件备份和
还原系统数据 284
本章小结 285
习题 285

第三部分　笔记本电脑维护

第 16 章　散热系统的维护 289

16.1　散热的基础知识 290
16.1.1　散热原理 290
16.1.2　笔记本电脑的散热技术 291
16.2　笔记本电脑散热技巧及散热架 293
16.2.1　笔记本电脑的散热技巧 293
16.2.2　笔记本电脑的散热架 294
16.3　实训——笔记本电脑灰尘的
处理 295
本章小结 297

习题 298

第 17 章　存储系统的维护 300

17.1　硬盘和光驱的维护 301
17.1.1　硬盘的维护 301
17.1.2　光驱的维护 302
17.2　移动存储设备的维护 303
17.3　实训——笔记本存储设备的
安装 304
本章小结 307

习题 308

第 18 章　笔记本电脑上网 310

18.1　有线上网 311

　　18.1.1　单机"软猫"上网 311

　　18.1.2　网卡接口上网 312

18.2　无线上网 315

　　18.2.1　远程无线上网 315

　　18.2.2　无线局域网 316

18.3　利用宽带路由器共享上网 323

本章小结 324

习题 325

参考文献 327

第一部分

硬件基础知识与维护

第 1 章 计算机概述

教学提示：
- 了解计算机的发展历史与趋势
- 理解计算机的硬件系统
- 理解计算机的软件系统

教学要求：

知 识 要 点	能 力 要 求	相关及课外知识
计算机的发展	了解不同时代计算机的特征	计算机的发展简史
计算机硬件系统	理解硬件系统的组成	其他 IT 硬件系统
计算机软件系统	理解软件系统的组成	计算机程序设计及语言

计算机组装与维护案例教程

 引例

请关注以下与计算机系统有关的现象：

(1) 正在某高校上学的大二学生孙某觉得自己平时很需要上网查资料，有时候去学校的阅览室上网不是很方便，同时看到班里的同学基本都有了自己的计算机，便打算购买一台计算机。虽然平时的学习经常使用计算机，可是他对计算机硬件很陌生，于是向同学咨询。有的同学建议他买笔记本，有的同学建议他买组装机，有的同学建议他买品牌机。在这么多的建议面前，他有点摸不着头脑了，他该怎么办？

(2) 某小型外贸公司不久前在当地的电脑城组装了两台计算机，其中一台运行正常，另一台计算机因为连接了打印机、扫描仪等设备，总是出现这样或者那样的故障。公司管理员打电话咨询电脑公司，电脑公司的技术员建议他们把计算机的外设卸载后，看计算机是否还出现同样的故障。可是不知道哪些外设需要卸载？

这样的例子有很多，随着计算机的普及，计算机已经成为人们生活、学习、工作和娱乐必不可少的工具，作为计算机用户，应当从宏观和微观两个层面上来认识计算机。

本章重点讨论计算机的基础知识和计算机系统，即计算机的硬件系统和软件系统。通过本章的学习，了解计算机的基本知识，了解什么样的用户适合选购什么样的计算机，还可以在针对计算机应用过程中出现的与计算机整体相关的问题作出合理的解释。

1.1 微型计算机简介

电子计算机自1946年发明以来，经过半个多世纪的发展与变革，至今仍可分为巨型机、大型机、中型机、小型机和微型机等几种。其中，微型机体积小、重量轻、价格低廉、使用方便，深受人们的喜爱。我们平时所使用的个人计算机(Personal Computer，简记 PC)，就属于微型机，简称微机。微机又可以分为台式机、笔记本、掌上电脑等，目前应用最广的是台式PC。笔记本以其体积小、重量轻、携带方便等优点也拥有大量的用户。

1.1.1 计算机发展简史

1946年，在美国诞生了世界上第一台计算机 ENIAC(Electronic Numerical Integrator And Calculator)，后经过半个多世纪的发展，现在的计算机的功能已经异常强大，已应用到了生活和工作的各个领域，对社会的发展产生了深远的影响。以 CPU 为标志，计算机的发展可划分为以下几个时期。

1. 第一代计算机

1946年—1954年为第一代计算机的发展时期，在该时期内，计算机主要由电子管线路构成。其缺点是体积庞大，可靠性不高。计算机程序语言以机器语言和汇编语言为主。

2. 第二代计算机

1954年—1961年为第二代计算机的发展时期，在该时期内，计算机由晶体管构成。体积比第一代小了许多，同时运算速度也有了进一步的提高，并且出现了 FORTRAN、COBOL

76. 很多人认为阳光来自太阳,但是当我们伤心的时候,再多的阳光都照不进我们的心里;只要我们心里有光,即使在下雨的日子里,也会感应到世界的光彩,我们自己的天也可以很光明。

★ 这段话主要在讲什么?
A 心情　　　　B 太阳　　　　C 颜色　　　　D 大地

77. 睡觉对于每个人都是非常重要的,有专家指出,最好的睡觉时间是晚上十点半到早晨六点半,所以我们应该保证优质的睡觉时间,这样才能更好地工作。

★ 这段话主要介绍哪方面的知识?
A 艺术　　　　B 健康　　　　C 减肥　　　　D 职业

78. 小雪,这种问题我也不懂,要不你等我爸爸下班后问问他吧,他是一名律师,肯定知道遇到这样的事该怎么做。你进来坐一会儿,我爸一会儿就到家了。

★ 小雪想了解哪方面的知识?
A 动物　　　　B 法律　　　　C 医学　　　　D 运动

79. 韩愈,字退之,河南孟州人。他是中国唐代的一个文学家。他的作品很多,对中国散文的发展有重要的影响,是"唐宋八大家"之首。

★ 这段话主要在:
A 介绍韩愈　　B 教人写作　　C 解释历史　　D 为人起名字

80—81.
中国的茶叶和法国的葡萄酒在世界上都很有名,而且中国人品茶和法国人品酒也都十分讲究。中国人与客人一起品茶的时候,通常情况下客人的茶杯会装七分满,意思是留下三分的情意;法国人会客时,客人的酒杯会装三分之一满,为的是便于客人闻香品味。

★ 中国客人的茶杯为什么要装七分满?
A 利于品茶　　B 留有情感　　C 让茶变凉　　D 为了安全

第 1 章 计算机概述

等高级语言，通过这些高级语言，可以更快速简捷地设计程序。

3. 第三代计算机

1962 年—1975 年为第三代计算机的发展时期，在该时期内，计算机由中小规模的集成电路构成，体积进一步缩小，性能也有了提高。同时，出现了计算机网络和数据库。

4. 第四代计算机

1975 年至今，为计算机发展的第四代，主要由大规模集成电路和超大规模的集成电路构成。其体积和重量进一步缩小，为计算机的普及和网络化铺平了道路。

1.1.2 计算机发展趋势

未来，计算机的发展趋势为巨型化、微型化、网络化和智能化。

1. 巨型化

巨型化是指设计和制造速度快，容量大，同时具有非常强大能力的计算机。巨型计算机的性能体现了计算机科学技术的发展水平。

2. 微型化

微型化是指利用高度集成电路，设计制造成体积很小的普及型计算机。这和我们平常看到的计算机也不一样。

3. 网络化

网络化是指通过有线通信线路或无线通信线路，将独立的计算机连接起来，使计算机之间可以相互通信和实现资源共享。网络化充分利用了计算机的资源，为计算机用户提供了方便、快速的信息服务。

4. 智能化

智能化是指通过程序设计语言，编写出可以让计算机模拟人的感觉和思维的程序，智能化的计算机可以模拟人的活动，如与人下棋的"深蓝"计算机就是智能化计算机的代表。

1.2 硬 件 系 统

计算机硬件系统主要是指计算机中使用的电子线路和物理装置，它们都是物理的实体。主要包括运算器、控制器、存储器、输入设备和输出设备 5 大基本构件。计算机硬件系统的基本功能是通过接受计算机程序的控制来实现数据输入、运算和数据输出等一系列的操作。硬件系统是计算机实现各种功能的物理基础，计算机进行信息交换、处理和存储等操作都是在软件的控制下，通过硬件来实现的。没有了硬件，软件就失去了发挥其作用的"舞台"。

典型的计算机硬件系统是由主机、键盘、显示器、音箱等部分组成，如图 1.1 所示。

图 1.1 计算机硬件的组成

1.2.1 主机

计算机的主机包含有：主机箱、电源、主板、CPU、内存、硬盘驱动器、光盘驱动器(CD-ROM 或 DVD)、显卡、声卡、网卡等，除机箱外，它们都安装在机箱的内部，如图 1.2 所示，主机是微机的最重要组成部分。

图 1.2 计算机主机

1. 中央处理器(CPU)

CPU(Central Processing Unit)，中央处理器是计算机硬件系统的核心部件，它主要包括运算器和控制器两个部件。CPU 外观如图 1.3 所示。

图 1.3 CPU 外观

第 1 章 计算机概述

2. 主板

主板(MainBoard/MotherBoard) MB 也称系统板，它是微型机系统的最重要部件，是整个系统内部的"桥梁"。主板用于连接 CPU、内存、显卡、网卡和声卡等组件，其外观为矩形的印制电路板，上面分布着南桥、北桥芯片，声音处理芯片，各种电容和电阻以及相关的插槽等，如图 1.4 所示。主板上的插槽主要包括 CPU 插槽、内存插槽、显卡插槽和 PCI 插槽，其中 CPU 插槽用于安装 CPU，内存插槽安装内存条，显卡插槽安装显卡，而 PCI 插槽则可以安装网卡、声卡等。

图 1.4 主板

3. 内存

存储器分为主存储器和辅助存储器，主存储器就是常说的内存，辅助存储器又叫外部存储器，如硬盘等。在加电情况下，CPU 可以直接对内存进行读/写操作，当断电后，内存中的数据将全部丢失。现在常用的内存主要有 SDRAM、DDR、DDR-Ⅱ和 DDR-Ⅲ等类型，如图 1.5 所示是一条 DDR 内存。

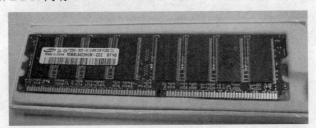

图 1.5 内存

4. 硬盘

硬盘是存储数据最重要的外部存储器之一。它采用全密封设计，将盘片和驱动器放在一起，具有高速和稳定的特点，由于硬盘的特殊设计，因此在使用时最好保证硬盘不受震动，更不能打开硬盘盒，以免进入灰尘。现在常用的硬盘有 PATA(并口)和 SATA(串口)两种。如图 1.6 所示是一款硬盘外观。

图 1.6 硬盘外观

5. 光驱

光驱(DVD 光驱)主要用于读取 CD-ROM、DVD-ROM、VCD、CD、CD-R 等光盘媒介的数据，其外观如图 1.7 所示。光驱按结构和功能的不同可分为普通光驱和刻录机。其中，普通光驱包括 CD-ROM 和 DVD-ROM，这类光驱只能读取数据；刻录机包括 CD 刻录机、COMBO 和 DVD 刻录机，刻录机不仅可以读取数据，还可以向光盘中写入数据。不同的刻录机必须使用其支持的刻录光盘才能向其中写入数据。

图 1.7 光驱外观

6. 电源

电源是微型计算机主机的动力，它担负着向计算机中各部件提供电能的重要任务。目前微型计算机所使用的电源为开关电源。

1.2.2 外部设备

计算机硬件系统的外部设备，大致可以分为输入设备、输出设备、外部存储设备及扩展设备等。

第 1 章　计算机概述

1. 输入设备

输入设备是外界向计算机传送信息的装置。在微型计算机系统中，最常用的输入设备有键盘和鼠标。此外常见的输入设备还有扫描仪、数码相机、摄像头、手写笔等。

2. 输出设备

输出设备的作用是将计算机主机处理的结果转换为人们所熟悉的信息形式，并传送到外部媒介。例如，将计算机中的程序、运行结果、图形等信息在显示器上显示出来，或者用打印机打印出来。在微型计算机系统中，最常用的输出设备是显示器和打印机。有时根据特殊需要，也需要配备其他输出设备，如工程上用来输出图形的绘图仪。

3. 外部存储设备

外部存储器是相对于内部存储器而言的。内存的特点是速度快、容量小，而断电后所保存的信息将会丢失。外部存储器的特点是速度慢、容量大，可移动、断电后信息将长久保存，而且便于在不同计算机之间进行信息传递。在微型计算机系统中，最常用的外部存储器有硬盘、光盘、U盘、存储卡等。

4. 扩展设备

扩展设备是计算机为了实现多媒体功能或网络功能等而增加的设备，例如为了实现接入互联网而增加的调制解调器、ADSL、网卡以及为了实现多媒体功能而增加的声卡、音箱等。

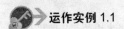
运作实例 1.1

品牌机与组装机的区别

随着人们生活水平的提高和计算机价格的不断降低，计算机正在逐渐的走进千家万户。不过，动辄几千元的花费对平民百姓而言还是一笔不菲的投资，所以无论是将计算机作为生产工具、学习工具还是娱乐工具，在购买前都应该深思熟虑。

所谓品牌机就是由取得计算机生产许可证的正规厂家(如惠普、戴尔、联想、神舟等)生产的拥有注册商标的计算机整机，也称"原装机"。兼容机就是自行购买配件，由装机商或者自己组装的计算机，也称"组装机"。

品牌机与组装机的区别主要有如下几点。

1. 配置

这是衡量计算机重要指标之一，因为计算机的配置合理与否直接决定了计算机性能的高低。

第一，品牌机配置不够合理。很多购机用户对计算机各部件的指标并不知晓，仅仅是道听途说了解少数部件，于是品牌机就迎合消费者这种心理，片面强调某个部件，而忽视了其他部件和整机的性能。例如，品牌机中高频CPU搭配低档整合主板和低档显示卡等现象屡见不鲜，品牌机的这种不合理配置大大制约了计算机的整体性能，因为CPU并不是决定计算机性能高低的唯一指标，内存和显卡等部件对整机的影响也是非常明显的。而兼容机的配置则完全可以自由选择，只要你技术过硬，就可以组装出一台配置合理的计算机。

第二，品牌机配置死板，一般不能根据客户的需要而修改配置(除非达到一定数量进行定制)，比如，你对某一款品牌机的大部分配件都比较满意，只是希望将 40GB 的小硬盘换成 120GB 的大硬盘，那么商家肯定是无能为力了。而兼容机则完全杜绝了这个缺点，它完全可以根据个人的需要和喜好量身定做计算机的各种配件。

第三，品牌机配置不透明。品牌机配置清单中往往是这么写的：AGP 显示卡、40GB 硬盘、17 寸显示器，至于这些配件的具体品牌、具体指标，品牌机在宣传时往往只字不提，但是消费者应该有最起码的知情权，至少应该知道这些配件到底是品牌货还是杂牌货，是进口货还是国产货。在这一方面，兼容机的配置就比较自由、透明和实在，客户可以对自己的计算机配件了如指掌。

第四，品牌机兼容性较好。品牌机的硬件配置大都经过了严格的测试和优化，硬件的兼容性更好，性能一般会比相同配置的兼容机高 5%～10%。

2. 升级扩展性

品牌机厂商为了尽可能控制成本，往往使用低成本(并不是低质量)的配件进行生产，于是其升级扩展性相对比较差。如，使用 PCI 插槽、内存插槽等数量比较少，导致可扩展性降低；又如采用某些集成声卡、显卡或网卡的主板，导致今后无法替换这些低性能的配件；还有些品牌机为了美观，机箱上只保留有 1～2 个扩展槽口，导致今后无法添加硬盘或刻录机等设备。

兼容机在装机时能够充分考虑到今后升级的需要，按照具体情况灵活选用扩展性强、易于升级的配件，并且在购机方案设计中为今后的升级留下可操作的余地。另外，品牌机对用户拆装机箱、插拔配件和包修上都有种种限制，在一定程度上也限制了升级扩展的能力。

3. 外观

品牌机厂商在计算机主机箱和显示器外观设计方面下了不少工夫。对于许多品牌机前卫美观的造型，不少消费者为之心仪，例如前置 USB 接口、音箱接口和耳机插孔等。

兼容机的外观则较为单一，虽然大部分机箱的外观也比较前卫、美观，但显示器和机箱的设计往往不能统一起来。

4. 软件提供

购买品牌机时会附带了部分正版的系统软件和应用软件，当然这是计算在购机成本内的。品牌机厂商除了预装 Windows 等系统软件外，一般还会提供一些杀毒软件、游戏常用软件和软件套餐，用户购机后即可直接使用，非常方便。

购买兼容机时除了赠送驱动程序以外一般不附带任何软件，各种系统软件和应用软件都需要自己单独购买并安装。但也有一些经销商会提供一些免费软件。

但实际上，品牌机附带的是比较简单、常用的小型软件，更多大型、专业的软件还是需要另外单独购买；品牌机附带的软件是"众口难调"，往往是你需要的软件没有、不需要的却可能有好几个。

5. 价格

在完全相同的配置下，品牌机比兼容机大约贵 15% 左右。低端的计算机两者差距小些，高端的则反之。品牌机的价格主要贵在品牌价值、附带软件和服务价格 3 个方面。

6. 售后服务

品牌机有比较可靠的售后服务，消费者在最初购买计算机的时候已经支付了这部分服务的价格。服务内容主要有提供整机三年质保，提供一年内免费上门服务，提供 24 小时热线技术咨询服务等。品牌机的生产厂商都有一定的经济实力，售后服务有保证。

兼容机也有一定的售后服务，一般按配件实行质保，主板、硬盘、显示卡等主要部件都有"三个月保换，一至三年保修"的承诺。但兼容机商家良莠不齐，用户在购机时一定选择实力比较强、信誉比较好的商家。

第 1 章　计算机概述

1.3　软 件 系 统

软件即是计算机系统中使用的各种程序，软件系统则指控制整个计算机硬件系统工作的程序集合。软件的应用主要是充分发挥计算机的性能、提高计算机的使用效率、方便用户与计算机之间交流信息。计算机只有安装了软件系统，才能称为真正的计算机，只有硬件而没有软件的计算机被称为"裸机"。软件系统由系统软件和应用软件组成。

1. 系统软件

系统软件居于软件系统的最低层，同时也最靠近硬件。系统程序包括操作系统、程序设计语言、数据库管理系统和服务性程序等。如 Windows 操作系统等。

2. 应用软件

应用软件是在系统软件的基础上编制的程序，包括数据处理程序、辅助教学程序等，如 Photoshop 和 Word。

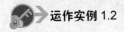
运作实例 1.2

品牌机是否需要安装操作系统？

某公司在 2007 年经济效益很好，吝啬的老板终于打算为公司员工配备一些办公电脑，老板把考察的事情交给了公司里唯一的一位大学毕业生——小李，小李在大学时学的是机械专业，对计算机虽然不陌生，可是也不是很熟悉。小李就到当地的电脑城去考察，服务员给他推荐了正在搞活动的某品牌机，性价比非常高，但是告诉他该型号的计算机没有预装操作系统，需要自己安装。小李感到很疑惑，计算机不是买来接上电源就可以用的吗？哪来的什么操作系统？

小李赶紧联系自己大学的好朋友王某，王某大学毕业后在一家 IT 公司上班。经过好朋友王某的介绍小李才知道，计算机分为硬件系统和软件系统，一般用户购买计算机仅仅是购买硬件系统，厂家售后维护的也是厂家的硬件，软件系统并不在厂家维护的范围。但是品牌机有很多出厂的时候是带有操作系统的，这样在维护计算机时更方便。至于其他软件，一方面，用户可以自己到网上下载免费的软件，另一方面可以购买正版软件。网上的免费软件使用简单，一般是用户自己维护。正版软件则可在购买时协议好如何维护。

小李对计算机有了初步的认识，回到公司详细地向老板做了汇报，受到了老板的表扬，决定把公司购买计算机的事情由小李全权负责。

1.4 实训——品牌机与组装机的识别

一、实训目的

使学员掌握品牌机与组装机的识别。

二、实训内容

(1) 组装机的识别。
(2) 品牌机的识别。
(3) 各种品牌机型号的识别。

三、实训过程

1. 组装机的识别

分析
看主机机箱外部,识别组装机。
实训要求
正确地识别组装机,要求学员要反复识别组装机,直到非常熟练为止。
实训步骤
(1) 看主机机箱上的标示。组装机的主机箱上标示的是机箱的品牌。
例如:组装机使用的是多彩的主机机箱,主机箱上有多彩的标志,如图 1.8 所示。

图 1.8 组装机机箱标志

(2) 看显示器上的标志。组装机的显示器使用的是各种品牌的显示器,其标志在显示器上都有标志,如图 1.9 所示。

图 1.9 显示器品牌标志

(3) 看其他设备。如键盘鼠标、音箱等都有各自的品牌名称。
(4) 确认其为组装机。综合以上各个指标进行最后的确认。

2. 品牌机的识别

分析
看计算机硬件系统的几个关键部件,识别品牌机。

第 1 章 计算机概述

实训要求

正确地识别品牌机,要求学员要反复识别品牌机,直到非常熟练为止。

实训步骤

(1) 看主机机箱上的标示。品牌机的主机箱上标示的是其品牌。

例如:戴尔、惠普、苹果等品牌机,在主机上有其标志,如图 1.10 所示。

图 1.10 品牌机的标志

(2) 看显示器上的标志。品牌机的显示器使用的是自己品牌,一般在显示器上都有相应的标志。

(3) 看其他设备。如键盘鼠标、音箱等,一般也有其品牌标志。

(4) 开机。启动计算机,显示器首先显示的就是该品牌计算机的标志。

(5) 确认其为品牌机。综合以上各个指标进行最后的确认。

3. 品牌机型号的识别

分析

确认品牌机后,还需要进一步确认是什么品牌的?其具体型号是什么?以便于将来保修与维修。

实训要求

正确地识别品牌机及其型号,要求学员要反复识别品牌机的型号,直到非常熟练为止。

实训步骤

(1) 关闭电源。

(2) 翻转机箱,仔细观察机箱后面的"铭牌",如图 1.11 所示。

 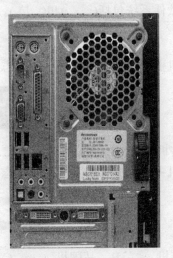

图 1.11 品牌机的铭牌

(3) 记录其铭牌和型号。
(4) 登录品牌的官方网站，进一步确认。

四、实训总结

通过本章的上机实训，学员应能够熟练掌握如何识别组装机与品牌机，对于品牌机，还能够识别其具体型号。

本 章 小 结

本章讲述了计算机的发展史，并详细介绍了计算机的构成和机箱内的组件。本章的重点是理解计算机的硬件系统和软件系统。

本章的难点是理解计算机的硬件系统。

习 题

一、理论习题

1. 填空题

(1) 电子计算机可以分为（　）、（　）、（　）、（　）和（　）。
(2) 微型机可以分为（　）和（　）。
(3) 计算机的发展趋势为（　）、（　）、（　）和（　）等。
(4) 计算机硬件系统主要包括（　）、（　）、（　）、（　）和（　）等5大基本构件。
(5) 计算机软件系统包括（　）和（　）。

2. 选择题

(1) 某计算机主机箱上有如下所示的标志，该机为（　）。

DELUX 多彩科技

A. 组装机　　B. 品牌机　　C. 大型机　　D. 以上都不对

(2) 某计算机主机箱上有如下所示的标志，该机为（　）。

A. 组装机　　B. 品牌机　　C. 大型机　　D. 以上都不对

3. 简答题

(1) 简述微型机的分类。
(2) 简述计算机系统的组成。
(3) 简述计算机硬件和软件的关系。

二、实训习题

1. 操作题

(1) 识别台式机和笔记本。
(2) 区分计算机中的硬件系统和软件系统。
(3) 在实训室中，在老师的指导下，打开计算机的主机，认识计算机主机内的各个配件。
(4) 利用业余时间到当地的计算机市场，认识一些计算机外设，例如打印机、数码相机等。

2. 上机练习题

登录一些品牌计算机的官方网站如联想(www.lenovo.com.cn)、惠普(www.hp.com.cn)、华硕(www.asus.com.cn)等，熟悉其台式机、笔记本的产品及型号。

3. 综合题

某单位的老板要求办公室职员小王统计该单位计算机的型号和数量。原来是小李负责单位的计算机维护工作，可是小李跳槽了，现在小王该怎么办？请为他出主意。

第 2 章 中央处理器(CPU)

教学提示：
- 了解 CPU 的发展
- 了解 CPU 的性能指标
- 掌握 CPU 的安装与卸载操作
- 掌握 CPU 风扇的安装与卸载操作

教学要求：

知 识 要 点	能 力 要 求	相关及课外知识
CPU 的性能指标	了解 CPU 的各个性能指标	区别笔记本与服务的 CPU
CPU 的安装与卸载	熟练掌握 CPU 的安装与卸载	CPU 的安装与卸载，什么是 32 位和 64 位 CPU
CPU 风扇的安装与卸载	熟练掌握 CPU 风扇的安装与卸载	家用游戏机与苹果机的 CPU

第 2 章 中央处理器(CPU)

 引例

请关注以下与计算机的 CPU 有关的现象：

(1) 某公司的办公室职员谢某所使用的计算机尽管已经很旧了，可是一直很好用，很少出问题，可是最近这台计算机在使用 5~10 分钟后就"死机"，弄得她什么事情也做不了，她听别人说过"计算机老化现象"，现在不得不怀疑她的计算机"老化了"。

(2) 某公司职员刘某刚刚参加工作，读大学时学的是计算机专业。现在他负责单位的计算机维护工作。有一天，一个同事请他解决计算机在开机大约 1 分钟后就自动关机的问题。

(3) 某学校机房的某台计算机开机后无反应，计算机主机没有报警的声音，显示器也没有任何信息，只是显示"没有信号输入"。

计算机所有的程序都要调入 CPU 中才能够执行，因此一旦 CPU 出现问题，所有在运行的程序就会出问题，其表现出来的形式可能是各种各样，但其本质都是由 CPU 的原因而引起的，这是值得计算机维护工程师深入研究的问题。

本章重点讨论计算机 CPU 的基础知识及计算机在使用过程中遇到的与 CPU 相关的问题。通过本章的学习，可以了解 CPU 的基本情况，能够选购一个合适的 CPU，还能针对计算机使用过程中出现的与 CPU 相关的问题进行处理。

2.1 CPU 概述

CPU(Central Processing Unit)中文名称是中央处理器，微型计算机的 CPU 又称为微处理。它是通过指令进行运算和系统控制的部件，是计算机系统的核心部件，计算机绝大部分的数据是由 CPU 进行处理的，因此它在一定程度上决定着计算机的性能。

2.1.1 Intel 公司的 CPU

Intel(英特尔)公司是目前全球最大的 CPU 生产商，它占据了目前 PC 机 CPU 的大部分份额。

1. 80486 及以前的 CPU

从 1969 年到 1972 年，Intel 公司先后推出了 4004、8008、8080、8085 的 4 位 CPU 和 8 位 CPU。为后来的高性能的 CPU 奠定了基础。

1978 年，Intel 公司又推出了 8086、8088、80286(图 2.1)等 16 位处理器，这些处理器是为微型计算机而推出的，由此微型计算机诞生了。微型计算机现在称为个人计算机或 PC。

从 1985 年到 1988 年，Intel 公司相继推出了 80386(图 2.2)和 80486(图 2.3)处理器，这两款是 32 位的处理器，具有良好的兼容性。

图 2.1　80286 CPU　　　　图 2.2　80386 CPU　　　　图 2.3　80486 CPU

2. Pentium 系列 CPU

为了适应用户对图像、视频及语音处理等应用的要求，Intel 公司在 1993 年推出了 80586CPU，称为 Pentium(图 2.4)。1997 年，Intel 公司又推出了 Pentium Ⅱ CPU。但由于 Pentium Ⅱ 的制造成本较高，1998 年 Intel 公司推出了高性价比的 Celeron(赛扬)CPU，与 Pentium Ⅱ 相比去掉了内置的 L2 Cache，因此在性能上有所下降，后来又进行了改进，在 CPU 内部整合了 L2 Cache。

3. Pentium 4 处理器

2000 年 11 月，Intel 公司推出了 Pentium 4CPU(图 2.5)。第一代 Pentium 4 处理器，采用了全新的 Net Burst(网络爆发)架构，不再使用单倍速的前端总线(FSB)频率，而是采用 Qued-speed 4 倍速的总线设计，对于 100MHz 单倍速的前端总线，其系统总线等效于 400MHz 的系统总线，因此大大提升了 CPU 的带宽。

图 2.4　Pentium Ⅱ CPU　　　　　　图 2.5　Pentium 4 CPU

Pentium 4 处理器的频率到 3.06GHz 以后，Intel 公司为 Pentium 4 处理器加入了超线程 (Hyper-Threading)技术，该技术可以让单个 CPU 模拟成多个 CPU 环境，允许软件程序在前后台同时处理两项任务，从而可以在短时间内完成更多的工作。超线程技术进一步增强了 Pentium 4 CPU 的性能。不过，采用超线程技术虽然能同时执行两个线程，但它并不像两个真正的 CPU 那样，每一个 CPU 都具有独立的资源。而是当两个线程都同时需要同一个资源时，其中一个要暂时停止，并让出资源，直到这些资源闲置后才能继续。因此超线程的性能并不等于两个 CPU 的性能。

4. 双核处理器

由于受到 CPU 架构的限制，Intel 公司把重心放在了扩展性和并行处理上，而不是一味地提高处理器的主频，因而推出了双核处理器。

第 2 章 中央处理器(CPU)

双核处理器(Dual Core Processor)是指在一个处理器上集成两个运算核心，从而提高计算能力如图 2.6 所示。"双核"的概念最早是由 IBM、HP、Sun 等支持高端服务器厂商提出的，不过由于服务器价格高、应用面窄，没有引起注意。而台式机上的应用则是在 Intel 和 AMD 的推广下，才得以普及。简而言之，双核处理器即是基于单个半导体的一个处理器上拥有两个一样功能的处理器核心。

目前台式机方面 Intel 推出的双核心处理器有 Pentium D、Pentium EE(Pentium Extreme Edition)和 Core Duo 三种类型，其中，Pentium D 和 Pentium EE 如图 2.7 所示。

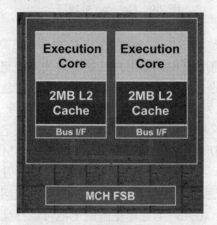

图 2.6 双核处理器的工作原理

图 2.7 双核处理器的标志

Pentium D 和 Pentium EE 的最大区别就是 Pentium EE 支持超线程技术，而 Pentium D 则不支持，Pentium EE 在打开超线程技术之后会被操作系统识别为四个逻辑处理器。

由于 Core 2 Duo(图 2.8)所采用的 Core 微架构中，采用了 14 级流水线，相比 Pentium D CPU 减少了一半，虽然数目较少，但是却实现了更高的工作性能。即使运行较低的频率，同样可以获得更高的性能。得益于多项改进技术其执行效率明显升高，在游戏方面的性能将是以往英特尔处理器所不能比拟的，并且完全可以和 AMD 的处理器一较高低，弥补传统英特尔处理器在游戏方面的弱势。

Core 2 Duo 系列主要有 Core 2 Duo E6300、Core 2 Duo E6400、Core 2 Duo E6500、Core 2 Duo E6600、Core 2 Duo E6700、Core 2 Duo E6800 及 Core 2 Extreme X6800 等型号，对 AMD 的 Athlon 64 X2 系列处理器造成了极大威胁。

5. Celeron 处理器

赛扬处理器(图 2.9)诞生于 1998 年，是 Intel 为了弥补 Pentium II 和 Pentium MMX 处理器之间的空缺生产的，它是去掉了 L2 Cache 的 Pentium II 处理器的简化版本。为了与 AMD 在低阶处理器市场进行竞争，Intel 在 2000 年 5 月改进了 PentiumII 核心的 Celeron 处理器，此后，在 2002 年年底，Intel 推出 Tualatin 核心的 Pentium III 时，同时推出的 Tualatin-256 核心 Celeron-III。Celeron III 使用了 0.13μm 制程，发热量极低，运行频率较高。起始频率为 1.0GHz(标为 Celeron 1000A)，由于使用了全新的核心和全速的 256KB L2 Cache，性能大幅度提升。

计算机组装与维护案例教程

图 2.8　双核(Duo)处理器

图 2.9　Celeron 处理器

6. 迅驰技术

目前，笔记本电脑得到了迅速的普及。大量普通用户和家庭用户开始考虑使用笔记本电脑，这主要是源于迅驰技术的推出。迅驰不仅仅是一个处理器，也是一种技术。它包括最新的移动处理器 Pentium M、移动式高速芯片组系列和 802.11a/b 无线网卡系列等。

在 Intel 推出第一代迅驰技术的笔记本后，接着又陆续推出了迅驰二代、迅驰三代笔记本电脑。其中迅驰二代笔记本电脑拥有全新的 Intel 图形媒体加速器显示卡、节能型 533MHz 前端总线、L2 Cache 增加至 2MB 和无线模组。而迅驰三代笔记本的前端总线提升到 667MHz，并引入了 Pentium M 的处理器，Intel 945 系列芯片组、Intel 3945ABG 无线网卡组成的整合平台，并兼容 802.11a/b/g 三种网络环境。由此，笔记本电脑的电池可以持续更久，寿命更长，而且体积更小，移动性能更好。正是因为如此，笔记本电脑不再是商务高级人士的专用，普通用户也可以拥有。

目前，Intel 迅驰 Core Duo 双核心处理器，也已经广泛应用在笔记本电脑中。

2.1.2　AMD 公司的 CPU

AMD 公司是目前世界第二处理器生厂商，是 Intel 公司的主要竞争对手，两家公司在处理器市场上竞争，从而使处理器不断地推陈出新，产品的运行速度和性能也不断攀升，而在价格上不断下降，最终让用户得到实惠。

1. K 系列处理器

K5 和 K6 处理器是 AMD 公司开发的较早的处理器，它与 Pentium CPU 同档次的产品，现在已经被淘汰了。

2. 双核处理器

AMD 推出的双核心处理器分别是双核心的 Opteron 系列和 Athlon 64 X2 系列处理器(图 2.10)。其中 Athlon 64 X2 用以抗衡 Pentium D 和 Pentium Extreme Edition 的桌面双核心处理器系列。

AMD 推出的 Athlon 64 X2 是由两个 Athlon 64 处理器上采用的 Venice 核心组合而成，每个核心拥有独立的 512KB(1MB) L2 缓存及执行单元。除了多出一个核芯之外，

图 2.10　AMD 处理器

第 2 章 中央处理器(CPU)

其架构与 Athlon 64 架构没有太大的改变。也就是说 Athlon 64 X2 双核心处理器仍然支持 1GHz 规格的 Hyper Transport 总线，并且内建了支持双通道设置的 DDR 内存控制器。

对于双核心架构，AMD 的做法是将两个核心整合在同一个内核之中，而 Intel 的双核心处理器是简单地将两个核心做到一起。与 Intel 的双核心架构相比，AMD 双核心处理器系统不会在两个核心之间存在传输瓶颈的问题。从这个方面来说，Athlon 64 X2 的架构明显要优于 Pentium D 架构。与 Intel 相比，AMD 并不用担心会输给 Prescott 核心这样的功耗和发热大户，但是同样需要为双核心处理器考虑降低功耗的方式。为此 AMD 并没有采用降低主频的办法，而是在其使用 90nm 工艺生产的 Athlon 64 X2 处理器中采用了 Dual Stress Liner(应变硅技术)，与 SOI 技术配合使用，能够生产出性能更高、耗电更低的晶体管。

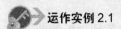
运作实例 2.1

AMD 与 Intel 在中国市场的争夺

某单位梁某的儿子开始学计算机了，梁某打算为儿子购买一台计算机，同事中的计算机爱好者纷纷给他当参谋，有的劝他购买 Intel 公司的 CPU，理由是 Intel 公司的 CPU 稳定性好；有的劝他购买 AMD 公司的 CPU，理由是其超频性能好，游戏性能突出。梁某就问他们，你们说说"到底是哪个公司的产品好？"梁某这个问题还真把同事给难住了，对呀，到底哪个公司的产品好呢？

早在 1993 年，Intel 的产品，就进入了中国市场，在中国的多个城市设有代表处和研发机构，Intel 在中国与国内的 PC 生产厂商，如(联想、长城、方正、同方、TCL 等)有着紧密的合作，Intel 支持他们在基于 IA 平台整体性能的基础上开发系统。类似的支持同样提供给国内和国外的 PC 组装厂商。Intel 的平台支持计划让 PC 生产制造商获得了相关的工程技术，并能够将 Intel 的处理器、网络及其他产品作为他们的 PC 或服务器的组成部分进行开发设计。从而使 PC 生产厂商能够迅速地将先进的平台技术设计到其产品中，并推向市场，换句话说，即是缩短了技术鸿沟。

同 Intel 相比，AMD 进入中国的时间稍晚，不过依靠物美价廉的优势，AMD 已经在中国消费者中树立了不错的口碑。2004 年，AMD 中国公司和大中华区相继宣布成立，这一年 AMD 终于打破了局限于中国兼容机市场的局面，成功地突入品牌计算机和服务器的市场，联想、曙光、方正、紫光等计算机厂商都开始尝试与其合作。据了解，去年联想家用电脑的出货量中，有 60%采用的是 AMD 的 CPU。AMD 董事会主席、总裁兼 CEO——海克特·鲁尔兹先生对中国市场提出了期望，即在未来几年内，将在中国的市场占有率提高到 30%，甚至到 50%。

结论：AMD 的 CPU 和 Intel 的 CPU 无法直接比较哪个更好，它们就像市场上的商品，适合你的商品就是最好的商品，CPU 亦是如此。

2.2　CPU 的性能指标与选购

CPU 是整个计算机系统的核心，其性能可以反映出所配置计算机系统的性能，直接影响计算机的运行速度，那么哪些因素影响 CPU 的性能呢？下面简单介绍 CPU 的主要性能指标，使读者能够对 CPU 有较深入的了解。

2.2.1 CPU 的性能指标

1. 频率

经常听人们说："这个 CPU 的频率是多少"。其实这个频率泛指 CPU 的主频，也就是 CPU 的时钟频率(CPU Clock Speed)，简单地说，就是 CPU 运行时的工作频率。一般来说，主频越高，一个时钟周期内完成的指令数也越多，当然，CPU 的速度也就越快。不过，由于各种 CPU 的内部结构不一样，所以并非时钟频率相同 CPU 的性能就一样。至于外频就是系统总线的工作频率；而倍频则是指 CPU 外频与主频相差的倍数。三者的换算关系是：主频=外频×倍频。

2. 前端总线(FSB)

CPU 总线这个名称是由 AMD 在推出 K7 CPU 时提出的。由于目前各种主板的前端总线频率与内存总线频率相同，所以前端总线频率也是 CPU 与内存以及 L2 Cache 之间交换数据的工作时钟。由于数据传输的最大带宽取决于所同时传输的数据位宽度和传输频率，即数据带宽=(总线频率×数据位宽度)÷8。例如，Intel 公司的 Pentium II 333 使用 66MHz 的前端总线，所以它与内存之间的数据交换带宽为(66MHz×64b)÷8=528Mb/s。由此可见，前端总线频率将影响计算机运行时 CPU 与内存、L2 Cache 之间的数据交换速度，实际也就影响了计算机的整体运行速度。

3. 高级缓存

内置高速缓存可以提高 CPU 的运行效率。

CPU 的高级缓存分为一级高速缓存(L1 Cache)和二级高速缓存(L2 Cache)。

L1 容量一般为 16KB～64KB，少数可达到 128KB，频率与 CPU 相同。L1 高速缓存的容量和结构对 CPU 的性能影响较大，内部高速缓存越大，系统性能提高越明显。所以这也是目前一些公司力争加大 L1 Cache 高速缓存器容量的原因。不过高速缓存存储器运行在 CPU 的时钟频率上，是由静态 RAM 组成，结构比较复杂，在 CPU 管芯面积不能太大的情况下，L1 高速缓存的容量不可能做得太大。

L2 高速缓存的容量和频率对 CPU 的性能影响也很大。L2 Cache 的时钟频率为 CPU 时钟频率的一半或者全速。L2 Cache 一般相当于 L1 Cache 容量的 4～16 倍左右。

4. 工作电压

工作电压是指 CPU 正常工作时所需的电压。早期的 CPU 工作电压一般为 5V，随着 CPU 主频的提高，CPU 工作电压有逐步下降的趋势，以解决发热过高的问题。CPU 制造工艺越先进，工作电压也越低，CPU 运行时耗电功率就越小。工作电压有两种，分别是输入/输出(I/O)电压和内核(Vcore)电压。内核电压的高低主要取决于 CPU 的制造工艺。

5. 接口类型

CPU 需要通过接口与主板连接的才能进行工作。经过多年的发展，CPU 采用的接口方式有引脚式、卡式、触点式、针脚式等。而目前 CPU 的接口都是针脚式接口，对应到主板

第 2 章　中央处理器(CPU)

上也有相应的插槽类型。不同类型的 CPU 接口,在插孔数、体积、形状都有相应的变化,所以不能互相接插。目前 CPU 的接口类型主要有以下几种。

1) Socket 478

Socket 478 接口是用于 Pentium 4 系列处理器的接口类型,其针脚数为 478 针(图 2.11)。Socket 478 的 Pentium 4 处理器面积很小,其针脚排列极为紧密。Intel 公司的 Pentium 4 系列和 P4 赛扬系列都采用此接口,目前这种接口的 CPU 已经逐步退出市场。但是,Intel 于 2006 年初还推出了一种全新的 Socket 478 接口,这种接口是 Intel 公司采用 Core 架构的 Core Duo 和 Core Solo 处理器的专用接口,与早期桌面版 Pentium 4 系列的 Socket 478 接口相比,虽然针脚数同为 478 根,但是其针脚定义以及电压等重要参数完全不相同,所以二者之间并不能互相兼容。

图 2.11　Socket 478 接口类型

2) Socket 775(LGA775)

Socket 775(图 2.12)又称为 Socket T,是应用于 Intel LGA775 封装的 CPU 的接口,目前,采用此种接口的有 LGA775 封装的单核心的 Pentium 4、Pentium 4 EE、Celeron D 以及双核心的 Pentium D 和 Pentium EE 等 CPU。与以前的 Socket 478 接口 CPU 不同,Socket 775 接口 CPU 的底部没有传统的针脚,代之的是 775 个触点,即并非针脚式而是触点式,通过与对应的 Socket 775 插槽内的 775 根触针接触来传输信号。Socket 775 接口不仅能够有效提升处理器的信号强度、提升处理器频率,同时也可以提高处理器生产的良品率、降低生产成本。随着 Socket 478 的逐渐淡出,Socket 775 已经成为 Intel 桌面 CPU 的标准接口。

3) Socket 754

Socket 754 是 2003 年 9 月 AMD 在 64 位桌面处理器最初发布时使用的接口,它具有 754 根针脚(图 2.13),但只支持单通道 DDR 内存。目前采用此接口的 CPU 有面向桌面平台的 Athlon 64 的低端型号和 Sempron 的高端型号,和面向移动平台的 Mobile Sempron、Mobile Athlon 64 以及 Turion 64。随着 AMD 从 2006 年开始全面转向支持 DDR2 内存,桌面平台的 Socket 754 将逐渐被 Socket AM2 所取代,从而使 AMD 的桌面处理器接口走向统一,而与此同时移动平台的 Socket 754 也将逐渐被具有 638 根 CPU 针脚、支持双通道 DDR2 内存的 Socket S1 所取代。Socket 754 在 2007 年年底完成自己的历史使命从而退出舞台,不过其寿命反而要比一度号称要取代自己的 Socket 939 要长得多。

图 2.12 Socket 775 接口类型

图 2.13 CPU 接口:Socket 754

4) Socket 939

Socket 939(图 2.14)是 AMD 公司 2004 年 6 月才推出的 64 位桌面平台接口标准,具有 939 根 CPU 针脚,支持双通道 DDR 内存。采用此接口 CPU 的有面向入门级服务器/工作站市场的 Opteron 1XX 系列和面向桌面市场的 Athlon 64 以及 Athlon 64 FX 和 Athlon 64 X2,除此之外,部分专供 OEM 厂商的 Sempron 也采用了 Socket 939 接口。Socket 939 处理器与 Socket 940 插槽是不能混插的,但是 Socket 939 仍然使用了相同的 CPU 风扇系统模式。随着 AMD 从 2006 年开始全面转向支持 DDR2 内存,Socket 939 也被 Socket AM2 所取代,在 2007 年初完成自己的历史使命后也退出了舞台,从推出到被淘汰其寿命不到 3 年。

5) Socket AM2

Socket AM2(图 2.15)是 AMD 于 2006 年 5 月底发布的支持 DDR2 内存的 AMD64 位桌面 CPU 的接口标准,具有 940 根 CPU 针脚,支持双通道 DDR2 内存。虽然具有 940 根 CPU 针脚,但 Socket AM2 与 Socket 940 在针脚定义以及针脚排列方面都不相同,所以不能互相兼容。目前采用 Socket AM2 接口的 CPU 有低端的 Sempron、中端的 Athlon 64、高端的 Athlon 64 X2 以及顶级的 Athlon 64 FX 等全系列 AMD 桌面 CPU,支持 200MHz 外频和 1 000MHz 的 HyperTransport 总线频率,支持双通道 DDR2 内存,其中 Athlon 64 X2 以及 Athlon 64 FX 最高支持 DDR2 800,Sempron 和 Athlon 64 最高支持 DDR2 667。按照 AMD 的规划,Socket AM2 接口将逐渐取代原有的 Socket 754 接口和 Socket 939 接口,从而实现桌面平台 CPU 接口的统一。

图 2.14 CPU 接口:Socket 939

图 2.15 CPU 接口:Socket AM2

第2章 中央处理器(CPU)

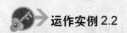 运作实例 2.2

计算机自动关机

某公司的办公室职员谢某所使用的计算机尽管已经很旧了,可是一直很好用,很少出问题,可是最近这台计算机在开机使用 5~10 分钟后就"死机",弄得她什么事情也做不了,她听别人说过"计算机老化现象",现在不得不怀疑她的计算机也"老化了"。

由于计算机为品牌机,而且在质保期内,因此谢某联系了该品牌机在当地的售后服务中心,维修中心需要谢某把计算机"送修"(用户运到维修中心进行检修)。经过维修中心的检测,发现是 CPU 的温度过高,而导致计算机"死机"。出现这种情况的原因是因为 CPU 风扇灰尘过多而致使 CPU 风扇转速降低,影响了散热效果,经过维修中心的清理后,计算机就运行正常了。维修中心告诉谢某在计算机使用过程中,要注意保持周围环境的清洁。

经过这个事件,谢某回到单位后,十分注意办公室的卫生,每天坚持清扫四周,而且还在门上贴上了"禁止吸烟"的友情提示。

2.2.2 CPU 的选购

CPU 的主频越来越高,选择的范围也越来越大,而且,每一个档次的 CPU 都有不同的选择,那么如何为自己选择一款合适的 CPU,这就要看使用者的需要了,对于不同的使用需求来说,选购的产品性能也应有所区别,所以在选购 CPU 的时候还是有很多地方需要注意的。首先要提醒大家不要盲目追求主频。此外要正确划分用户群,这是合理选购 CPU 的前提。消费群体大致可以分为三类,以下是对不同消费群体选购 CPU 的一些建议。

1. 初级用户

初级用户通常是学生和计算机初学者。他们买计算机的主要用途就是学习、处理基本文档、上网和听音乐、看电影等。因此对 CPU 的要求不是很高,没有必要购买高价的 CPU。一般选择 Intel 的 E2140 或 AMD4000+的 CPU 就能满足需要,对于写文章、编程、制作网页、软件学习、玩一般的游戏等都能应付了。因为就算你买最好的 CPU,经过一年多的时间,价格也降到了原来的几分之一了,而在高配置的计算机中,只是处理文档、编程或者是看电影,这无疑是巨大的资源浪费。

2. 中级用户

中级用户一般是对电脑知识有了一定的了解,对电脑的操作、使用相当熟悉的用户,也是最大的用户群体。高校中对技术比较感兴趣的同学,或者是计算机游戏迷,或者在工作中需要处理一些较为复杂,要求较高的工作,如视频采集、媒体影音图像的处理等都应该属于这一群体。

3. 高级用户

高级用户即专业图形处理工作者、超级游戏玩家和超级 DIY 爱好者等都应该属于这一用户群，但并不是说这类用户都应该使用最新、最快、最贵的CPU。一般来说，这类用户选用高端CPU中的低档产品就能够满足需要。

在购买CPU时，首先要了解CPU的封装类型和它所对应的接口。这问题可马虎不得，它关系到主板的选购问题。最后建议，选购CPU，千万不要赶时髦，性能价格比才是我们追求的目标。

2.2.3 CPU风扇的选购

计算机的运算速度越来越快，其发热量也越来越大，尤其CPU更为突出，因为CPU集成度高达几百万晶体管，所以发热量之大让你难以想象，普通的CPU表面温度都可以达到40℃～60℃，而CPU内部则更是高达80℃甚至上百度，这样对CPU散热器的品质要求就越来越高。如果你的计算机经常出现死机、蓝屏、浏览器错误、打开程序错误、丢失数据、自动重启等问题，原因可能是CPU过热造成的。

下面先来了解CPU散热的过程及原理。

CPU是产生热的源头，热由CPU内部源源不绝的流出来，由于散热片接触CPU表面，所以热就会被带离CPU，而传到散热片上，再由风扇转动所造成的气流将热带走，如此循环不止，这就是整个散热的过程。

CPU和外界进行热交换的第一步就是通过散热片将热量传导出来，所以在整个CPU散热系统中，散热片的好坏直接影响到散热的效果。而且CPU风扇必须加上散热片才能够更好地发挥作用，这点一定要注意。因为大家平时把风冷散热器简称为风扇，好像风扇的好坏才是风冷散热器的关键，其实散热片更不可忽视。目前市面上散热风扇所使用的散热片材料几乎都是铝合金，只有极少数是使用其他材料。事实上，铝并不是导热系数最好的金属，效果最好的是银，其次是铜，再其次才是铝。但是银的价格昂贵，不太可能拿来做散热片；铜虽笨重，但散热效果和价格上有优势，现在也逐步用来做散热片；而铝的重量非常轻，兼顾导热性和质量轻两方面，因此，普遍被用作电子零件散热的最佳材料。铝质散热片并非是百分之百纯铝的，因为纯铝太过于柔软，所以都会加入少量的其他金属铸造成为铝合金，以获得适当的硬度。另外你可以看到，散热片的颜色是五花八门的，有蓝色、黑色、绿色、红色等，这不过是表面的一层镀漆而已。而那些五花八门的形状是大部分都是用车床刨出来的。

风扇吸收热以后，与空气接触，用对流的形式将热散发掉。对流的效果主要是由表面积的大小决定的。

由于CPU的发热量实在是太大，光靠散热片的作用是不够的，所以一定要使用风扇。判断风扇的好坏主要方法如下。

(1) 转速判断法，一般而言在其他情况相等时，转速越快的风扇，对CPU的散热帮助越大，能更有效地促进散热片的表面上的空气流动，从而加快散热。

(2) 直接试验法，即装上去试是最好的测试方法，测评就是这样做出来的。

购买风扇时要注意，大风扇未必强劲，有些是中看不中用。还有在购买风扇时最好考虑噪声的影响，因为风扇的功率越来越大，转速越来越快，噪声就越大。

第 2 章 中央处理器(CPU)

2.3 CPU 和 CPU 风扇的安装

购买 CPU 最终是要安装到主板上。尽管 CPU 的体积越来越小，但是其安装却是越来越方便。随着 CPU 工作量的增加，CPU 散发的热量也越来越多，因此需要良好的散热风扇来为 CPU 降温。

2.3.1 CPU 的安装

在安装 CPU 时，需要特别注意。大家可以仔细观察，在 CPU 处理器的一角上有一个三角形的标识，另外，在主板的 CPU 插座上，同样会有一个三角形的标识。在安装时，处理器上的三角标识要与主板上的三角标识的那个角对齐，然后慢慢地将处理器轻压到位。这不仅适用安装英特尔的处理器，而且适用安装目前大部分的处理器，对于采用针脚设计的处理器，如果方向不对则无法将 CPU 安装到位，所以在安装时要特别的注意。

安装 CPU 的基本操作如下。

(1) 稍向外/向上用力拉开 CPU 插座上的锁杆，直至与插座呈 90 度角，以便让 CPU 能够安全插入处理器插座。

(2) 将 CPU 上针脚有缺针的部位对准插座上的缺口，CPU 只能够在方向正确时才能够被插入插座中。

(3) 按下锁杆，整个过程如图 2.16 所示。

CPU 安装过程

1. 将拉杆从插槽上拉起，与插槽成 90 度角。

2. 寻找 CPU 上的圆点/切边。此圆点/切边应指向拉杆的旋轴，只有方向正确，CPU 才能插入。

3. 将 CPU 插入稳固后，压下拉杆完成安装。

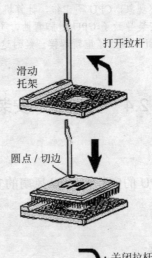

图 2.16 CPU 的安装

2.3.2 CPU 风扇的安装

安装 CPU 风扇时，可用适当的力向下微压固定 CPU 的压杆，同时用力往外推压杆，使其脱离固定卡扣，具体操作如下。

(1) 在主板上找到 CPU 和它的支撑机构的位置，然后安装好 CPU。
(2) 将散热片妥善定位在支撑机构上。
(3) 将散热风扇安装在散热片的顶部——向下压风扇直到它的四个卡子锲入支撑机构对应的孔中；
(4) 将两个压杆压下以固定风扇，注意，每个压杆都只能沿一个方向压下。
(5) 最后将 CPU 风扇的电源线接到主板上 3 针的 CPU 风扇电源接头上即可。

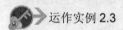
运作实例 2.3

娇气的 CPU

刘某是位 DIY 爱好者，最近刚组装了一台计算机，尽管是新机器，他最终还是忍不住，把计算机的各个部件拆开进行了详细的检查和研究，以防止"奸商"的欺骗。可是当他把各个部件重新组装后，再开机，刘某傻眼了，计算机屏幕上什么信息也没有，任凭他想尽了一切办法，计算机自始至终均毫无反应。

没有办法，刘某只好打电话给经销商，技术员上门检测后，怀疑可能是 CPU 出了问题，便打开主机，拆下 CPU，发现 CPU 有两个"针脚"弯曲，原来是刘某在安装 CPU 时，可能没有对准方向，致使 CPU 的"针脚"出现了上述现象，CPU 不工作，计算机当然也就毫无反应了。

由于是刘某私自安装导致了 CPU 针脚弯曲，不在经销商的质保范围之内，刘某只好到电脑市场上花费了五十元把 CPU 的针脚进行了重新焊接。经过这一事件，刘某知道了 CPU 是很"娇气"的。

2.4 实训——安装 CPU 和 CPU 风扇

一、实训目的

使学员掌握 CPU 的安装和 CPU 风扇的安装。

二、实训内容

(1) CPU 的安装。
(2) CPU 风扇的安装。

三、实训过程

1. CPU 的安装

分析
可以在机箱外部安装 CPU。

第 2 章 中央处理器(CPU)

实训要求

正确地安装 CPU,要求学员要反复安装 CPU,直到非常熟练为止。

实训步骤

(1) 适当用力向下微压固定 CPU 的压杆,同时用力往外推压杆,使其脱离固定卡扣。压杆脱离卡扣后,便可以顺利地将压杆拉起,如图 2.17 所示。

(2) 将固定处理器的金属盖向压杆反方向提起,如图 2.18 所示。

图 2.17 拉起拉杆

图 2.18 打开承压盖

(3) 仔细观察 CPU 及主板的"防呆"设计,确定 CPU 的安装方向,慢慢地将处理器轻压到位,如图 2.19 所示。

(4) 微用力压下 LGA 775 插槽的压杆,压到位后压杆会被卡住不会弹起,如图 2.20 所示。

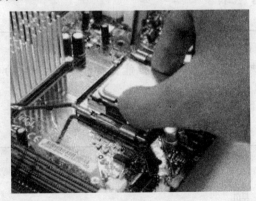
图 2.19 将 CPU 压下

图 2.20 压下压杆固定 CPU

2. CPU 风扇的安装

分析

可以在机箱外部安装 CPU 风扇。

实训要求

正确地安装 CPU 风扇,要求学员要反复练习安装 CPU 风扇,直到非常熟练为止。

实训步骤

(1) 从包装中取出风扇，整理电源线(图 2.21)。

图 2.21　整理电源线

(2) 撕掉 CPU 风扇上的硅胶膜，按照对角原则固定四个卡扣。
(3) 连接 CPU 风扇的电源线。

四、实训总结

通过本章的实训，学员应能够熟练掌握 CPU 及 CPU 风扇的安装。

本 章 小 结

本章讲述了 CPU 的发展史，并详细介绍了 CPU 的性能指标和 CPU 的安装操作。通过本章的学习，读者应能了解 CPU 的发展史，了解计算机的性能指标和掌握 CPU 的安装操作，最后安排了实训，强化技能训练。

本章的重点是 CPU 的安装与卸载。

本章的难点是 CPU 的性能指标。

习　　题

一、理论习题

1. 填空题

(1) CPU 的中文含义是(　　)。
(2) 微机的 CPU 生产厂商主要有(　　)和(　　)。

第 2 章 中央处理器(CPU)

(3) 未来，CPU 的发展趋势为(　　)、(　　)和(　　)等。

(4) CPU 的高级缓存分为(　　)和(　　)。

(5) 根据 CPU 来分，可以把购买计算机的消费群体大致分为三类，分别是(　　)、(　　)和(　　)等。

2．选择题

(1) AMD 公司的 Sempron 系列 CPU，中文名称是(　　)。
　　A．炫龙　　　B．闪龙　　　C．速龙　　　D．皓龙

(2) Intel 公司的 Core 2 Duo 系列 CPU，中文名称是(　　)。
　　A．酷睿 2 四核　　　　　B．酷睿 2 至尊
　　C．酷睿 2 双核　　　　　D．赛扬

(3) 下列 CPU(　　)不是双核的。
　　A．Intel Core 2 Duo E6300　　　B．Intel 奔腾 4 630
　　C．Intel 奔腾 D 915 2.8GHz　　 D．Celeron M 540

3．简答题

(1) 简述 CPU 的分类。

(2) 简述 CPU 的性能指标。

(3) 简述如何选购一款合适的 CPU。

(4) 简述迅驰技术。

二、实训习题

1．操作题

(1) 到当地的电脑市场考察散装的 CPU 和盒装的 CPU。

(2) 在实训室中，在老师的指导下，打开计算机的主机，进行安装与拆卸 CPU 的操作。

(3) 在实训室中，在老师的指导下，打开计算机的主机，进行安装与拆卸 CPU 风扇的操作。

2．上机练习题

(1) 上网查询 AMD Athlon64 X2 5400+ AM2(65 纳米)CPU 的有关资料，并填写下表。

适用类型	
核心数量	
功率(W)	
制造工艺(微米)	
主频(MHz)	
总线频率(MHz)	
倍频(倍)	
外频	

续表

适用类型	
插槽类型	
针脚数	
L2 缓存(KB)	
CPU 字长	

(2) 上网查询 Intel 酷睿 2 双核 E8400 CPU 的有关资料，并填写下表。

适用类型	
核心数量	
功率(W)	
制造工艺(微米)	
主频(MHz)	
总线频率(MHz)	
倍频(倍)	
外频	
插槽类型	
针脚数	
L2 缓存(KB)	
CPU 字长	

3. 综合题

(1) 某公司职员刘某刚刚参加工作，读大学时学的是计算机专业，现在他负责单位的计算机维护工作。有一天，一个同事请他解决计算机在开机大约 1 分钟后就自动关机的问题，请找出原因。

(2) 某单位梁某的儿子开始学计算机了，梁某打算为儿子购买一台计算机，同事中的计算机爱好者纷纷给他出主意，有的劝他购买 Intel 公司的 CPU，理由是 Intel 公司的 CPU 稳定性好；有的劝他购买 AMD 公司的 CPU，理由是超频性能好，游戏性能突出。梁某就问他们，你们说"到底是哪个公司的产品好？"请给梁某一个满意的解释。

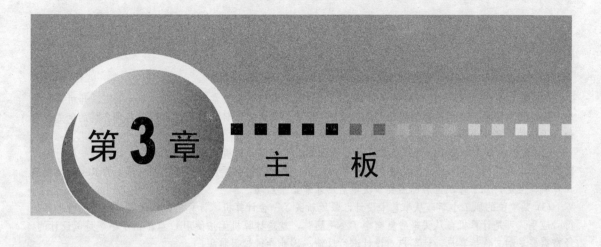

第 3 章　主　板

> **教学提示：**
> - 识别主板的种类
> - 掌握主板的安装与拆卸
> - 了解主板的性能指标
> - 了解常见主板的品牌

> **教学要求：**

知 识 要 点	能 力 要 求	相关及课外知识
主板的种类	能够正确识别常见的主板	主板的芯片组类型
主板的性能指标	了解主板的主要技术指标	主板的技术指标与选购
主板的安装与卸载	掌握主板的安装与卸载操作	主板的生产流程
主板常见故障的处理	掌握处理主板常见故障的步骤与方法	主板 BIOS 出错的提示及处理

计算机组装与维护案例教程

 引例

请关注并体会以下与计算机使用有关的现象：

(1) 某百货公司的用于管理库存的计算机，在昨天下班时还能正常关机，可是今天上班，开机几分钟后，显示器上还是什么也没有出现，主机面板上的灯也不亮。以前计算机虽然出现过各种各样的问题，可是今天这种现象从来没有出现过。

(2) 某单位工程师张某的计算机为品牌台式计算机，以前计算机一直正常使用，可是最近一段时间，出现了一个奇怪的现象，即计算机在使用一段时间后，显示器突然黑屏，只好按主机箱上的 Reset 键重启计算机，但是，几乎每次重启都需要多次重启动才能正常启动。

(3) 某单位的职工小李，从事艺术设计，最近新买了一台计算机，计算机配置很好，小李用得也算是得心应手。可是计算机自从买来后就有个"小毛病"，就是计算机无法使用 U 盘。由于小李是做设计的，经常需要复制文件给客户，让客户对设计进行反馈，因此弄得她很狼狈。

这样的例子还可以列出很多。

计算机所有的硬件都需要与主板连接才能工作，有的需要直接安装在主板上，有的通过接口和主板相连，因此一旦主板出现问题，那么其他硬件也会出问题，其表现出来的形式可能是各种各样的，但其本质都是由主板的原因引起的，这是值得计算机维护工程师研究的问题。

本章重点讨论计算机主板的基础知识及计算机在使用过程中遇到的与主板相关的问题。通过本章的学习，可以了解主板的基本知识，能够选购适用不同用户的主板，并能安装到计算机中，还能够对计算机使用过程中出现的与主板相关的问题进行处理。

3.1 主板的基础知识

主板是计算机的主体所在，有了主板才使得计算机各组件间有了联系，同时，CPU 才可以发号施令，各种设备才能彼此沟通。主板使各种周边设备能够和计算机紧密连接在一起，形成一个有机整体。计算机死机的现象一般都与主板有关，所以要组装一台性能好又稳定的计算机，选好主板是很关键的。

3.1.1 主板的分类

主板一般为矩形电路板，上面安装了组成计算机的主要电路系统，一般有 BIOS 芯片、I/O 控制芯片、键盘鼠标接口和面板控制开关接口、指示灯插接件、扩充插槽、主板及插卡的直流电源供电接插件等元件。

常见的 PC 主板的分类方式有以下几种。

1. 按照结构划分

(1) AT 主板：应用于 IBM PC/AT 机上，并且因此而得名，使用 AT 电源，目前此类主板已经被彻底淘汰，退出了市场。

(2) ATX 主板：是 Intel 公司提出的主板结构规范，目前大多数主板都采用这种结构。

(3) Micro ATX 主板：俗称"小板"，通常，Micro ATX 主板都集成了声卡、显卡和网卡，一般品牌机使用此类主板的居多。

2. 按照芯片组划分

主板芯片组由南桥(South Bridge)芯片和北桥(North Bridge)芯片组成。北桥芯片是主板芯片组中起主导作用的最重要部分，也称为主桥(Host Bridge)。一般来说，芯片组的名称都是以北桥芯片的名称来命名的。例如，英特尔 845E 芯片组的北桥芯片是 82845E，875P 芯片组的北桥芯片是 82875P 等。北桥芯片负责主板与 CPU 的联系并控制内存、AGP、PCI 数据在北桥内部传输，它决定主机支持 CPU 的类型和主频、系统的前端总线频率、内存的类型等。

计算机主板按照芯片组的不同，可以分为以下几类。

1) Intel 芯片组

例如，有 Intel P45、Intel P31、Intel 945GM、Intel 945PM、Intel 915GMS、Intel 915PM、Intel 915GM、Intel 910GML、Intel 855GME、Intel 855PM、Intel 855GM、Intel 852GME、Intel 852PM、Intel 852GM、Intel 852GMV、Intel 845MP、Intel 845MZ。

2) VIA 芯片组

例如，有 VIA K8N800A、VIA K8N800、VIA PN800、VIA CN400、VIA KN400、VIA KN266。

3) SIS 芯片组

例如，有 SiS M761GX、SiS M760GX、SiS M760、SiS 648MX、SiS M661MX、SiS M661FX、SiS M661GX、SiS M741、SiS M650。

4) ATI 芯片组

例如，有 ATI Radeon Xpress 200M、ATI Radeon Xpress 200M IE、ATI Mobility Radeon 9100 IGP、ATI Mobility Radeon 9000 IGP、ATI Mobility Radeon 7000 IGP、ATI Radeon IGP 340M、ATI Radeon IGP 320M。

5) NVIDIA 芯片组

例如，有 nVIDIA nForce3 Go 150、nVIDIA nForce3 Go 120。

3. 按主板上使用的 CPU 划分

按主板上使用的 CPU 类型划分，有：

(1) Intel 平台，支持 Intel 公司的 CPU。

(2) AMD 平台，支持 AMD 公司的 CPU。

4. 按照是否集成显卡

按照是否集成显卡划分，可分为：

(1) 集成主板。

(2) 非集成主板。

3.1.2 主板的组成

1. CPU 插座

CPU 插座是安装和固定 CPU 的地方。插座中间放置 CPU，外围的支架可固定 CPU 的散热器(图3.1)。CPU的插座多为Socket架构。根据支持的CPU不同，CPU的插座也不同，主要表现在CPU针脚数的不同。在CPU插座的一角有一个缺口，以防止将CPU装错。

图3.1　主板的CPU插座

2．主板芯片组

CPU通过主板芯片组对主板上的各个部件进行控制，因此主板芯片组是整块主板的灵魂所在，是区分主板档次的一个重要标志。

主板芯片组由南桥芯片和北桥芯片组成(图3.2)。南桥芯片主要负责控制设备的中断、各种总线和系统的传输性能等，其作用是让所有的数据都能有效传递；而北桥芯片是CPU与外部设备间联系的纽带，它决定着主板支持CPU的种类、内存类型和容量等。北桥芯片集成度较高，工作量较大，速度较快，发热量比南桥芯片大，因此现在多数厂商在北桥芯片上加装散热片或风扇(图3.2)。

3．AGP插槽

AGP插槽是由Intel公司开发的专用图形总线技术，是专用的显卡插槽，主板上只有一个AGP插槽。AGP接口标准从AGP1×发展到AGP8×，理论的数据传输量也从266MB/s发展到超过1GB/s。但由于PCI-E规格的推出，使得AGP插槽正在逐步退出市场。

图3.2　主板的北桥芯片

图 3.3 主板的南桥芯片

4. PCI 插槽

PCI(Peripheral Component Interconnect,外设部件互连总线)插槽,是较先进的高性能局部总线(可同时支持多个外设)。PCI 插槽颜色一般为白色,工作频率为 33/66MHz。主板上的 PCI 插槽一般有 4 个或更多。常见的 PCI 设备有声卡、PCI 接口的 SCSI 卡和网卡。

5. 内存插槽

PC 的主存储器是由动态随机存储器 DRAM 构成的,DRAM 具有集成度高、容量大、价格低等特点,适合做大容量的主内存。随着 CPU 速度的不断发展,DRAM 出现了各种产品。目前市场上常见的内存类型有 DDR、DDR2、DDR3 几种,其中 DDR 内存规格已不再发展,处于被淘汰的行列。DDR II 则占据了市场的主流。不久的将来,估计会流行 DDR III 规格内存,图 3.4 所示的是 DDR2 内存插槽。

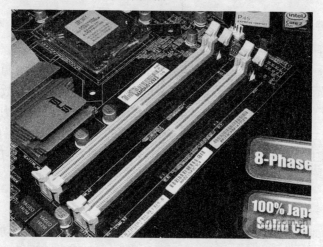

图 3.4 主板的内存插槽

6. SATA 接口

SATA(Serial ATA)接口(图 3.5),即串行 ATA 接口,该接口是一种新型的硬盘接口技术，它于 2000 年初由 Intel 公司率先提出。与传统并行 IDE 存储设备相比，SATA 硬盘有着无可比拟的优势，目前正逐渐流行。与传统的硬盘接口相比，SATA 接口有以下优势。

- SATA 硬盘传输速率为 150Mb/s。随着技术的发展，SATA 硬盘的传输速率还将成倍提高。
- 易于连接，布线简单，有利于散热。
- 具有热插拔功能，使用非常方便。
- 不受主盘和从盘设置的限制，可以连接多个硬盘。

7. IDE 接口

IDE 接口主要用来连接硬盘和光驱等 IDE 设备，也被称为 ATA 接口(图 3.5)。一块主板上一般有 1~4IDE 接口。

图 3.5　主板的 SATA 和 IDE

8. PCI-Express 插槽

PCI-Express 简称 PCI-E，它是 PCI 扩展总线的下一代升级标准。该总线采用点对点传输技术，能够为每一个设备分配独享的带宽，不需要在设备间共享资源，这样充分保障了各设备的宽带资源，从而提高数据传输速率。PCI-E 的主要优势就是数据传输速率高，目前，其传输速度最高可达到 10Gb/s 以上，而且还有相当大的发展潜力。PCI-E 也有多种规格，从 PCI-E×1 到 PCI-E×32，能满足现在和将来的低速或高速设备的需求。目前的主板上的 PCI-E 插槽主要有 PCI-E×1 和 PCI-E×16 两种类型，其中，PCI-Ex16 插槽用来安装显卡。

9. BIOS 芯片

BIOS(Basic Input/Output System)，即基本输入/输出系统插槽，启动计算机时，系统要对计算机内部的设备进行自检，然后初始化系统设备，再装入操作系统并调度操作系统向硬件发出指令。早期的 BIOS 芯片采用电擦写的方式更改其中的信息，所谓的电擦写是指在特定的电压、电流条件下对固化在 BIOS 中的内部程序代码 Firmware 进行更新。现在的 BIOS 芯片只需采用特定的程序即可进行更新升级。

第 3 章 主板

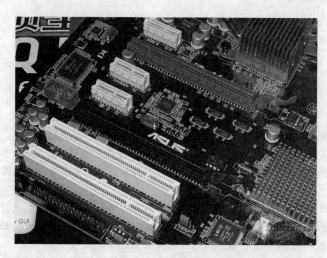

图 3.6 主板的 PCI-E 插槽

10. CMOS 电池

CMOS 电池为 BIOS 芯片供电以存储 BIOS 信息。当计算机处于开机状态时，BIOS 芯片由计算机电源供电，关机后则由 CMOS 电池供电。如果 CMOS 电池没有电，BIOS 芯片中的信息就会丢失。这样在开机时系统会给出相关提示，重新设置 BIOS 后，就能正常使用计算机。

11. 输入/输出接口

主板的输入/输出接口主要包括 PS/2 接口、USB 接口、串口与并口，如果主板集成了声卡则还有声卡接口(图 3.7)。PS/2 接口分为键盘接口和鼠标接口，USB 接口一般有 4~8 个。此外，还有 USB 接口的键盘鼠标等。

图 3.7 主板的输入/输出接口

现在绝大部分主板自带了声卡和网卡，因此在这些主板上还可以看到网卡线的接口和声道输出接口，以及游戏控制手柄接口等。

12. 跳线

主板上有很多跳线，由跳线帽控制跳线是否连通。跳线并不只在主板上存在，在光驱、硬盘上也有，跳线可控制光驱、硬盘是从盘还是主盘，或控制主板的核心电压以及利用跳线对 BIOS 进行放电等。

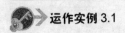
运作实例 3.1

主板不识别 U 盘

某单位的职工小李,从事艺术设计,最近新买了一台计算机,计算机配置很好,小李用得也算是得心应手。可是计算机自从买来后就有个"小毛病",就是计算机无法使用 U 盘。由于小李是做设计的,经常需要复制文件给客户,让客户对设计进行反馈,因此弄得她很狼狈。难道是自己购买计算机遇到传说中的"奸商"?

小李只好抱着试试看的态度,打电话请经销商帮忙维修,维修工程师对主板进行了检测,结果显示主板没有瑕疵,原因应该是设置的问题。进入计算机的 BIOS 设置,发现 USB Controller 选项被 Disabled(禁用)了,结果造成了主板的 USB 接口不能使用,自然也就无法识别 U 盘了。

维修工程师将选项更改为 Enabled 并保存退出,启动计算机,再插上 U 盘,2 分钟后,在任务栏上出现了 U 盘图标,U 盘可以正常使用了。原来是设置的原因,不是主板的原因。

3.2 主板的技术指标与选购

主板性能的好坏直接关系到计算机整机的性能,因此在选购主板时,需要全面地了解主板的相关信息。

3.2.1 主板的技术指标

要想全面地了解主板不能只看其表面,最主要是了解主板的技术指标。

1. 接口类型

接口类型是主板的 CPU 插槽的类型,即主板支持何种类型的 CPU。首先要了解主板适用何种平台。平台分 Intel 平台和 AMD 平台,即主板是支持 Intel 的 CPU 还是 AMD 的 CPU。

2. 整合主板

整合主板是指主板内部集成了显示芯片,有显示芯片的主板不需要再安装显卡就能实现显示功能,可以满足一般的家庭娱乐和商业应用,节省了购买显卡的开支。因此整合主板的成本相对较低。非整合主板本身不具有显示芯片,用户需要再购买并安装显卡才能使用,因此成本相对较高。

3. 扩展能力

扩展能力主要是指主板所支持的扩展插槽和 I/O 接口等,即主板上支持哪些插槽,例如:显卡插槽、PCI 插槽、IDE 插槽、FDD 插槽、SATA 接口等。这些插槽决定了用户购买其他部件。

3.2.2 主板的选购

主板性能的好坏和稳定将直接关系到计算机整机的性能和稳定，因此在选购主板时，除了全面了解主板的各项参数和指标外，还得注意以下的问题。

1. 品牌

主板是将高科技和高工艺融为一体的集成产品，因此，在选购时，首先应考虑"品牌"。实力雄厚的厂商具有较强的研制能力和良好的售后服务。目前比较知名的主板品牌有华硕(ASUS)、技嘉(Giga-Byte)、微星(Micro-Star)等。

2. 芯片组

目前，世界上具有生产芯片组能力的厂家有 Intel、VIA、Sis、AMD、NVZCA、ATI、IBM 等。其中，ATI 已经与 AMD 合并，因为大部分主板都是基于 Intel 和 AMD 两家的处理器来设计。因此，用户在购买选择时应考虑选购当前流行的芯片组，以便于再选购其他部件。

3. 整合主板

整合主板不仅集成了高性能的芯片组，而且集成了显卡、声卡和网卡等芯片，因此相对成本较低。但千万不要认为集成显卡就性能低下，因为集成显卡虽然不能满足游戏的要求，但对于普通办公、上网、听歌、小型游戏、视频等都能完全胜任。

4. 特色技术

由于市场竞争的激烈，主板生产商在主板的设计和技术更新上投入了很大的力量，使各具特色的主板不断推陈出新，推动了主板技术的发展。

3.3 主板的安装与维护

主板是计算机中非常重要的部件，计算机的其他硬件都是通过与主板连接才能正常工作。在安装主板前，要看主板使用说明书，一般的主板要进行调适。

3.3.1 主板的安装与拆卸

1. 主板的安装

对不同的机箱有不同的安装方法，例如，有些机箱需要使用到螺丝刀，有些机箱是免工具安装，但基本上都是大同小异。

(1) 取出准备好的机箱，打开机箱的外壳。可以看到机箱中有许多螺丝及其他附件，这些附件在安装过程中都会用到，如图 3.8 所示。

(2) 将主板的 I/O 接口(COM 接口、键盘接口、鼠标接口等)一端对应机箱后部的 I/O 挡板(图 3.9)。再将主板与机箱上的螺丝孔一一对准，看看机箱上哪些螺丝孔需要栓上螺丝。我们可以发现每一块主板四周的边缘上都有螺丝固定孔，这就是用于固定主板用的，你可以根据具体的位置来确定上螺丝的数量。

图 3.8 打开机箱外壳

图 3.9 对准 I/O 接口

(3) 把机箱附带的金属螺丝柱(图 3.10)或塑料钉旋入主板和机箱对应的机箱底板上,然后用钳子再进行加固(图 3.11)。

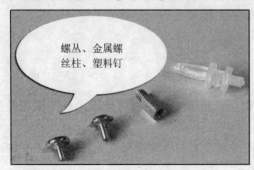

图 3.10 金属螺丝柱等

图 3.11 将金属螺丝安装到机箱底部

(4) 将主板轻轻地放入机箱中,并检查一下金属螺丝柱或塑料钉是否与主板的定位孔相对应(图 3.12)。

图 3.12　将主机安装到机箱底部

(5) 如果主板与机箱底部的定位螺丝已经一一对应，那么接着将金属螺丝套上纸质绝缘垫圈加以绝缘，再用螺丝刀拧紧(图 3.13)。

图 3.13　固定主板

由于主板是一个硬件的交换平台，因此它将要和计算机中其他所有硬件进行连接。这些操作将在以后的章节中会详细介绍。

2．主板的拆卸

主板的拆卸是主板安装的逆过程，但硬件的安装并没有固定的先后顺序，理论上是哪个操作方便，就先进行哪个操作，因此，拆卸主板也是如此，不必一定要按某个步骤进行操作。可以请按照上述主板的安装过程从最后一步往后倒退即可。

3.3.2　主板常见故障的处理

1．主板不加电

【问题描述】　与引例(1)所描述的情景类似，主要是根据主机灯进行判断。

【问题处理】　处理方法是先更换电源，如果问题依旧，说明主板的供电电路出现了故障，需要专门仪器进行检测，如果检测证明主板确实有问题，则需要对主板进行维修。

【问题引申】 计算机的主板通过电源对各个部件供电，一旦主板不加电，说明市电可能有问题，因此在市电不稳定的地区，最好为主机电源加 UPS 电源，以便为主板提供稳定而可靠的电源，使主板能够持续稳定地工作。

2. 北桥芯片导致主板运行不稳定

【问题描述】 与引例(2)所描述的情景类似，主要是根据现象的重复性来判断。

【问题处理】 处理方法是，打开主机箱，卸下主板，用专门仪器对主板进行检测，一般是北桥芯片烧坏，导致主板运行不稳定，在计算机运行一段时间后，出现自动关机，甚至无法开机。

【问题引申】 主板的稳定是计算机稳定运行的基础，由此也可以检验一块主板做工的精细程度和产品的档次与质量，因此建议用户尽量使用品牌好的主板。

3. 主板 BIOS 设置错误导致 U 盘无法使用

【问题描述】 与运作实例 3.1 所描述的情景类似，主要是根据现象的重复性来判断。

【问题处理】 原因一般是将 BIOS 中的 USB 控制器禁用了，导致计算机无法检测到 U 盘等 USB 设备，只需要将 USB 控制器启用即可。

【问题引申】 在主板的 BIOS 设置中，可以将计算机的某些设备(例如网卡或声卡等)禁用或者启用。

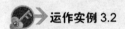
运作实例 3.2

烦人的"死机"现象

某单位办公室的打字员小张的计算机购买有一年多了，运行一直很正常，但是，自从几天前一次闪电过后，计算机就经常出现"死机"。于是，拿去维修，但到经销商那里就不死机了，可是再拿回到办公室又出现死机，经销商也查不出原因，怀疑是办公室的电源有问题。但是经过单位的电工检测，证明电源没有问题。

小张就一直凑合着使用计算机，她回家后和自己的老公说起这个事情，老公是从事网络工程的。听她这样一说，就兴奋地告诉她，换一个网卡的插槽就可以了，因为前几天他刚刚处理过这样的一个案例。死机的原因是网卡遭到雷击后，把网卡的 PCI 插槽给击坏了。

小张找到经销商，把她老公的经验告诉了工程师，工程师抱着试试看的态度，更换了网卡的插槽，死机现象果然消失了。

3.4 实训——主板的安装与拆卸

一、实训目的

使学员掌握主板的安装与拆卸。

第 3 章　主板

二、实训内容

(1) 主板的安装。
(2) 主板的拆卸。
(3) 处理主板常见故障。

三、实训过程

1. 主板的安装

分析

可在机箱内部反复练习主板的安装。

实训要求

正确地安装主板，要求学员要反复的安装主板，直到非常熟练为止。

实训步骤

(1) 整理机箱，理顺机箱所带的配件。
(2) 拆卸机箱原挡板，更换主板所配挡板。
(3) 把机箱附带的金属螺丝柱或塑料钉拧入主板和机箱对应的机箱底板上，然后用钳子再进行加固。
(4) 将主板轻轻地放入机箱中，并检查金属螺丝柱或塑料钉是否与主板的定位孔相对应。
(5) 将金属螺丝套上纸质绝缘垫圈加以绝缘，再用螺丝刀拧入此金属螺柱内。

2. 主板的拆卸

分析

可在机箱内部反复练习主板的拆卸。

实训要求

正确地卸载主板，要求学员要反复的拆卸主板，直到非常熟练为止。

实训步骤

(1) 将固定主板的金属螺丝卸下，放入螺丝盒中。
(2) 轻轻地取出主板，不要与机箱碰撞。
(3) 把挡板取下。
(4) 卸下金属螺柱或塑料钉。

3. 主板常见故障的处理

分析

根据常见案例，细心体会，反复揣摩。

实训要求

根据主板常见案例，仔细分析，逐步确认，积累经验，同时保持创新的精神，不固守原有的思维习惯和方式，锻炼学员独立处理问题的能力。

实训步骤

(1) 仔细阅读本章的引例。

(2) 如有可能设置引例的环境进行模拟。

(3) 根据引例，写出处理步骤。

四、实训总结

通过本章的实训，学员应该能够熟练掌握安装与卸载主板，可对计算机出现的与主板相关的问题进行处理。

本 章 小 结

本章首先介绍了主板的基础知识；其次是研究了主板的技术指标和选购；再次讲解了主板的安装与维护；最后安排了技能实训，以强化技能练习。

本章的重点是主板的组成。

本章的难点是主板常见故障的处理。

习　　题

一、理论习题

1. 填空题

(1) 主板按照结构可以分为(　　)、(　　)和(　　)。

(2) 按CPU平台分主板芯片组可以分为(　　)和(　　)。

(3) 计算机主板的USB接口最多可以挂(　　)设备。

(4) 计算机主板主要包括(　　)、(　　)、(　　)、(　　)、(　　)、(　　)、(　　)、(　　)和(　　)等基本构件。

(5) 扩展能力主要是指主板所支持的(　　)和(　　)等。

2. 选择题

(1) 英特尔的芯片组或北桥芯片名称中带有"G"的表示该芯片组还整合了(　　)。

　　A. 网卡　　　　B. 声卡　　　　C. 显示卡　　　　D. 以上都不对

(2) 主板的CPU插座上有个缺口，其作用是(　　)。

　　A. 缺陷　　　　　　　　　　　B. 经销商的标志

　　C. 金手指　　　　　　　　　　D. 安装方向的指示

(3) 一块主板一般有1~4个IDE接口，其用来连接(　　)。

　　A. 硬盘　　　　B. 光驱　　　　C. 数码相机　　　　D. 打印机

(4) 下图所示白色插槽是( )。
　　A．PCI　　　　B．ISA　　　　C．AGP　　　　D．以上都对

(5) 下列( )不是主板的品牌。
　　A．华硕　　　　B．微星　　　　C．爱国者　　　　D．技嘉

3．简答题

(1) 主板在计算机中起什么作用？
(2) 简述计算机主板安装的步骤。
(3) 简述主板的性能指标。
(4) 简述主板的组成。

二、实训习题

1．操作题

(1) 到当地的电脑市场上了解不同品牌的主板，注意其型号。
(2) 反复练习主板的安装与卸载操作。
(3) 演练主板常见故障的处理。

2．上机练习题

(1) 上网查询主板微星 P45 NEO3-FR 的有关资料，并填写下表。

主 板 名 称	微星 P45 NEO3-FR
适用平台	
集成芯片	
CPU 插槽	
内存类型	
显示卡插槽	

续表

主 板 名 称	微星 P45 NEO3-FR
PCI 插槽	
IDE 插槽	
SATA 接口	
USB 接口	
串口并口	
外接端口	
供电模式	

(2) 上网查询主板华硕 M3A78-EMH HDMI 的有关资料，并填写下表。

主 板 名 称	华硕 M3A78-EMH HDMI
适用平台	
集成芯片	
CPU 插槽	
内存类型	
显示卡插槽	
PCI 插槽	
IDE 插槽	
SATA 接口	
USB 接口	
串口并口	
外接端口	
供电模式	

3. 综合题

某百货公司的用于管理库存的计算机，在昨天下班时还能正常关机，可是今天上班时，启动计算机并没有像以前那样能够正常启动，开机几分钟后，显示器上还是什么也没有出现，主机面板上的灯也不亮。以前计算机虽然出现过各种各样的问题，可是今天这种现象从来没有出现过。请处理该故障。

第4章 存储系统

教学提示：
- 识别存储产品的种类
- 掌握存储产品的安装与拆卸
- 了解存储产品的性能指标
- 了解常见存储产品的品牌

教学要求：

知 识 要 点	能 力 要 求	相关及课外知识
存储产品的种类	能够正确识别常见存储产品的类型	存储产品的基础知识
存储产品的性能指标	了解存储产品的主要技术指标	存储产品的技术指标与选购
内存、硬盘等存储产品的安装与拆卸	掌握存储产品的安装与卸载	移动硬盘、U盘、MP3、MP4、录音笔的安装与卸载
常见存储产品的故障处理	掌握常见存储产品故障处理的步骤与方法	其他不常见存储器故障的处理

引例

请关注并体会以下与计算机存储产品有关的现象：

(1) 某单位职员小王，昨天下班时计算机能正常关机，可是今天上班时，启动计算机，计算机显示器上什么也没有出现，而且听到计算机的主机有持续不断的"滴、滴"的声音。以前这台计算机虽然出现过各种各样的问题，可是这种现象从来没有出现过。

(2) 某单位的职工小李，是从事艺术设计的，因为原来的计算机太慢了，所以最近新买了一台计算机，但原来的那台旧计算机如何处理成为一个大难题，毕竟那台计算机是 3 年前花费了 8 千多元购买的，而计算机经销商竟然只给他 500 元来收购，这还是看在他在经销商那里组装的计算机，否则只能给 300 元，他一气之下又把旧机带回了家，可是家里确实再没有地方容纳这台计算机，该怎么办呢？突然想到最近岳父在炒股票，利用计算机可以让岳父在家里炒股，而不必每天到证券公司去。计算机的配置如下：赛扬 2.7GHz 的 CPU，华硕 915 主板、独立显示卡、256M 金士顿内存，这台计算机别的毛病没有，只是内存太小了。

(3) 某单位的职员小王，昨天下班时计算机能正常关机，可是今天上班时，启动计算机，计算机显示器上出现如图 4.1 所示的提示。于是打求助电话，电脑公司的客服人员让他重新启动计算机，可是他重新启动了很多次，屏幕上依然是出现图 4.1 的提示。

```
DISK BOOT FAITURE, PLEASE INSERT DISK AND PRESS ANY KEY
```

图 4.1 计算机无法启动

(4) 最近，孙某组装了一台计算机，各方面性能都不错，可是最近计算机启动时，经常出现图 4.2 所示的提示信息。

```
因以下文件的损坏或丢失，Windows 无法启动：
system32\Drivers\Fastfat.sys
您可以通过使用原始启动软盘或 CD-ROM 来启动 Windows 安装程序，以便修复这个文件。
```

图 4.2 Windows 系统无法启动

出现这样的提示自然难不倒孙某，孙某用自己的系统安装光盘，轻易就把系统重装好了，可是重装系统后，还是经常出现这个问题，把孙某这个爱好者也弄烦了，难道自己就组装了这样的一台计算机？

这样的例子还可以列出很多。

计算机所有的程序在运行时都需要调入存储系统中，然后才能进入 CPU 进行数据处理。一旦存储系统出现问题，那么程序就会出现问题，其表现出来的形式可能是各种各样，但其本质都是存储系统造成的。

本章重点讨论计算机存储产品的基础知识及在计算机使用过程中遇到的与存储产品相关的问题。通过本章的学习，可以了解存储产品的基本知识，能够选购需要的存储产品，并能够针对计算机使用过程中出现的与存储产品相关的问题作出及时的处理。

第4章 存储系统

4.1 内存基础知识与维护

内存又称主存储器，主要用于存取计算机的程序和数据。计算机存取数据时间的快慢主要取决于内存的大小和速度。因此，内存的性能直接影响到计算机系统的速度和整机的性能。随着电子技术水平不断提高，目前，计算机中安装的内存容量越来越大，速度越来越快，种类也越来越多。

4.1.1 内存的分类

内存是计算机系统的临时存储区域，它可以被CPU直接读取和写入。在加电的情况下，内存中的数据或程序可以供CPU调用，当掉电时，内存中的数据就会全部丢失。

按照功能的不同内存可以分为只读存储器 ROM(Read Only Memory)和随机存储器 RAM(Random Access Memory)等。

(1) 只读存储器 ROM。

顾名思义，只读存储器中的数据只能被读出而不能被用户修改或删除，因此一般用于存放固定的程序，如早期的 BIOS、现在的监控程序等。

(2) 随机存储器 RAM。

随机存储器就是常说的计算机的内存，因其产品呈条状，故一般称为内存条。我们说计算机的内存多大就是指计算机的 RAM 的大小，在本书中所说到的内存，如果没有特别说明的，都是指 RAM。

随机存储器又分为 SRAM(静态存储器)和 DRAM(动态存储器)两种。PC 的主存储器是由动态随机存储器 DRAM 构成的。DRAM 具有集成度高、容量大、价格低等特点，适合做大容量的主存。随着不同时期 CPU 速度的发展，DRAM 也出现了各种产品。近期，市场中常见的内存条类型有 DDR、DDRⅡ和 DDRⅢ等。其中 DDR 现在已经被淘汰，DDR2 占据了市场的主流，并逐渐向 DDRⅢ过渡。

1. DDR

DDR(图 4.3 所示)内存是采用了 DDR(双倍传输)技术的 SDRAM。与 SDRAM 相比，它在时钟周期内可以传输两次数据，因此具有更高的数据传输速率。DDR 采用的是 2.5V 的电压、184pin 的 DIMM 接口。其规格有 DDR266、DDR333、DDR400 等，但目前 DDR 内存已经基本淡出 DIY 市场，如果还能见到这样的内存条，多数是为"二手计算机"升级准备的。

2. DDRⅡ

随着 CPU 技术的发展，前端总线对内存带宽的要求是越来越高，DDR 内存已经满足不了处理器在速度上的需要，因此 JEDEC(电子设备工程联合委员会)开发出了 DDRⅡ SDRAM 规格内存(图 4.6 所示)，它在每个时钟周期能够以 4 倍外部总线的速度读/写数据，并且能够以内部控制总线 4 倍的速度运行。DDR2 采用的是 1.8V 的电压、240pin 的 DIMM 接口，其规格有 DDR533、DDR667、DDR800 等，高端则有 DDR1000MHz 等。

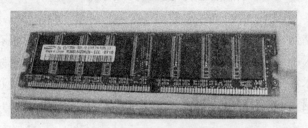

图 4.3　DDR 内存条

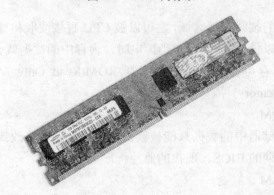

图 4.4　DDR2 内存条

3. DDRⅢ

DDRⅢ(图 4.5 所示)是为了解决 DDRⅡ发展限制而产生的内存规格，它与 DDRⅡ的基础架构并没有本质的不同。DDRⅢ内存的起跑频率为 1 066MHz，以 DDR2 000MHz 为例，其带宽可达 16Gb/s(双通道则为 32Gb/s)的理论带宽，可见 DDRⅢ内存将成为高带宽用户的选择。在生产工艺上，DDRⅢ内存工作电压为 1.5V，而接口采用与 DDRⅡ相同的 240pin 的 DIMM 接口，不过它们之间并不互相兼容。

图 4.5　DDR3 内存条

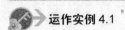运作实例 4.1

为计算机内存"扩容"

某科研单位的技术员邱某购买了一台品牌计算机，计算机安装了正版的 Windows Vista 系列的 Home Basic 操作系统，计算机的各项性能都不错，Vista 的桌面也让他"耳目一新"，但是感觉速度不如单位的

第 4 章 存储系统

操作系统为 Windows XP 的计算机,他有点疑惑,新购买的计算机配置比单位的计算机配置高(在购买计算机前已经咨询过单位的计算机维护工程师),但是感觉到在运行程序时,新买的计算机速度明显不如单位的计算机,难道是新买的计算机被人做了"手脚"?

邱某百思不得其解,只好找自己单位的计算机维护工程师小王去咨询,小王非常热心地给他讲解了目前 Vista 的实际状况,并建议他更换操作系统,但是邱某舍不得那个正版的 Vista 操作系统。小王只好又建议邱某给计算机"扩容",将计算机的内存由现在的 1GB 增加到 2GB。于是小王打开他的计算机,把内存从主机上卸下,仔细看了看,然后让邱某去电子市场购买 DDR II 667 的内存条。

邱某按照小王的要求到电脑市场上购买了内存条,又请小王安装到计算机中,经过运行,邱某感觉到计算机比刚买的时候速度提高了不少,比较满意。

4.1.2 内存的技术指标

要想全面地了解内存不能只看其表面,还必须了解内存的技术指标。

1. 接口类型与引脚

内存的接口类型是根据其金手指上导电触片的数量来划分的。金手指是内存条上与内存插槽之间的连接部件,一般称之为针脚数(pin)。由于不同的内存采用的接口类型各不相同,因此每种接口类型所采用的针脚数也不相同。早期的内存是 30pin 或 72pin,后来 DDR 则采用的是 184pin,而 DDR2 和 DDR3 采用的是 240pin。因此要识别各种内存条,只要仔细观察其"金手指"(图 4.6 所示)上所标注的数字就能准确地判断其类型。图 4.6 中白色曲线标出的部分即为内存的金手指,仔细观察金手指就可以看出内存的接口类型,从而判断出该内存条的类型。

图 4.6 内存条的金手指

2. 内存主频

内存主频和 CPU 主频一样,常用来表示内存的速度,它代表着该内存所能达到的最高工作频率。内存主频是以 MHz(兆赫兹)为单位来计量的。内存主频越高,在一定程度上代表着内存所能达到的速度越快。例如 DDR2 667,其主频就是 667MHz。

与内存主频相关的参数有内存的存取速度、数据宽度与带宽。存取速度用-6、-5 标示(-6 表示 60ns,-5 表示 50ns,单位是纳秒(即 10^{-9})),内存的存取速度与主频成反比关系,例如 5ns 的 DDR 内存,它的主频是 1/5ns,换算为秒要乘上 10^9,结果等于 200 000 000Hz(即每秒钟的振荡频率),但通常以 MHz 为单位,所以最后结果为 200MHz。

内存的数据带宽是指内存同时传输数据的位数,以 bit(位)作单位。内存带宽是指内存的数据传输速率。它们的换算关系是:

$$\frac{\text{数据宽度(bit)} \times \text{内存主频(MHz)}}{8} = \text{内存带宽}$$

由于 DDR 内存的每个工作周期可以传递两次数据，所以 DDR2 667 的内存带宽为 5.3GB/s。

3. 内存容量

在计算机系统中，内存的容量等于插在主板内存插槽上所有内存条容量的总和。内存容量的上限一般由主板芯片组和内存插槽决定。目前绝大部分芯片组可以支持到 2GB 或以上的内存，主流的芯片组可以支持到 4GB 或以上的内存。此外，主板上内存插槽的数量也会对内存容量造成限制，因此，在选购内存时要先考虑主板上内存插槽的数量。

4. 内存的校验

内存是一种电子元件，在工作过程中难免会出现错误。对于一般的用户来说，内存错误不会引起较大的问题，但是对于稳定性要求高的用户来说，内存错误可能会引起致命性的问题。因此，对于要求稳定性较高的用户，建议使用带校验的内存条。

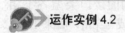 运作实例 4.2

烦人的"蓝屏"现象

某单位办公室打字员小张的计算机已经购买一年多了，运行一直很正常，但自从前几天一个同事给她安装了一款游戏后，计算机在使用过程中就经常出现"深蓝色的画面"（图 4.7 所示），屏幕上显示的全是计算机专业术语，并且键盘和鼠标都不能使用，只能按主机上的 Reset 键，重新启动计算机。

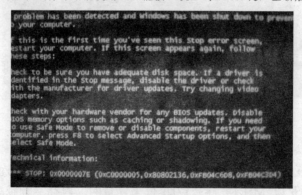

图 4.7 计算机蓝屏

这样就给小张带来很多麻烦，一是输入的文字需要随时保存，影响打字的效率。二是计算机频繁地重新启动对计算机的硬件寿命有影响。她向领导汇报后，但领导说这台计算机已经过了保修期，让她先凑合用，不久就可以购买新的计算机了。

小张回家后和弟弟说起这个事情，她弟弟就自告奋勇去帮她维修，她弟弟打开计算机，用刷子把内存上的灰尘扫干净，并且用橡皮把内存的"金手指"反复擦了好几遍，然后再安装回去。经过弟弟这么处理，此后，计算机的蓝屏画面再也没有出现过。

4.1.3 内存的选购

内存性能的好坏和稳定直接关系到计算机整机的性能和稳定，因此，在选购内存时，应全面了解内存的各项参数和指标，下面介绍一些选购内存时应注意的问题。

1. 多大的内存才够用

目前，主流计算机的内存一般为 1GB 和 2GB。实践证明，这两种内存的容量不但可以满足一般用户日常的需求，而且可以基本满足游戏玩家的需求。选购时应根据用户的需要购买，对于一般用户，1GB 的内存基本满足其需求；对于游戏爱好者和图形设计者应配置 2GB 的内存。

2. 品牌的选择

内存是由内存颗粒和其他相关电路组成，而内存颗粒的性能在一定程度上决定了内存性能的好坏，常见的内存颗粒有华邦、三星和现代等。

在选购内存时，还应注意选择内存的生产商，较有名的内存生产商有 Kingston(金士顿)、GEIL(金邦)、Apacer(宇瞻)、Samsung(三星)、ADATA (威刚)等，但是应注意，即使同一个生产商，也可能采用不同品牌的内存颗粒来生产内存，例如 Kingston(金士顿)采用的内存颗粒就有十余种。

4.1.4 内存条的安装与拆卸

1. 内存条的安装

(1) 判断内存条与主板所支持的内存类型是否一致。
(2) 打开内存插槽两侧的扣卡。
(3) 根据插槽上的定位标志确定内存的安装方向。
(4) 将内存条垂直下压，内存插槽两侧的扣卡会自动合上。
(5) 检查内存条的安装是否完好，安装过程如图 4.8 和图 4.9 所示。

图 4.8　内存的安装

图 4.9 内存的安装

2. 内存条的拆卸

内存条的拆卸非常简单，将内存插槽两侧的扣卡打开，内存条会自动弹起，将内存条取出即可。

4.1.5 内存常见故障的处理

1. 内存报警

【问题描述】 与本章开头的引例(1)所描述的情景相似，主要是根据报警的声音来判断。

【问题处理】 处理方法是，将内存条拆卸重新安装，如果问题依旧，可以将内存安装到另外的插槽上，更换插槽仍然没有解决问题的话，可能是内存条的电路出现了故障，需要专门仪器进行检测，如果检测证明内存确实有问题，则需要更换内存条。

【问题引申】 安装与拆卸计算机内存时，一定要注意切断电源，不可带电操作，否则很容易"烧毁"内存条。

2. 内存接触不良引起的显示器黑屏

【问题描述】 与本章开头的引例(2)所描述的情景相似，主要是根据现象的重复性来判断。

【问题处理】 处理方法是，拆开主机箱，拆卸内存条后换到另一个内存插槽上。原因是主板的内存插槽与内存条之间出现了松动，导致内存与主板接触不良，在计算机运行一段时间后，温度的增加导致检测不到内存，致使计算机"黑屏"。

【问题引申】 内存与主板的紧密接触是计算机稳定运行的基础，由此也可以检验一块主板做工的精细程度和产品的档次与质量，因此建议用户尽量购买声誉较好的主板品牌。

3. 内存引起的计算机"蓝屏"

【问题描述】 所谓的计算机"蓝屏"就是计算机在正常运行过程中，程序突然终止，出现一个蓝色背景的画面，屏幕上显示英文提示，因为背景是蓝色，因此称为计算机"蓝屏"。出现"蓝屏"的原因一般是调用程序出错引起的，如果从内存中调用程序出错，就是内存条引起的计算机"蓝屏"。

【问题处理】 原因一般是主板与内存条的兼容性不是很好，这种情况可以考虑更换内存条，现在的内存条都是"终身保修"，所示更换内存条是非常方便的。例如，可以找经销商或者品牌机的维修点来更换内存条。

【问题引申】 由于目前计算机的内存价格非常便宜，其生产商和经销商的利润已经非常低，由此带来的内存质量和稳定性却值得用户思考。因此，选购时应尽量选择知名度高、信誉良好的内存品牌。

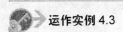
运作实例 4.3

计算机搬家后"罢工"

正在某大学就读的大学生高某在寒假后，把家里的计算机带到了大学宿舍，可是在宿舍里把计算机各个部件连接后通电，计算机并没有像他想象的那样进入熟悉的 Windows 桌面，非但如此，计算机的主机还发出"滴、滴"的声音，像是在抗议高某把它从家乡搬到一个陌生的环境，让它"水土不服"。但高某觉得不应该出问题的，因为这台计算机从家里搬来之前，他特别请从事计算机维修的表哥检测过，在确认没有问题后才从家里带过来的。

高某没有办法，只好把计算机搬到学校的"计算机维修中心"，让计算机系的学生帮忙维修一下，反正他们是免费为学生维修的。计算机维修中心的同学在仔细查看后，说需要打开计算机主机，经过高某同意后，他们打开计算机，把内存条拆下后重新安装，然后开机，报警的声音没有了，能正常开机了。高某百思不得其解，维修中心的同学解释说，可能是计算机在运输过程中受到了震动，导致内存条与主板的接口出现松动，因此导致计算机开机后检测不到内存，致使计算机显示器黑屏，主机伴有"滴、滴"的声音。

4.2 硬盘的基础知识与维护

无论是操作体统还是应用软件，一般都需要安装在硬盘上才能正常运行。因此，如果没有硬盘，计算机几乎什么都做不了。硬盘相当于计算机存放数据的仓库，计算机内几乎所有的图片、文档、音乐和动画等都是以文件的形式存放在硬盘上的。

4.2.1 硬盘的分类

硬盘作为一种磁表面存储器，是在非磁性的合金材料表面涂上一层很薄的磁性材料，通过磁层的磁化来存储信息。计算机硬盘的分类方式有多种，目前，市场上主要是按照其应用类型和接口类型来分的。

1. 按照使用类型

硬盘按照使用类型可以分为台式机硬盘、笔记本硬盘和服务器硬盘。

1) 台式机硬盘

台式机硬盘(图 4.10 所示)是目前最为常见的个人计算机存储设备。随着用户对计算机性能的日益提高，台式机硬盘也在朝着大容量、高速度、低噪声的方向发展，单碟容量逐步提高。

图 4.10　台式机硬盘

2) 笔记本硬盘

笔记本硬盘(如图 4.11 所示)是应用于笔记本电脑的存储设备，由于笔记本电脑强调的是其便携性和移动性。因此笔记本硬盘必须在体积上、稳定性上、功耗上达到很高的要求，而且防震性能也要很好。

图 4.11　笔记本硬盘

3) 服务器硬盘

服务器硬盘，顾名思义，就是服务器上使用的硬盘。如果服务器是网络数据的核心，那么服务器硬盘就是这个核心的数据仓库，Internet 上有的软件和用户数据就存储在这里。对用户来说，储存在服务器上的硬盘数据是最宝贵的，因此其硬盘的可靠性是非常重要的。为了使硬盘能够适应数据量大、工作时间长的工作环境，服务器一般采用高速、稳定、安全的 SCSI 接口硬盘。

2. 按照接口分

从用户的角度出发，按照接口可以划分为 IDE 接口、SATA 接口、SCSI 接口和光纤通道等几种，此外，还有一种 USB 接口硬盘，不过，USB 接口也是通过转接口实现的。上述几种接口硬盘都具有自身的优势和特点，用户可以根据实际的情况来加以选择。

1) IDE 接口硬盘

IDE 接口硬盘(图 4.12)又称为并口硬盘，曾经广泛应用于 PC，目前正在逐渐退出市场。

图 4.12　IDE 接口硬盘

IDE(Integrated Drive Electronics)，即"电子集成驱动器"，它的本意是指把"硬盘控制器"与"盘体"集成在一起的硬盘驱动器，这种方法减少了硬盘接口的电缆数目与长度，增强了数据传输的可靠性，硬盘的制造变得更容易，因为硬盘生产厂商不必再担心自己的硬盘与其他厂商生产的控制器是否兼容。对用户而言，硬盘的安装也更方便。IDE 接口技术从诞生至今就一直在不断发展，其性能也不断地提高，它拥有价格低廉、兼容性强等特点，为其造就了其他类型硬盘无法替代的地位。

在实际的应用中，人们习惯用 IDE 来称呼最早出现的 IDE 类型硬盘 ATA-1，这种类型的接口随着接口技术的发展已经被淘汰了，而其后发展出更多类型的硬盘接口，比如 ATA、Ultra ATA、DMA、Ultra DMA 等接口都属于 IDE 硬盘。

2) SATA 接口硬盘

SATA(Serial ATA)接口硬盘(图 4.13)又称为串口硬盘，目前广泛应用于 PC。

图 4.13　SATA 接口硬盘

Serial ATA 采用串行连接方式，串行 ATA 总线使用嵌入式时钟信号，具备了更强的纠错能力，与 IDE 硬盘相比，其最大的区别在于能对传输指令(不仅仅是数据)进行检查，如果发现错误会自动矫正，这样大大提高了数据传输的可靠性。此外，串行接口还具有结构简单、支持热插拔的优点。

串口硬盘采用串行方式传输数据。相对于并行 ATA 来说，它具有非常多的优势。首先，Serial ATA 以连续串行的方式传送数据，一次只会传送 1 位数据。这样能减少 SATA 接口的针脚数目，使连接电缆数目变少，效率也会更高。实际上，Serial ATA 仅用四支针脚就能完成所有的工作，分别用于连接电缆、连接地线、发送数据和接收数据，同时这样的架构还能降低系统能耗和减小系统复杂性。其次，Serial ATA 的起点更高、发展潜力更大，Serial ATA 1.0 定义的数据传输率可达 150Mb/s，这比目前最新的并行 ATA(即 ATA/133)所能达到 133Mb/s 的最高数据传输率还高，而 Serial ATA 2.0 的数据传输率已经达到 300Mb/s，最终 SATA 将实现 600Mb/s 的数据传输率。

3) SCSI 接口硬盘

SCSI(Small Computer System Interface，小型计算机系统专用接口)原来是为小型计算机设计的扩充接口，即是为小型计算机扩充其他外部设备以提高系统的性能或者增加新的功能。SCSI 接口具有应用范围广、多任务、带宽大、CPU 占用率低，以及热插拔等优点，因为其性能优越，近来应用也变得更加广泛。主要应用于中、高端服务器和高档工作站中 SCSI 接口硬盘，如图 4.14 所示。

图 4.14   SCSI 接口硬盘

4) 光纤通道

光纤通道(Fibre Channel)和 SCIS 接口一样，最初也不是为硬盘设计开发的接口技术，是专门为网络系统设计的，但随着存储系统对速度的需求，才逐渐应用到硬盘系统中。光纤通道硬盘的出现大大提高了多硬盘系统的通信速度。光纤通道的主要特性有，热插拔、高速带宽、远程连接、连接设备数量大等。光纤通道能满足高端工作站、服务器、海量存储子网络、外设间通过集线器、交换机和点对点连接进行双向、串行数据通信等系统对高数据传输率的要求。

4.2.2   硬盘的技术指标

要想全面地了解硬盘，不能只看其表面，还必须了解硬盘的技术指标。

1. 容量

容量是绝大多数用户对硬盘比较关注的性能指标，硬盘的容量是以 GB(千兆字节)为单位的，早期的硬盘容量小，是以 MB(兆字节)为单位。1956 年 9 月，IBM 公司制造的世界上第一块硬盘只有 5MB，而现在数百 GB 容量的硬盘也已普及到个人计算机。较常见的硬盘的容量有 40GB、60GB、80GB、120GB、160GB、200GB、250GB、320GB，随着硬盘技术的发展，更大容量的硬盘将不断推出。

2. 传输速率

硬盘的传输速率表现出硬盘工作时数据传输的速度，是硬盘性能的具体体现。但因为这个数据的不确定性，因此厂商在标注硬盘参数时，采用的是外部数据传输速率和内部数据传输速率。

外部数据传输率(External Transfer Rate)也称为突发数据传输或接口传输率，它是指硬盘缓存和计算机系统之间的数据传输率，也就是计算机通过硬盘接口从缓存中将数据读出交给相应的控制器的速率。例如，ATA100 中的 100 就代表着这块硬盘的外部数据传输率理论最大值是 100Mb/s；ATA133 则代表外部数据传输率理论最大值是 133Mb/s；SATA I 接口的硬盘外部数据理论传输率最大值可达 150Mb/s；SATA II 接口的硬盘外部数据理论传输率最大值可达 300Mb/s。这些只是硬盘理论上最大的外部数据传输率，在实际应用中一般是无法达到这个数值的。

内部数据传输率(Internal Transfer Rate)是指硬盘磁头与缓存之间的数据传输率，简单地说，就是硬盘将数据从盘片上读取出来，然后存储在缓存内的速度。虽然硬盘技术发展得很快，但内部数据传输率还在一个比较低(相对)的层次上，内部数据传输率低已经成为硬盘性能的最大瓶颈。目前主流的 SATA II 的硬盘，内部数据传输率基本在 90Mb/s 左右，但在连续工作时，这个数据会降到更低。

3. 缓存

缓存(Cache Memory)是硬盘控制器上的一块内存芯片，它具有极快的存取速度，是硬盘内部存储和外界接口之间的缓冲器。由于硬盘的内部数据传输速度和外部数据传输速度不同，缓存在其中起到一个缓冲的作用，因此缓存的大小与速度硬盘传输速度的重要因素，大容量和高速的缓存能够大幅度地提高硬盘整体性能。当硬盘存取零碎数据时，需要不断地在硬盘与内存之间交换数据，如果有大容量缓存，则可以将那些零碎数据暂存在缓存中，减小外系统的负荷，也提高了数据的传输速度。

4. 转速

转速是硬盘内电机主轴的旋转速度，也就是硬盘盘片在一分钟内所达到的最大转数。转速的快慢是硬盘的重要参数之一，它也是决定硬盘内部传输率的关键因素之一。硬盘的转速越快，硬盘寻找文件的速度也就越快，相对地硬盘的传输速度也就得到了提高。硬盘转速以每分钟多少转来表示，单位是 RPM(Revolutions Per Minute，即转/每分钟)。该数值越大，内部传输率就越快，访问时间就越短，硬盘的整体性能也就越好。

家用计算机的普通硬盘的转速一般是 5 400rpm 和 7 200rpm 两种，高转速硬盘也是现在台式机用户的首选；而对于笔记本硬盘的转速则是 4 200rpm 和 5 400rpm 为主，虽然已经有公司发布了 7 200rpm 的笔记本硬盘，但在市场中还较为少见；服务器对硬盘性能要求最高，它使用的 SCSI 硬盘转速基本都是 10 000rpm，甚至还有 15 000rpm 的，转速要超出家用计算机硬盘很多。

5. NCQ 技术

SATA 规范支持许多新的功能，其中之一就是 NCQ(Native Command Queuing 全速命令排队)技术。它是一种使硬盘内部优化工作负荷执行顺序，通过对内部队列中的命令进行重新排序实现智能数据管理，改善硬盘因机械部件而受到的各种性能制约。NCQ 技术是 SATA Ⅱ规范中的重要组成部分，也是 SATA Ⅱ规范中唯一与硬盘性能相关的技术。

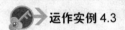
运作实例 4.3

硬盘"缺斤短两"

某计算机爱好者小崔的计算机硬盘出问题了，需要维修，想想现在硬盘这么便宜了，就下定决心，到电脑城购买了一块 320GB 的硬盘，并安装到计算机中，然后，小崔对硬盘进行分区并安装操作系统，忙得不亦乐乎。安装完成后运行计算机一段时间，一切正常，但在查看硬盘的空间时，小崔发现问题了，自己购买是 320GB 的硬盘，他明显地感觉到系统中的磁盘容量要少很多，难道是硬盘被"奸商"做了"手脚"？

小崔百思不得其解，于是到网上去搜索答案，原来原因是这样的。

在操作系统中，硬盘的容量与标称的容量不符，都要少于标称容量，容量越大则这个差异越大。例如，80GB 的硬盘只有 75GB；而 120GB 的硬盘则只有 114GB。这并不是厂商或经销商以次充好欺骗消费者，而是硬盘厂商对容量的计算方法和操作系统的计算方法不同而造成的，也就是不同的单位转换关系造成的。

众所周知，计算机采用的是二进制，因此操作系统对容量的计算是以 1024 为一进制的，即每 1 024 字节为 1KB，每 1 024KB 为 1MB，每 1 024MB 为 1GB；而硬盘厂商计算容量是以 1000 为一进制的，即每 1 000 字节为 1KB，即每 1 000KB 为 1MB，每 1 000MB 为 1GB，这种差异造成了硬盘容量"缩水"。

下面以 160GB 的硬盘为例说明其原理。

厂商容量的计算方法是：160GB = 160 000MB = 160 000 000KB = 160 000 000 000 字节。

换算成操作系统的计算方法则是：160 000 000 000 字节/1 024 = 156 250 000KB/1 024 = 152 587.890 625MB/1 024 = 149GB。

同时，在操作系统中，硬盘还必须分区和格式化，这样系统还会在硬盘上占用一些空间，提供给系统文件使用，所以在操作系统中显示的硬盘容量和标称容量是存在差异的。

4.2.3 硬盘的选购

硬盘是计算机系统最重要的部件之一，硬盘质量的好坏将直接影响计算机的运行性能。选购硬盘时，可以从以下几个方面进行考虑。

第 4 章 存储系统

1. 多大的硬盘才够用

目前，主流计算机的硬盘为 160GB 和 250GB 两种，实践证明，这两种硬盘的容量可以满足一般用户日常的需求，甚至可以基本满足大部分电影爱好者的需求。

2. 接口

目前，主流 PC 的硬盘接口为 SATA，因此用户在组装计算机或者在选购品牌机时，应尽量选购 SATA 接口的硬盘。当然，如果是为计算机更换硬盘，还应考虑主板的硬盘接口，如果主板上没有 SATA 接口，只有 IDE 接口，那么只能选择 IDE 接口的硬盘。

3. 稳定性

硬盘中存储着计算机几乎所有的程序和数据，一旦硬盘受到损坏，那么硬盘中的数据也丢失了，因此，应该选择稳定性较好的硬盘，这对于计算机的稳定运行也是必需的。

4. 品牌的选择

硬盘的生产商比较多，例如，希捷、迈拓、日立、西部数据、三星等。其中，希捷、迈拓和三星硬盘在国内都享有良好的口碑。不过，迈拓已与希捷合并，这样不仅可以填补产品的空缺，还可以利用先进的生产工艺，将硬盘价格降到更低的水平。

4.2.4 识别不同类型的硬盘

1. 台式机硬盘和笔记本电脑硬盘

识别台式机硬盘和笔记本电脑硬盘方法非常简单，就是观察其外形大小，一般来说，台式机硬盘(图 4.15)相比笔记本电脑硬盘(图 4.16)体积要大，重量也重。

图 4.15　台式机硬盘

图 4.16　笔记本硬盘

2. 并口硬盘和串口硬盘的识别

最简单方便的方法就是观察硬盘的数据接口，并口硬盘的数据接口是双排 40pin(针)的(图 4.17)，串口硬盘是单排 7pin(针)的(图 4.18)，很容易看出。

图 4.17　并口硬盘　　　　　　　　　图 4.18　串口硬盘

4.2.5　硬盘的安装与拆卸

1. 硬盘的安装

(1) 判断硬盘与主板所支持的硬盘类型是否一致。
(2) 在机箱中确定硬盘的安装位置，并用螺丝固定。
(3) 根据防呆设计，连接硬盘的数据线。
(4) 根据防呆设计，连接硬盘的电源线。
(5) 检查硬盘的安装是否完好，安装界面如图 4.19 和图 4.20 所示。

图 4.19　硬盘的安装　　　　　　　　图 4.20　硬盘的安装

2. 硬盘的拆卸

拆卸硬盘的操作步骤如下。
(1) 关闭计算机，切断电源。
(2) 打开机箱。
(3) 拔掉硬盘的电源线和数据线。
(4) 用螺丝刀卸掉固定硬盘的螺丝。
(5) 从机箱中取出硬盘。

第 4 章 存储系统

4.2.6 硬盘常见故障的处理

1. 计算机检测不到硬盘

【问题描述】 与本章开头的引例(3)所描述的情景相似，主要是根据计算机提示信息来判断。

【问题处理】 处理方法是，重新启动计算机，进入 CMOS，再进入 Standard COMS Features 的界面(方法参看第 10 章)注意查看如图 4.21 所示的信息。

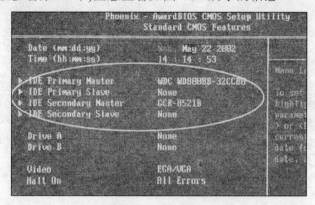

图 4.21 查看硬盘信息

如果没有看到硬盘信息，应先检查硬盘连接线是否松动或重新连接一下，如果问题还是依旧，可以将硬盘安装到另一台计算机上，如果仍然没有检测到该硬盘，则怀疑硬盘出现了故障，需要专门仪器进行检测，如果检测证明硬盘确实有问题，则需要更换硬盘。

【问题引申】 当通过更换数据线、排除接触不良仍然无法检测到硬盘，或者硬盘型号出现乱码，则只能通过替换法来检查是不是硬盘本身出了故障，具体方法是：将故障硬盘挂接在其他正常运行的计算机中，看硬盘是否能够工作，如果能够正常工作，则说明硬盘本身没有问题；如果依然检测不到硬盘，则说明硬盘已经出现了严重的故障，只能返回给生产厂商进行维修或报废。

2. 系统文件丢失

【问题描述】 与本章开头的引例(4)所描述的情景相似，主要是根据现象的重复性来判断。

【问题处理】 处理方法是，利用替换法更换一根没有问题的数据线，并且仔细检查数据线与硬盘接口、主板 IDE 接口的接触情况，查看主板 IDE 接口和硬盘数据接口是否出现了断针、歪针等情况。如果问题确实是因数据线及电源连接造成，一般更换数据线并排除接触不良的问题后，就能在 BIOS 中看到硬盘，此时硬盘也就可以引导了。

【问题引申】 硬盘数据线与主板的紧密接触是计算机稳定运行的基础，由此也可以检验一块主板做工的精细程度和产品的档次与质量，因此建议用户尽量使用良好声誉的主板。

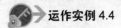 运作实例 4.4

计算机搬家后"水土不服"

正在某大学就读的大学生高某在寒假过后,把家里的计算机带到大学宿舍,可是当他把计算机各个部件连接后通电,计算机并没有像他想象的那样,出现 Windows 桌面,而是在显示器屏幕上出现一行英文提示:

> Non System Disk,Please Insert System Disk And Press Enter

无论高某怎样操作,总是出现这样的提示,像是在无声地抗议高某把它从家乡搬到一个陌生的环境,让它"水土不服"。

高某没有办法,只好把计算机搬到学校的"计算机维修中心",让计算机系的学生帮忙维修一下,反正他们是免费为学生维修的。计算机维修中心的同学看了启动时的英文提示后,打开他的计算机,把硬盘的电源线和数据线重新连接,再开机,就一切正常了。高某百思不得其解,维修中心的同学解释说,可能是计算机在运输过程中,主机受到了震动,导致数据线与主板的接口处或电源与硬盘的接口出现松动,导致计算机开机后检测不到硬盘,从而出现上面的提示。

4.3 移动存储的基础知识

移动存储属于辅助存储器,主要用于异地传输和携带数据。随着电子技术水平不断提高,目前,移动存储设备种类越来越多,其存储容量越来越大,速度越来越快。

1. 移动存储的分类

按照存储介质的不同移动存储可以分为 U 盘、光盘、移动硬盘、存储卡等。

2. U 盘

U 盘(图 4.22)是一种闪存半导体存储器,其本质是电可擦写的芯片。

图 4.22 U 盘

U盘主要用于存储数据文件,与计算机之间方便交换数据。U盘不需要物理驱动器,也不需外接电源,可热插拔,使用非常方便。U盘体积很小,重量极轻,可抗震防潮,特别适合随身携带,是移动办公及文件交换时最理想的存储产品。U盘的容量从16MB~8GB不等,可以满足不同用户的需要。

3. 移动硬盘

移动硬盘(图4.23)是一种便携式硬盘存储产品,是以标准笔记本硬盘为基础,采用USB、IEEE1394等传输速度较快的接口,可以以较高的读/写速度进行数据传输。相对于U盘来说,移动硬盘具有以下特点:

图 4.23 移动硬盘

- 容量大:由于移动硬盘是以标准笔记本硬盘为基础,因此笔记本硬盘的容量有多大,移动硬盘的容量就有多大,现在流行的移动硬盘有120GB、160GB、250GB、320GB等。
- 传输速度高:移动硬盘大多数采用USB、IEEE1394接口,能够提供较高的数据传输速度,目前最高的移动硬盘传输速度可达800Mb/s。
- 可靠性高:数据安全一直是移动存储用户最关心的问题,移动硬盘以高速、大容量、轻巧便捷等优点赢得许多用户的青睐,而更大的优点还在于其存储数据的安全可靠性。移动硬盘采用硅氧盘片,这种盘片更为坚固耐用,因此提高了数据的完整性。同时以硅氧为材料的磁盘驱动器,以更加平滑的盘面为特征,提高了数据传输的可靠性。

4. MP3与MP4播放器

MP3/MP4播放器是利用DSP(Digital Signal Processor 数字信号处理器)来处理传输和解码MP3文件任务的。DSP掌管播放器的数据传输、设备接口控制、文件解码回放等活动。DSP能够在非常短的时间内处理多种任务,而且此过程所消耗的能量极少(这也是它适合于便携式播放器的一个显著特点)。DSP的工作过程是这样的:首先将MP3歌曲文件从内存中取出并读取存储器上的信号→传递到解码芯片对信号进行解码→通过数/模转换器将解出来的数字信号转换成模拟信号→再把转换后的模拟音频放大→低通滤波后到耳机输出口,输出后就是我们所听到的音乐了。

MP3(图4.24)是MPEG第3代声音文件的压缩格式,是一种以高保真为前提的高效压缩技术,MP3采用1:10或1:12的压缩率对声音信号进行压缩,将大容量的声音文件压缩成小容量的 MP3 格式的音频文件，而人耳听起来没有什么不同。

MP4(图 4.25)并不是 MP3 的下一代产品，与 MP3 相比，MP4 能够播放视频文件，即 MP4 是既能够听也能够看，娱乐功能更丰富的多功能数码产品。

MP4 的视频格式是 MPEG-4，是 MPEG 格式的一种，是活动图像的一种压缩方式。通过这种压缩方式，可以用较小的文件提供较高的图像质量，是目前较流行的视频文件格式。这种兼容于 MP3、基于 MPEG-4 动态图像解码技术、可以在高真彩 TFT 屏上实现"随身看"的袖珍数码娱乐产品，正以强大的影音功能逐步取代 MP3，指引着移动数码的发展方向。

图 4.24　MP3 播放器

图 4.25　MP4 播放器

5．存储卡与读卡器

存储卡是利用闪存技术实现存储数字信息的存储器，它作为存储介质应用在数码相机、掌上电脑、手机、MP3/MP4 等小型数码产品中，因其外形小巧，如一张卡片大小，因此称为存储卡。

根据厂商与应用的不同，常用的存储卡有 CF(Compact Flash)(图 4.26)、SM(Smart Media)、XD(XD-Picture Card)、MMC(Multi Media Card)、SD(Secure Digital)(图 4.27)和微硬盘(Micro Drive)等。这些存储卡外观虽然不同，但是技术原理基本是相同的。

读卡器是一种读取存储卡数据的设备，即用来读取数码产品的存储卡上的数据。随着数码产品的不断增多，存储卡应用得越来越广泛。读卡器作为一种专用设备，它有插槽供存储卡插入，有端口可以连接到计算机，因此，计算机可以把存储卡当作一个可以移动的存储器，通过读卡器就可以读/写存储卡。

按存储卡的种类来分，读卡器可以分为 CF 读卡器、SD 读卡器和 PCMICA 读卡器等。为了便于使用，目前读卡器都是多合一的产品，这样一种读卡器可以读取多种存储卡。

图 4.26　CF 卡

图 4.27　SD 卡

第 4 章 存储系统

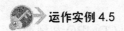
运作实例 4.5

为 MP4 "扩容"

正在上大学的大三学生高某有个心爱的 MP4,使用了两年多了,有的同学的 MP4 都换好几个了,而她的 MP4 一直正常使用,唯一的缺点是容量只有 512MB,听别的同学讲,可以为自己的 MP4 "扩容",可是具体怎么 "扩" 呢?

高某找到计算机学院的老乡孙某,孙某拿 MP4 看了看后,告诉他,这个 MP4 应该支持 SD 卡,不过为了保险起见,让高某拿着 MP4 到电子市场上去购买 SD 卡,现场把 SD 卡插到 MP4 上看看是否适用,毕竟实践是检验真理的唯一标准。

高某按照老乡的要求到电子市场上购买了个 2GB 的存储卡,解决了 MP4 的容量问题。

4.4 光驱与光盘

光盘存储器具有容量大、速度快、数据保存持久、安全性高等优点,在计算机的外存储器中占有重要地位。随着光存储技术的发展,光盘和光盘驱动器(简称光驱)将在未来的存储市场中占据主导地位。

4.4.1 光盘的分类

光盘作为存储介质,根据其读/写原理可分为以下几类。

1. CD-ROM

CR-ROM 是一种只读光存储介质,它能在直径为 120mm、1.2mm 厚的单面光盘上保存 74~80min 的高保真音频或 650MB 左右的数据信息。CR-ROM 光盘由碳酸脂做成,中心带有 15mm 直径的孔洞。

2. CD-RW

CD-RW(CD-Rewritable)作为一种可擦写型的 CD 光盘存储器,是在光盘表面加上一层可改写的染色层,它通过激光可在光盘上反复多次写入数据。因此一经问世即风靡世界,并得到了前所未有的迅速普及。

3. DVD

DVD(Digital Video Disc,数字视频光盘)是一种超级的高密度光盘。同样大小的光盘,CD-ROM 可存储 650MB 左右的数据,而 DVD 可以存储 4.7GB 的数据,相当于 7 张 CD-ROM 盘的总容量。目前 DVD 的大容量和通用性已得到了广泛的应用和普及。

4.4.2 光驱的主要产品

光驱是计算机的重要配件之一,其发展从 CD-ROM、DVD-ROM 到 COMBO 和现在的 DVD 刻录机都得到了广泛的应用。根据其读/写原理,光驱可分为以下几类。

1. CD-ROM 光驱

CD-ROM 是早期最常见的光盘驱动器,它能读取 CD、VCD、CD-R、CD-RW 格式的光盘,它是计算机中应用和普及最早的光驱产品,但是目前已经退出了市场。

2. DVD-ROM 光驱

DVD 驱动器(图 4.28)是用来读取 DVD 盘上数据的设备,从外观上看和 CD-ROM 驱动器一样。DVD 驱动器的读盘速度也比原来 CD-ROM 驱动器提高了近 4 倍以上。目前 DVD 驱动器采用的是波长为 635mm~650mm 的红激光。DVD 的技术核心是 MPEG2 标准,MPEG2 标准的图像格式共有 11 种组合,DVD 采用的是其中"主要等级"的图像格式,使其图像质量达到广播级水平。DVD 驱动器也完全兼容现在流行的 VCD、CD-ROM、CD-R、CD-Audio。但是普通的光驱却不能读 DVD 光盘。因为 DVD 光盘采用了 MPEG2 标准进行录制,所以播放 DVD 光盘上的视频数据要使用支持 MPEG2 解码技术的解码器。

3. COMBO 光驱

COMBO 是"结合物"的意思,俗称"康宝"。COMBO 光驱(图 4.29)是一种集合了 CD 刻录、CD-ROM 和 DVD-ROM 为一体的多功能光存储产品。

图 4.28　DVD 驱动器

图 4.29　COMBO 光驱

4. DVD 刻录机

DVD 刻录机向下兼容 CD-R、CD-RW,它又分为 DVD+R、DVD-R、DVD+RW、DVD-RW(W 代表可反复擦写)和 DVD-RAM。DVD 刻录机的外观和普通光驱差不多(图 4.30),只是其前置面板上通常都清楚地标识着写入、复写和读取三种速度。

第4章 存储系统

图 4.30　DVD 刻录机

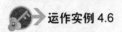 运作实例 4.6

光盘——永久保存数据最经济的方式

某单位的职员小官用数码相机给孩子拍了很多照片,他想把照片保存起来,等孩子长大后,作为纪念品送给孩子,他苦思冥想,是用 U 盘、光盘还是移动硬盘。用 U 盘,一个 U 盘存放不下;用光盘,自己不会刻录;用移动硬盘,太昂贵。该用什么方案才最合理最经济呢?

小官作为 DIY 爱好者,亲自到电脑市场上去了解。经过半天的了解和考察,他觉得用移动硬盘,数据最安全,可是价格最高。用 U 盘,价格合理但是保存的资料少。用光盘,最经济最合理,虽然自己不会刻录,但可以学嘛,况且市场上也有专门刻录的,价格也不高,3 元就可以刻录一张 4.7GB 的 DVD 光盘。

4.4.3　光驱的安装

光驱是现在计算机中非常重要的配件,因此,作为计算机维护人员,需要掌握正确的安装操作和维护的方法。

安装光驱与安装硬盘的操作相类似,其步骤如下。

(1) 准备好光驱、数据线和安装工具(图 4.31 和图 4.32)。

图 4.31　光驱　　　　　　　　　　　　图 4.32　数据线

(2) 将机箱前面的光驱挡板卸下，如图 4.33 所示。

图 4.33 光驱挡板

(3) 将光驱放入机箱的光驱安装位置，并用螺丝固定。
(4) 分别连接光驱的数据线和电源线。

4.5 实训——内存条的安装与拆卸

一、实训目的

使学员掌握内存条的安装与拆卸。

二、实训内容

(1) 内存条的安装。
(2) 内存条的拆卸。
(3) 常见内存故障处理。

三、实训过程

1. 内存条的安装

分析
可以在机箱内部和外部反复练习内存条的安装。
实训要求
正确地安装内存条，要求学员要反复的安装内存条，直到熟练为止。
实训步骤
(1) 判断内存条与主板所支持的内存类型是否一致。
(2) 打开内存插槽两侧的卡扣。
(3) 根据插槽上的定位标志确定内存的安装方向。

(4) 将内存条垂直下压，内存插槽两侧的卡扣会自动合上。

(5) 检查内存条的安装是否完全到位。

2．内存条的拆卸

分析

可以在机箱内部和外部反复练习内存条的拆卸。

实训要求

正确地拆卸内存条，要求学员要反复的拆卸内存条，直到熟练为止。

实训步骤

(1) 将内存插槽两侧的卡扣打开，内存条会自动弹起。

(2) 将内存条取出即可。

3．内存常见故障的处理

分析

根据内存常见案例，仔细分析，逐步确认，积累经验，同时保持创新的精神，不固守原有的思维习惯和方式，锻炼学员独立处理问题的能力。

实训要求

根据常见案例，细心体会，反复揣摩。

实训步骤

(1) 仔细阅读本章的引例。

(2) 如有可能设置引例的环境进行模拟。

(3) 根据引例，写出处理步骤。

四、实训总结

通过本章的实训，学员应该能够熟练掌握安装与拆卸内存条，可以针对计算机使用过程中出现的与内存相关的问题作出及时的处理。

本 章 小 结

本章首先介绍了内存知识；然后是了解了光盘与光驱；再次讲解了光驱的安装与维护；最后安排了技能实训，以强化技能练习。

本章的重点是光驱的安装与维护。

本章的难点是存储卡的使用。

习　题

一、理论习题

1. 填空题

(1) 内存按照技术规格可以分为(　　)、(　　)和(　　)。
(2) DDRⅡ内存的引脚是(　　)pin(线)。
(3) SATA 接口的硬盘数据线是(　　)线。
(4) 移动存储按照存储介质的不同可以分为(　　)、(　　)、(　　)和(　　)等。
(5) 移动硬盘大多数采用(　　)、(　　)接口，能够提供较高的数据传输速度。

2. 选择题

(1) 某内存条上标记"DDR2 667"字样，其中"667"指的是(　　)。
　　A. 价格　　　　B. 频率　　　　C. 类型　　　　D. 生产厂商
(2) 下图白色曲线标注的是(　　)。
　　A. PCB　　　　B. 卡扣　　　　C. 金手指　　　　D. 品牌

(3) PC 中的信息主要存放在(　　)。
　　A. 光盘　　　　B. 硬盘　　　　C. 软盘　　　　D. 网络

3. 判断题

(1) 人们一般所说的内存是指 ROM。　　　　　　　　　　　　　　　　(　　)
(2) 内存对计算机的速度和稳定性没有什么影响。　　　　　　　　　　(　　)
(3) U 盘无需电源线即可工作。　　　　　　　　　　　　　　　　　　(　　)
(4) 硬盘可以热插拔。　　　　　　　　　　　　　　　　　　　　　　(　　)
(5) 内存必须插满内存插槽，否则计算机无法启动。　　　　　　　　　(　　)

4. 简答题

(1) 硬盘在计算机中起什么作用？
(2) 简述计算机硬盘安装的步骤。
(3) 简述硬盘的性能指标。
(4) 简述存储卡的分类。

第 4 章 存储系统

(5) 简述光驱的安装。

二、实训习题

1. 操作题

(1) 识别 DDR 内存和 DDR2 内存。
(2) 反复练习内存条的安装与拆卸。
(3) 在当地的电脑市场上识别台式机硬盘和笔记本硬盘。
(4) 在实训室拆卸计算机的硬盘，写出硬盘的容量是多少。
(5) 到当地的电脑市场上识别各类移动存储介质。

2. 综合题

(1) 科研单位的技术员邱某购买了一台品牌笔记本电脑，计算机预装正版的"Windows Vista 系列的 Home Basic"操作系统，计算机的各项性能都不错，就是感觉速度稍微慢些，经单位的计算机工程师王工指点，需要为计算机增加一条 1GB 的内存，请为邱某选购内存。

(2) 单位的职员小王昨天下班时计算机能正常关机，可是今天上班打开计算机的时候，计算机显示器上什么也没有出现，而且听见计算机的主机有持续不断"滴、滴"的声音。请为小王处理这个故障。

(3) 学生刘某刚刚组装了一台计算机，经销商的单子上列出硬盘的容量是 160GB，他很想知道自己计算机的硬盘容量是不是 160GB，请为他出主意。

(4) 科研单位的员工仇某是一个不折不扣的歌迷，非常喜欢听音乐，也经常参加单位的歌曲大赛，偶尔也获得过奖励。最近仇某从网上下载了一首非常动听的外国歌曲，准备以这首歌曲参加单位的歌曲大赛，可是这首歌曲下载到 MP4 上却不能播放，他百思不得其解，请给仇某一个合理的解释。

第 5 章　显示系统

教学提示：
- 认识显示系统的类型
- 了解显示系统的性能指标
- 掌握显示器和显卡的安装
- 了解常见显示器和显卡的品牌

教学要求：

知 识 要 点	能 力 要 求	相关及课外知识
显示器的种类	能够正确识别常见的显示系统	了解 LED 显示屏
显示系统的性能指标	了解显示系统的主要技术指标	投影机的技术指标
显示系统常见故障的处理	掌握显示系统常见故障处理的步骤与方法	笔记本电脑液晶屏常见故障的处理

第 5 章 显示系统

引例

请关注并体会以下计算机在使用过程中与显示器有关的现象：

(1) 某单位的职员小王上班打开计算机，开机时图像比较模糊，虽然使用一段时间后就逐渐正常了，但在关机一段时间后再开机时故障又会出现，而且故障一次比一次严重。

(2) 小王更换了一台15英寸液晶显示器，一直使用很正常。但刚刚过了半年时间，这台液晶显示器便出现了故障，具体表现为：只要启动或重启计算机，就会出现"花屏"的故障，感觉就好像有高频电磁干扰一样，屏幕上的字迹非常模糊且呈锯齿状。当进入操作系统后，偶尔也会出现这种现象，但持续的时间很短且不太明显，绝大部分时间屏幕显示是正常的。

(3) 某单位的工程师张某最近组装了一台计算机，开始时还能正常使用，可是最近一段时间，出现了一个奇怪的现象，即是计算机在使用一段时间后，尤其是在玩游戏或做3D绘图时，显示器突然出现花屏，然后死机。只能按计算机主机箱上的Reset键，重新启动计算机。

这样的例子还可以列出很多。

显示系统是计算机最重要的输出设备，计算机运行的结果都要通过显示系统显示出来。因此，一旦显示系统出现问题，那么所有的结果就无法正常显示或不能显示。

本章重点讨论显示系统的基础知识及计算机在使用过程中遇到的与显示系统相关的问题。通过本章的学习，了解显示系统的基本情况，掌握如何选购一款合适的显示器和显卡，并针对计算机使用过程中出现的与显示系统相关的问题作出及时处理。

5.1 显示器的基础知识与维护

显示器是计算机的最主要输出设备之一。前几年最常见的显示器是CRT(Cathode Ray Tube，阴极射线管)显示器。CRT显示器经过几十年的发展，从原来的球面显示器，到柱面显示器，再到纯平显示器，CRT显示器的技术已经处于非常成熟的阶段，但由于CRT显示器物理结构的限制和电磁辐射的弱点，使其体积不断增加，功耗不断提升，目前正在逐渐退出市场。

平面显示器中以LCD(Liquid Crystal Display，液晶显示器)的发展最为迅速，它的优点是无辐射、全平面、无闪烁、无失真、可视面积大、体积重量小、抗干扰能力强，缺点是视角太小、亮度和对比度不够大等，但随着技术的提高有了相当的改善。两类显示器如图5.1所示。

图 5.1 CRT 显示器和 LCD 显示器

5.1.1 显示器的分类

1. CRT 显示器的分类

1) 按显示色彩分类

按显示色彩分为单色显示器和彩色显示器。单色显示器已经不再生产了。

2) 按显示屏幕大小分类

显示器的屏幕大小是以英寸为单位(1 英寸=2.54cm)，通常有 14 英寸、15 英寸、17 英寸、19 英寸和 21 英寸，或者更大。

2. LCD 显示器的分类

LCD 显示器基本上分为无源阵列彩显 DSTN-LCD(俗称伪彩显)和薄膜晶体管有源阵列彩显 TFT-LCD(俗称真彩显)。

DSTN 显示屏不能算是真正的彩色显示器，因为屏幕上的每个像素的亮度和对比度不能独立地控制，它只能显示颜色的深度，与传统的 CRT 显示器的颜色相比相距甚远。

TFT 显示屏的每个液晶像素点都是由集成在像素点后面的薄膜晶体管来控制，使每个像素都能保持一定电压，从而可以做到高速度、高亮度、高对比度地显示。TFT 显示屏是目前最好的 LCD 显示设备之一，也是现在笔记本电脑和台式机上的主流显示设备。

5.1.2 CRT 显示器的技术指标

1. 屏幕尺寸

CRT 显示器的屏幕尺寸是指显像管对角线的长度，一般以英寸为单位，常见的有 14 英寸、15 英寸、17 英寸、19 英寸、21 英寸等。显像管的尺寸越大，则显示器的可视面积越大。但由于显像管四边的边框占了一部分空间，显示器的可视面积远达不到这个实际尺寸。如 14 英寸显示器的可视面积只有 12 英寸(可视面积仍以对角线长度为依据)，15 英寸显示器的可视面积在 13.6 英寸到 14.2 英寸之间，而 17 英寸显示器的可视面积在 15.6 英寸到 16.2 英寸之间。目前，15 英寸的显示器所占比例也越来越小，而 17 英寸和 19 英寸的 CRT 显示器已成为主流。

2. 屏幕的外形

按屏幕表面曲度来分，CRT 显示器可分为球面、平面直角、柱面和纯平面四种，球面显示器的显像管断面是一个球面，在水平和垂直方向上都是弯曲的，图像也随着屏幕的形态而变形。早期的单色显示器和 14 英寸彩色显示器都是球面的显示器。这种显示器由于球面的弯曲造成图像的严重失真，也使实际的显示面积缩小，还很容易造成反光现象，已经被淘汰。

平面直角显示器实际上并非完全平面，四个角也不是完全直角。只不过其显像管的曲率相对球面显像管比较小而已(一般曲率半径大于 2 000mm)，但确实给使用者带来了更好的视觉效果，反光现象及四角上的失真明显减小，配合屏幕涂层等新技术，显示器的显示质量有了很大的提高。

第 5 章 显示系统

柱面显像管显示器的屏幕垂直方向已经达到平面，在水平方向仍然有一点弧度，加上采用荫栅设计技术，显示质量有了很大提高，画面更细腻，鲜艳，失真也不明显。柱面显像管的典型代表是日本索尼的特丽珑和三菱的钻石珑。

纯平显像管显示器有两种：一种是以 LG Flatron 显像管为代表的物理平面显像管。无论屏幕内表面还是外表面都是平的，没有对玻璃罩板的折射现象做补偿，让用户觉得显示器有内凹现象；另一种是以三星为代表的视觉平面显像管，显示器真正发光的屏幕内表面还存在细微的弧度，是为了校正由玻璃外壳的折射造成内凹的视觉误差。

3．显示器点距和栅距

点距是指阴罩式显像管上两个颜色相同的相邻光点之间的距离，单位是 mm。实际上点距也就是阴罩上两个小孔之间的距离，点距越小，显示出来的图像越精细。早期的显示器的点距大多为 0.30mm，近期的 CRT 显示器所采用的点距都是 0.26mm 或 0.24mm，工艺精良的显示器则能达到 0.20mm 甚至更小，但价格较高。

对于柱面显像管而言，由于采用荫栅结构的设计，因而不存在点距这一概念，只有栅距。栅距是指两条同色荧光条间的最短距离。同样，栅距越小，显示的图像就越清晰，画面更加细腻。

4．显示器分辨率

分辨率以水平显示的像素个数×垂直扫描线数形式表式，比如 1 280×1 024，其中 1 280 表示屏幕上水平方向显示的点数，1 024 表示垂直方向显示的点数。因此，分辨率就是指画面的解析度由多少像素构成，其数值越大，图像就越清晰。分辨率不仅与显示尺寸有关，还要受显像管点距、视频带宽等因素的影响。

5．显示器行频、场频与带宽

行频就是水平扫描频率，是指显示器电子枪每秒钟所扫描的水平行数，也叫水平扫描频率。显示器电子枪从屏幕的左上角的第一行(行的多少根据显示器当时的分辨率所决定，比如 1 024×768 的分辨率，电子枪就要扫描 768 行)开始，从左至右逐行扫描，第一行扫描完后再从第二行的最左端开始至第二行的最右端，一直扫描完整个屏幕后，再从屏幕的左上角开始扫描，周而复始。这就是为什么显示器的分辨率越高，其所能达到的刷新率最大值就越低的原因。行频的单位是 kHz。场频就是垂直扫描频率也即屏幕刷新率，指每秒钟屏幕刷新的次数，通常以 Hz 表示。

电子枪发射出的电子束在行偏转磁场的作用下，从屏幕的左上角开始，向右作水平扫描(称为行扫描正程)，扫完一行后迅速又回扫到左边(称为行扫描逆程)，由于场偏转磁场的作用，在距第一行稍低处开始第二行扫描，如此逐行扫描至屏幕的右下角，便完成了整个屏幕一帧画面的显示，之后，电子束又重回扫到左上角，开始新一帧的扫描。

视频带宽实际上是显示器视频放大器频带宽度的简称。在这里带宽实际上代表的就是显示器的电子枪每秒钟内能够扫描的像素个数。这是显示器非常重要的一个参数，它反映了显示器的解析能力，能够决定显示器性能的好坏。带宽越宽，惯性越小，响应速度越快，允许通过的信号频率越高，信号失真越小。

5.1.3 液晶显示器的性能指标

1. 点距和可视面积

液晶显示器的点距不同于 CRT 显示器的点距，它的点距和可视面积具有直接的对应关系，是可以直接通过计算得出的。以 14 英寸的液晶显示器为例，14 英寸的液晶显示器的可视面积一般为 285.7mm×214.3mm。而 14 英寸液晶显示器的最佳(也就是最大可显示)分辨率为 1 024×768，就是说该液晶显示器在水平方向上显示 1 024 个像素，垂直方向显示 768 个像素，由此，可以计算出此液晶显示器的点距是 285.7/1 024(或 214.3/768)=0.279mm；同理，也可以在得知某液晶显示器的点距和最大分辨率情况下算出该液晶显示器的最大可视面积。液晶显示器的点距与 CRT 显示器的点距不同，由于技术原因，对荫罩管的显示器来说，CRT 显示器中心的点距要比四周的要小，对荫栅管的显示器来说，其中间的点距(栅距)跟两侧的点距(栅距)也是不一样的，CRT 厂商在标称显示器的点距(栅距)的时候，标的都是该显示器最小的(也就是中心的)点距；而液晶显示器则是整个屏幕任何一处的点距都是一样的，从根本上消除了 CRT 显示器在还原画面时的非线性失真。

2. 最佳分辨率(真实分辨率)

液晶显示器属于数字显示方式，其工作原理是直接把显卡输出的视频信号(模拟或数字)处理为带具体地址信息的显示信息，任何一个像素的色彩和亮度信息都是跟屏幕上的像素点直接对应的。正是由于这种显示原理，所以液晶显示器不能像 CRT 显示器那样支持多个显示模式，液晶显示器只有在显示跟该液晶显示器的分辨率完全一样的图像时，才能达到最佳效果。

3. 亮度和对比度

液晶显示器亮度以 cd/m^2(堪德拉每平方米)为单位。由于市面上的液晶显示器在背光灯的数量上比笔记本电脑的显示器要多，所以看起来明显比笔记本电脑显示器要亮。液晶显示器亮度普遍 300 cd/m^2 以上，已经大大超过 CRT 显示器了。但一些低档液晶显示器存在严重的亮度不均匀的现象，中心的亮度和距离边框部分区域的亮度差别比较大。对比度是直接体现该液晶显示器能否表现丰富色阶的参数，对比度越高，还原的画面层次感就越好。对比度高的显示器即使在观看亮度很高的照片，其黑暗部位的细节仍可以清晰体现。目前，液晶显示器的对比度普遍在 2 000∶1 左右，但高端的液晶显示器远远不止这个数，有的可达到 10 000∶1。

4. 响应时间

响应时间是液晶显示器的一个重要的参数，它是指液晶显示器对视频信号的反应时间。液晶盒是组成整块液晶显示板的最基本像素单元，液晶显示器在接收到驱动信号后从最亮到最暗的转换是需要一段时间的，而且它在接收到显卡的输出信号后，处理信号并把驱动信息加到晶体驱动管也需要一段时间，在大屏幕液晶显示器上尤为明显。液晶显示器的这项指标直接影响到对动态画面的还原。跟 CRT 显示器相比，液晶显示器由于过长的响应时间导致其在还原动态画面时有比较明显的拖尾现象(在对比强烈而且快速切换的画面来说十分明显)，因此在播放视频节目的时候，LCD 显示器的画面没有 CRT 显示器那么生动，所以响应时间是目前液晶显示器的技术难关。目前，液晶显示器响应时间大多数达到了 8ms 以上，这对于大多数用户来说，足以应付日常的需求了。

5. 视角

液晶显示器在不同的角度观看的颜色效果并不相同，这是由于液晶显示器可视角度过低导致失真。液晶显示器属于背光型显示器件，其发出的光由液晶模块后的背光灯提供，而液晶主要是靠控制液晶体的偏转角度来控制画面，这必然导致液晶显示器只有一个最佳的欣赏角度——正视。从其他角度观看时，由于背光可以穿透旁边的像素而进入人眼，所以会造成颜色的失真。

液晶显示器的可视角度就是指能观看到可接收失真值范围内的视线与屏幕法线的角度。这个数值当然是越大越好，更大的可视角度便于多人观看。目前，液晶显示器的水平可视角度一般在 150°以上，而垂直可视角度则比水平可视角度要小一些，通常在 120°以上，而一些高端液晶显示器的可视角度已经做到水平和垂直都在 170°以上。

6. 最大显示色彩数

液晶显示器的色彩表现能力是一个重要指标，市面上的液晶显示器像素一般是 1 024×768 个，每个像素由 RGB 三基色组成，低端的液晶显示板各个基色只能表现 6 位色，即 2^6=64 种颜色，所以每个独立像素可以表现的最大颜色数是 64×64×64=262 144 种颜色。高端液晶显示板利用 FRC 技术使得每个基色可以表现 8 位，即 2^8=256 种颜色，则像素能表现的最大颜色数为 256×256×256=16 777 216 种颜色，这种显示板显示的画面色彩更丰富，层次感也好。

7. 接口标准

液晶显示器的接口可以分为模拟接口和数字接口两大类。由于 CRT 显示器采用模拟信号方式来传输，所以是通过 15 Pin D-Sub 接口与显卡连接。模拟接口的 TFT 显示器有一个最大的弱点就是在显示的时候出现像素闪烁的现象，这是由于时钟频率与输入的模拟信号不完全同步造成的，这种现象在显示字符和线条的时候更明显。而数字接口的 TFT 就没有时钟频率与模拟信号调谐的麻烦，对于数字接口的 TFT-LCD 来说，要调整的只有亮度和对比度。

液晶显示器的数字接口标准有 LVDS、DVI 和 DFP 等多种。其中 DVI 接口(Digital Visual Interface，数字视频接口)既可以传送数字信号又可以传送模拟信号，并且实现的分辨率也很高。目前的 DVI 接口分为两种，一个是 DVI-D 接口(如图 5.2 所示)，只能接收数字信号，接口上有 3 排 8 列共 24 个针脚，其中右上角的一个针脚为空，不兼容模拟信号。另外一种则是 DVI-I 接口(如图 5.3 所示)，可同时兼容模拟和数字信号。但兼容模拟信号并不意味着 D-Sub 接口就可以连接在 DVI-I 接口上，而是必须通过一个转换接头才能使用，一般采用这种接口的显卡都会带有相关的转换接头。

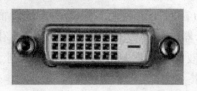
图 5.2　DVI-D 接口

图 5.3　DVI-I 接口

8. 坏点

所谓坏点,就是在液晶显示器制造过程中不可避免的液晶缺陷。由于工艺的局限性,在液晶显示器生产过程中,很容易造成硬性故障即(坏点)。这种缺陷表现为,无论在任何情况下都只显示为一种颜色的一个小点。要注意的是,挑坏点时不能只看纯黑和纯白两个画面,而是要将屏幕调成各种不同的颜色来查看,如果坏点多于三个,最好不要购买,因为按照行业标准,3 个坏点以上是不合格的。

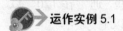运作实例 5.1

显示器的工作环境

一台奇丽 CMVI512 液晶显示器,使用一段时间后,突然不工作;启动计算机后,整个屏幕呈现有规则性的微弱闪烁。从显示器背面的散热孔可以观察到,液晶显示器的灯管点亮后立刻熄灭,如此反复,并发出轻微的"咔嚓"声。

维修人员首先怀疑是显示信号线存在问题。于是更换一根信号线,但故障依旧。拔掉显示信号线,液晶显示器也不显示"No Video Input"。于是将该机搬到朋友处,更换一台工作正常的主机测试,结果液晶显示器工作良好。把显示器搬回去,再次测试,故障又出现了。查阅奇丽 CMVI512 的说明书,忽然看见一行文字。环境要求:工作温度 5℃～35℃,湿度 20%～80%。难道是温度引起液晶显示器"罢工"?朋友那里安装了空调,温度可以调节,而当前环境却没有空调。

为了验证这个想法,又在显示器后部散热孔处临时安放了一盏台灯,在开机前利用白炽灯的热量为显示器后部加温。过 3 分钟后,打开显示器,故障依旧;过 10 分钟左右,再次开机,显示器终于被点亮了。

由此可见,用户在购买和使用液晶显示器时,往往很在意它的价格、响应时间、坏点的多少等,而很少有人注意到工作环境温度。实际上,这款 CMVI512 液晶显示器,5℃～35℃的工作温度范围的确不大,冬天它很可能"怕冷"而无法点亮,夏天的高温也会使元器件性能下降,长此以往必将影响其正常工作。因此笔者建议广大使用液晶显示器的用户,不要忘记给液晶显示器创造一个"冬暖夏凉"的环境。

5.1.4　显示器的选购

显示器是计算机的重要组成部件之一,从价格上考虑,它通常占据了购机总预算的 1/4～1/3。但往往在购机的过程中,人们多数把目光集中在 CPU、显卡、主板这类更新速度比较快、型号比较多的部件上,而对于显示器仅仅抱着"随便"的态度。其实,一台好的显示器不仅能更清晰地感受到一个丰富多彩的计算机世界,还能尽可能少地受到电磁辐射的困扰。另外显示器更新周期比较慢,价格变动幅度也不像其他部件那样大,因此挑选一台好的显示器非常重要。由于目前市场上以 LCD 显示器为主流，因此下面以 LCD 显示器为例说明显示器的选购方法。

(1) 尺寸，在目前条件下，17 英寸、19 英寸的液晶显示器已经普及，价格也不是很贵，所以在经济能力允许的条件下，可以选择相对大一些屏幕的显示器，至少在几年之内是不会落伍的。

(2) 分辨率，由于 LCD 显示器有较高的锐利度，在较低尺寸下，LCD 显示器比 CRT 显示器拥有更好的分辨率。下面列出一些常见尺寸的 LCD 显示器最佳分辨率：15 英寸 1 024×768，17 英寸 1 280×1 024，18 英寸 1 280×1 024。LCD 显示器最好是在最佳分辨率下工作，以免出现模糊现象，这就需要在选购时留意。

(3) 亮度，这是由显示器所采用的液晶板决定的，一般 LCD 显示器亮度在 300cd/m^2，这已经超过 CRT 显示器，但在某些场合下，LCD 显示器会偏暗。

(4) 可视角度，这分为两个方面，即水平可视角度和垂直可视角度。在这方面一般没有特别要求，除非你想让你的显示器平躺在桌面上，这样就必须要求有 150°水平可视角度和 120°的垂直可视角度。

(5) 坏点，LCD 显示器的选购必须注意的是坏点问题，只要将屏幕调到单色就比较容易看出来，17 寸 LCD 显示器可接受坏点数目最多是 3 个。

5.1.5　显示器的连接

显示器尾部有两根电缆线，一根是信号电缆，为 D 形 15 针插头，它通过数据线与显示器连接；另一根是 3 芯显示器电源线，为显示器提供电源。显示器的连接分两步。

(1) 信号线缆的连接。LCD 显示器的信号线缆有多种，一定要分清楚是要连接数字信号线缆(即 DVI 接口)还是模拟信号线缆(即 D-Sub 接口)，根据连接的线缆找到对应的显示器接口连接，然后拧紧插头两端的压紧螺钉固定，如图 5.4 所示。

(2) 将液晶显示器的独立电源输入线，连接到显示器上，将另一端直接插入电源插座，如图 5.5 所示。

图 5.4　连接信号线缆

图 5.5　连接电源线

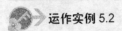

运作实例 5.2

显示器的"最佳分辨率"

A 用户购买了一台 LCD 显示器,替换原来的 CRT 显示器,拿回家连接好后,启动计算机,开始一切正常,可是进入 Windows 桌面时出现黑屏、或蓝屏等问题,A 用户百思不得其解,因为在购买时试用得很好,怎么回来后就出现这个问题呢?

无奈之下,A 用户只好打电话询问经销商,销售处的技术人员听后,回答说:"出现这种问题是因为显示器的刷新率或分辨率超出了 LCD 的支持范围。我告诉你调整的方法:第一步,重新启动计算机,在开始启动 Windows 时按下 F8 键,选择以安全模式启动计算机。第二步,在系统桌面上,用鼠标右击空白处,在弹出的菜单中选择"属性"命令,会出现"显示属性"设置界面,单击"高级"按钮,这时会出现显示卡的设置界面,将"适配器"下的"刷新速度"更改为"默认的适配器",保存后退出。第三步,重新启动计算机,就应该能够进入 Windows 桌面了,再将桌面分辨率更改为 1 024×768 即可。

5.2 显卡的基础知识与维护

显卡又称为显示卡和显示适配器,它是计算机必备的部件之一。显卡的主要作用是负责将 CPU 送来的影像数据处理成显示器可以接受的格式,再送到显示屏上形成影像。显卡一般是一块独立的板卡,通过扩展槽插接在主机板上,也有的显卡是直接集成在主机板上。显卡可以分为专业用途和一般用途两类。专业显卡主要应用在 CAD 平面设计、3D 制图,以及视频合成等专业领域,其价格一般比较昂贵;一般用途的显卡在性能上远不及专业显卡,但它们的价格低廉,且能够满足一般用途的需要。我们通常所说的显卡就是指这类。显卡外观如图 5.6 所示。

图 5.6 显卡外观

第 5 章 显示系统

5.2.1 显卡的分类

以产品的功能分,显卡大致可以分为 3 大类,即纯二维(2D)产品、纯三维(3D)产品、二维+三维(2D+3D)产品。

(1) 纯二维(2D)产品:该类产品使用一块计算 x 轴和 y 轴像素的处理芯片,显卡内存为低速显示内存,因此在处理高分辨率的图形资料时,会出现严重的闪烁现象,对人的眼睛伤害极大,且处理数据速度减慢,惟一的优势在于低廉的价格。

(2) 纯三维(3D)产品:在专业 3D 领域中有极强的优势。并与相应的专业 3D 软件配合使用,可以实时处理表现力复杂的 3D 模型。不过,其弱点也比较突出:一是必须使用能与硬件配合的专用 3D 软件,否则硬件优势无法发挥;二是在 2D 方面的表现不尽理想,分辨率一般为 640×480、800×600,刷新率在 75Hz 以下,色彩精度大部分为 16 位色,而且处理微软 Office 2003 系列、Adobe Photoshop(广告设计专用)、Premiere(影视特技专用)等图形软件的速度相对较慢;三是多媒体功能方面不能扩展,如视频会议、电视、解压、PC 转 TV、DVD 播放等方面。

(3) 二维+三维(2D+3D)产品:该类产品是目前的主流产品。在 2D 技术方面,这种产品的性能已经非常完善,分辨率达到 1 900×1 200 甚至更高,刷新率达到 85Hz,色彩精度达到 32 位,带宽达到几百、上千 MHz,这些高性能、稳定的指标可极大范围地保护用户的眼睛,在处理文字表格等文件时速度较快,广告、动画、影视的效果也精确逼真。在 3D 技术方面,极大范围地容纳了最新 3D 技术的软件,如 3DS MAX、OpenGL、AutoCAD、MicroStation、DirectDRAW 等,使普通用户在 PC 上就可以领略到 3D 技术的精妙。

5.2.2 显卡的结构

显卡的主要部件有显示芯片、RAMDAC、显示内存、BIOS、VGA 插座、特性连接器等(如图 5.7 所示)。多功能显示卡上还有可以连接电视的 TV 端子或 S 端子以及数字视频接口(DVI 端口)。由于显示卡运算速度快、发热量大,所以一般在主芯片上用导热性能较好的硅胶粘上了一个散热风扇(有的是散热片),在显示卡上有一个专用插座为其供给电源。

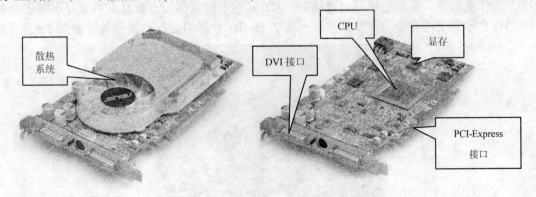

图 5.7 显卡的结构

1. 显示芯片

显示芯片(Graphic Processing Unit，GPU 即图形处理器)是 NVIDIA 公司在发布 GeForce 256 图形处理芯片时首先提出的概念。如图 5.8 所示显示芯片的主要任务就是处理系统输入的视频信息，并对其进行转换、渲染等工作。GPU 使显卡减少了对 CPU 的依赖，并进行部分原本 CPU 的工作，尤其是在 3D 图形处理时。GPU 所采用的核心技术有硬件芯片、立方环境材质贴图和顶点混合、纹理压缩和凹凸映射贴图、双重纹理四像素 256 位渲染引擎等，可以说 GPU 是显卡的核心，它决定了该显卡的档次和大部分性能，同时也是 2D 显示卡和 3D 显卡区分的依据。目前，世界上有能力生产图形处理芯片的公司主要有 nVIDIA、ATI、3DFX、S3、Matrox、SiS、Trident 等。常见的显示芯片有 nVIDIA 公司的 GeForce 系列和 ATI 公司的 Readon 系列等。

图 5.8　显示芯片

显示芯片上一般印有商标、生产日期、编号和厂商名称等，每个厂商都有不同档次的芯片，不能只看商标决定芯片档次，要结合型号来共同判别。

2. 显存

显卡的显示芯片在整个显示卡中的地位固然重要，但显存的大小与速度，也直接关系着显卡性能的高低。显存的主要功能是暂时储存显示芯片要处理的数据和处理完毕的数据。GPU 的性能愈强，需要的显存也就越多。3D 显示卡的显存与一般显卡的显存不同之处在于：3D 显示卡上还有专门存放纹理数据或 Z-Buffer 数据的显存。显存外观如图 5.9 所示。

图 5.9　显存

显存的速度和带宽直接影响显卡的速度。数据传输带宽指的是显存一次可以读入的数据量，这是影响显示卡性能的关键，它决定显卡可以支持最高分辨率、最大色深和最高刷新率等参数。

以前的显存主要使用 SDRAM、DDR 的，其容量也不大。而现在的显卡基本是采用性能更为出色的 DDRII 或 DDRIII 做显存。

3. RAMDAC

RAMDAC(Random Access Memory Digital/Analog Convertor，随机存取内存数字/模拟转换器)的作用是将显存中的数字信号，转换为能够用于显示的模拟信号。RAMDAC 也是影响显卡性能的重要因素。因为计算机是以数字方式处理数据的，而显示器工作在连续信号的状态下，所以需要一个转换电路。RAMDAC 的转换速率以 MHz 表示，该数值决定了在足够的显存下，显示卡支持的最高分辨率和刷新率。我们常在芯片上看到的"RAMDAC XX MHz"的字样，其中 XX 的数字是指数字信号转换成模拟信号之后的频宽，单位是 MHz。为了降低成本，多数低档显卡都将 RAMDAC 集成到了显示芯片内，所以在这些显示卡上找不到单独的 RAMDAC 芯片。

4. 显卡 BIOS

显卡 BIOS 固化在显卡上的一个专用存储器里，BIOS 中含有显示卡的硬件控制程序和显卡型号、规格、生产厂家、出厂时间等相关信息，其作用和主板 BIOS 相同。计算机启动后第一个出现在显示器上的就是显卡 BIOS 的信息提示，只有显卡正常工作，显示器才可能显示其他内容。

早期显卡 BIOS 是固化在 ROM 中的，不可以修改，而现在的多数显卡则采用了大容量的 Flash Memory，可以通过升级驱动程序来适应新的规范和提升显卡的性能。

5. 总线接口

显卡的接口决定着显卡与系统之间数据传输的最大带宽，也就是瞬间所能传输的最大数据量。不同的接口决定着主板是否能够使用此显卡，只有在主板上有相应接口的情况下，显卡才能使用，并且不同的接口能为显卡带来不同的性能。

显卡发展至今主要出现过 ISA、PCI、AGP、PCI Express 等几种接口，所能提供的数据带宽依次增加。其中 2004 年推出的 PCI Express 接口已经成为主流，以解决显卡与系统数据传输的瓶颈问题，而 ISA、PCI、AGP 接口的显卡已经被淘汰。目前市场上显卡一般是 PCI-E 显卡。

PCI Express(以下简称 PCI-E)采用了目前业内流行的点对点串行连接，比起 PCI 以及更早期的计算机总线的共享并行架构，PCI-E 每个设备都有自己的专用连接，不需要向整个总线请求带宽，而且可以把数据传输率提高到一个很高的频率，达到 PCI 所不能提供的高带宽。相对于传统 PCI 总线在单一时间周期内只能实现单向传输，PCI-E 的双单工连接能提供更高的传输速率和质量，它们之间的差异跟半双工和全双工类似，PCI-E 插槽如图 5.10 所示。

图 5.10　PCI-E 显卡插槽

PCI-E 的接口根据总线位宽不同而有所差异，包括 X1、X4、X8 以及 X16，而 X2 模式用于内部接口而非插槽模式。PCI-E 规格从 1 条通道连接到 32 条通道连接，有非常强的伸缩性，以满足不同系统设备对数据传输带宽不同的需求。此外，较短的 PCI-E 卡可以插入较长的 PCI-E 插槽中使用，PCI-E 接口还能够支持热插拔。PCI-E X1 的 250MB/s 传输速度已经可以满足主流声效芯片、网卡芯片和存储设备对数据传输带宽的需求，但是远远无法满足图形芯片对数据传输带宽的需求。因此，用于取代 AGP 接口的 PCI-E 接口位宽为 X16，能够提供 5GB/s 的带宽，即便有编码上的损耗但仍能够提供约为 4Gb/s 的实际带宽，远远超过 AGP 8X 的 2.1GB/s 的带宽。

尽管 PCI-E 技术规格允许实现 X1，X2，X4，X8，X12，X16 和 X32 通道规格，但是依目前形式来看，PCI-E X1 和 PCI-E X16 已成为 PCI-E 主流规格，同时很多芯片组厂商在南桥芯片当中添加对 PCI-E X1 的支持，在北桥芯片当中添加对 PCI-E X16 的支持。除去提供极高数据传输带宽之外，PCI-E 因为采用串行数据包方式传递数据，所以 PCI-E 接口每个针脚可以获得比传统 I/O 标准更多的带宽，这样就可以降低 PCI-E 设备生产成本和体积。另外，PCI-E 也支持高阶电源管理，支持热插拔，支持数据同步传输，为优先传输数据进行带宽优化。

在兼容性方面，PCI-E 在软件层面上兼容目前的 PCI 技术和设备，支持 PCI 设备和内存模组的初始化，也就是说过去的驱动程序、操作系统无需推倒重来，就可以支持 PCI-E 设备。目前 PCI-E 已经成为显卡的接口的主流，不过早期有些芯片组虽然提供了 PCI-E 作为显卡接口，但是其速度是 4X 的，而不是 16X 的，例如 VIA PT880 Pro 和 VIA PT880 Ultra，当然这种情况极为罕见。

PCI 接口是一种总线接口，以 1/2 或 1/3 的系统总线频率工作(通常为 33 MHz)，如果要在处理图像数据的同时处理其他数据，那么流经 PCI 总线的全部数据就必须分别地进行处理，这样势必存在数据滞留现象，在数据量大时，PCI 总线就显得力不从心了。

6. 显卡输出接口

显卡处理好的图像要显示在显示设备上面，那就离不开显卡的输出接口，现在最常见的显卡输出接口主要有：VGA 接口、DVI 接口、S 端子这几种，如图 5.11 所示。

VGA(Video Graphics Array 视频图形阵列)接口，也就是 D-Sub15 接口，其作用是将转换好的模拟信号输出到 CRT 或者 LCD 显示器中。现在几乎每款显卡都具备有标准的 VGA 接口，因为目前国内的显示器，包括 LCD，大都采用 VGA 接口作为标准输入方式。标准的 VGA 接口采用非对称分布的 15pin 连接方式，其工作原理是将显存内以数字格式存储的图像信号在 RAMDAC 里经过模拟调制成模拟高频信号，然后输出到显示器成像。它的优点是无串扰、无电路合成分离损耗等。

第 5 章 显示系统

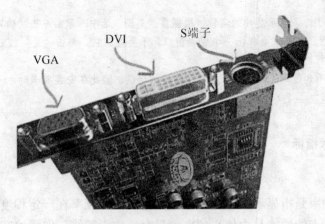

图 5.11 显卡输出接口

DVI(Digital Visual Interface 数字视频接口)接口，使用该接口传输时，视频信号无需转换，信号无衰减或失真，显示效果提升显著，将来是 VGA 接口的替代者。VGA 是基于模拟信号传输的工作方式，期间经历的数/模转换过程和模拟传输过程必将带来一定程度的信号损失，而 DVI 接口是一种完全的数字视频接口，它可以将显卡产生的数字信号传输给显示器，从而避免了在传输过程中信号的损失。DVI 接口可以分为两种：仅支持数字信号的 DVI-D 接口和同时支持数字与模拟信号的 DVI-I 接口。不过由于成本问题和 VGA 的普及程度，目前的 DVI 接口还不能全面取代 VGA 接口。

S-Video(S 端子，Separate Video)，S 端子也叫二分量视频接口，一般采用五线接头，它是用来将亮度和色度分离输出的设备，主要功能是为了克服视频节目复合输出时的亮度跟色度的互相干扰。S 端子的亮度和色度分离输出可以提高画面质量，可以将电脑屏幕上显示的内容非常清晰地输出到投影仪之类的显示设备上。

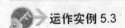运作实例 5.3

为计算机显卡找到合适的驱动

某单位的员工张某组装了一台计算机，经常自己动手安装操作系统，可是其他工作都好完成，就是在安装显卡驱动程序时，经常会遇到提示安装失败的麻烦，而且采用不同版本的驱动也无法解决问题，这是为什么呢？那么应该怎样正确地安装显卡驱动程序呢？

显卡的驱动是很重要的软件，安装可按以下步骤完成。

在机器启动的时候，按 Del 键进入 BIOS 设置，找到 Chipset Features Setup 选项，将里面的 Assign IRQ To VGA 设置为 Enable，然后保存退出。

在安装好操作系统以后，一定要安装主板芯片组补丁程序，特别是对于采用 VIA 芯片组的主板而言，一定要记住安装主板最新的补丁程序。

安装驱动程序：打开"设备管理器"后，右击"显示卡"下的显卡名称，然后选择"属性"命令。打开显卡属性对话框后，单击"驱动程序"标签，单击"更新驱动程序"按钮，然后选择"显示已知设备驱动程序的列表，从中选择特定的驱动程序"，当弹出驱动列表后，选择"从磁盘安装"。接着单击"浏览"按钮，在打开的查找窗口中找到驱动程序所在的文件夹，单击"打开"按钮，最后单击"确定"按钮。此时驱动程序列表中出现了许多显示芯片的名称,根据显卡类型,选中一款后单击"确定"按钮完成安装。如果程序是非 WHQL 版,则系统会弹出一个警告窗口,不要理睬它,单击"是"按钮继续安装,最后根据系统提示重新启动计算机即可。

另外,显卡安装不到位,往往也会引起驱动安装的错误,因此在安装显卡时,一定要注意显卡金手指要完全插入插槽中。

5.2.3 显卡的技术指标

1. 核心频率

显卡的核心频率是指显示核心的工作频率,其工作频率在一定程度上可以反映出显示核心的性能,但显卡的性能是由核心频率、显存、像素管线、像素填充率等多方面的情况所决定的,因此在显示核心不同的情况下,核心频率高并不代表此显卡性能强劲。

在同样级别的芯片中,核心频率高的则性能要强一些,提高核心频率就是显卡超频的方法之一。显示芯片主流的只有 ATI 和 NVIDIA 两家,两家都提供显示核心给第三方的厂商,在同样的显示核心下,部分厂商会适当提高其产品的显示核心频率,使其工作在高于显示核心固定的频率上以达到更高的性能。

2. 显存频率

显存速度一般以 ns(纳秒)为单位。常见的显存速度有 7ns、6ns、5.5ns、5ns、4ns、3.6ns、2.8ns 和 2.2ns 等。显存的理论工作频率计算公式是:工作频率(MHz)=1 000/显存速度×n(n 因显存类型不同而不同,如果是 SDRAM 显存,则 n=1;DDR 显存则 n=2;DDRⅡ显存则 n=4)。

3. 显存容量

显存容量也就是显示内存容量,是指显卡上的显示内存的大小。显示内存的主要功能在将显示芯片处理的资料暂时储存在显示内存中,然后再将显示资料映像到显示屏幕上,显卡欲达到的分辨率越高,屏幕上显示的像素点就越多,所需的显示内存也就越多。而每一片显卡至少需要具备 512KB 的内存,显示内存可以说是随着 3D 加速卡的发展而不断地发展。显示内存的种类由早期的 DRAM 到 SDRAM 及 DDR,到现在广泛流行的 DDRⅡ/DDRⅢ。

4. 显存位宽

显存位宽是显存在一个时钟周期内所能传送数据的位数,位数越大则瞬间所能传输的数据量越大,这是显存的重要参数之一。目前市场上的显存位宽有 64 位、128 位和 256 位三种,人们习惯上称为 64 位显卡、128 位显卡和 256 位显卡就是指其相应的显存位宽。显存位宽越高,性能越好价格也就越高,因此 256 位宽的显存更多应用于高端显卡,而主流显卡基本都采用 128 位显存。

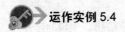
运作实例 5.4

计算机的"黑屏"现象

启动计算机时,如果显示器出现黑屏现象,且机箱喇叭发出一长两短的报警声(主板是 AWARD BIOS),则说明很可能是显卡引发的故障。首先要确定是否由于显卡接触不良引起的。可关闭电源,打开机箱,将显卡拔出来,然后用毛笔刷将显卡上的灰尘清理掉,特别要注意将显卡风扇及散热片上的灰尘处理掉。接着用橡皮擦,来回擦拭板卡的"金手指"。然后再将显卡重新安装回去(一定要将挡板螺钉拧紧),看故障是否已经解决。如果显卡金手指遇到了氧化问题,而且使用橡皮清除锈渍后,显卡仍不能正常工作,可以使用除锈剂清洗金手指,然后在金手指上轻轻的敷上一层焊锡,以增加金手指的厚度,但一定注意不要让相邻的金手指之间短路。

如果通过上面的处理方法不能解决问题,则可能是显卡与主板有兼容问题,此时可以另外拿一块显卡插在主板上,如果故障解除,则说明兼容问题存在。当然,也可以将该显卡插在另一块主板上,如果也没有故障,则说明这块显卡与原来的主板确实存在兼容问题。对于这种故障,最好的解决办法就是换一块显卡或者主板。还有一种情况值得注意,那就是显卡硬件上出问题了,一般是显示芯片或显存烧毁,建议将显卡拿到别的机器上试一试,若确认是显卡问题就只能更换了。

5.2.4 显卡的选购

显卡是计算机中非常重要的一个硬件,因此选购时要慎重。现在市场上显卡的品牌很多,性能也参差不齐,从低端到高端应有尽有。要选择一款合适的显卡,依据前面介绍的显卡的技术指标可以选择性能好的显卡,但还需要从以下几个方面来整体分析。

1. 显卡档次的定位

不同的用户对显卡的需求不一样,需要根据自己的经济实力和使用情况来选择合适的显卡,下面将根据对显卡不同需求的用户推荐购买显卡类型。

- 办公应用类:这类用户不需要显卡具有强劲的图像处理能力,只需要显卡能处理简单的文本和图像即可。这样一般的显卡都能胜任,最好是使用集成显卡,这样可以省掉购买显卡的钱。
- 普通用户类:这类用户平时娱乐多为上网、看电影、玩一些小游戏,对显卡有一定的要求,并且也不愿在显卡上面多投入资金,那么这类用户可以购买显卡价格在 300~500 元,投入不多,但是完全可以满足需求。
- 游戏玩家类:这类用户对显卡的要求较高,需要显卡具有较强的 3D 处理能力和游戏性能力,这类用户一般都会考虑市场上性能强劲的显卡,相对价格就要贵一些。
- 图形设计类:图形设计类的用户对显卡的要求非常高,特别是 3D 动画制作人员。这类用户一般选择市场上顶级的显卡,这种非常专业的显卡价格非常昂贵,一般用户不能承受。

2. 显卡的做工

市面上各种品牌的显卡多如牛毛，质量也良莠不齐。名牌显卡做工精良，用料考究，看上去大气；而劣质显卡做工粗糙，用料伪劣，在实际使用中也容易出现各种各样的问题。因此在选购显卡时需要看清显卡所使用的 PCB 层数(最好在 4 层以上)以及显卡所采用的元件等。目前市场上口碑较好的显卡品牌有七彩虹、盈通、影驰、双敏、蓝宝、翔升和小影霸等。

3. 售后服务

售后服务一般包括传统意义上的保修期长短(注意此处是免费保修期)、能否及时更换新品(良品)、维修能力等若干方面。当然还要考虑到是否是全国联保。保修期的问题需要注意，很多厂家都在这上面玩文字游戏，真正能做到 3 年全免费保修的少之又少。再说维修能力，显卡坏了返修最怕的是一修就是一两月，耽误工作和娱乐。

5.2.5 显卡的安装与拆卸

1. 显卡的安装

(1) 判断显卡与主板所支持的显卡类型是否一致。
(2) 将与显卡插槽相对应的机箱挡板拆除。
(3) 打开显卡插槽一侧的卡扣。
(4) 根据插槽上的定位标志确定显卡的安装方向。
(5) 将显卡垂直下压，显卡插槽一侧的卡扣会自动合上。
(6) 将显卡与机箱挡板固定处的螺丝拧好，但不能太紧。
(7) 检查显卡的安装是否完好(如图 5.12 所示)。

图 5.12　显卡的安装

2. 显卡的拆卸

显卡的拆卸非常简单，将显卡与机箱挡板处固定的螺丝拧开，然后将显卡插槽外侧的卡扣打开，再将显卡垂直向上拔起，显卡即可取出。

第 5 章 显示系统

5.2.6 显卡常见故障的处理

1. 显卡报警

【问题描述】 与本章开头引例(1)所描述的情景相似,主要是根据报警的声音来判断。

【问题处理】 考虑到是不是由于显卡驱动程序本身不兼容或驱动存在 BUG 而造成的,可以换一个版本的显卡驱动试一试,如果以上方法不能解决问题,可以尝试着刷新显卡的 BIOS,去显卡厂商的主页看看有没更新的 BIOS 下载。

【问题引申】 要注意不同厂商同一型号的显卡的 BIOS 文件往往也是不相同的,所以说刷新 BIOS 是有一定风险的。

2. 显卡接触不良引起的显示器黑屏

【问题描述】 与本章开头引例(2)所描述的情景相似,主要是根据现象的重复性来判断。

【问题处理】 处理方法是打开主机箱,卸下显卡后重新插到显卡插槽上。原因是主板的显卡插槽与显卡之间出现了"松动",导致显卡与主板接触不良,在计算机运行一段时间后,温度的增加导致显卡检测不到,致使计算机"黑屏"。

【问题引申】 显卡与主板的紧密接触是计算机稳定运行的基础,由此也可以检验一块主板做工的精细程度和产品的档次与质量,因此建议用户尽量使用声誉较好的主板。

3. 显卡引起的显示器"花屏"

【问题描述】 所谓的计算机"花屏"就是计算机在启动或正常运行过程中,程序不继续运行,屏幕出现一个花纹画面,因此称之为计算机"花屏"。出现"花屏"的原因有可能是显卡驱动程序安装不正确或者显卡接触不良导致。

【问题处理】 显卡驱动程序安装不正确,可以重新安装,如果多次安装均不能够解决问题,就要检查主板与显卡的接触是不是良好,多次拔插安装后,仍然出现花屏的问题,那么就要考虑更换显卡了。

【问题引申】 由于目前计算机的显卡竞争非常激烈,生产商和经销商的利润比较低,因此尽量选择知名度高、信誉良好的显卡品牌。

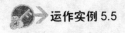
运作实例 5.5

计算机显示花屏的故障

显卡花屏是一种比较常见的显示故障,此故障大都由显卡本身引起。如果一开机就显示花屏,首先应检查显卡是不是存在散热问题,用手触摸一下显存芯片的温度,看看显卡的风扇是否停转。再有要检查一下主板上的插槽里是否有灰尘,看看显卡的金手指是否被氧化了,然后可根据具体情况把灰尘清除掉。如果散热的确有问题,可以更换风扇或在显卡上加装散热片。如果是在玩游戏或做 3D 时出现花屏,就要考虑到是不是由于显卡驱动程序本身不兼容或驱动存在 BUG 而造成的,可以换另一个版本的显卡驱动试一试。

如果以上方法不能解决问题，可以尝试着刷新显卡的 BIOS，去显卡厂商的主页看看有没有更新的 BIOS 下载。但是要注意刷新 BIOS 是有一定风险的。

还有一种情况，就是显示器或显卡不支持高分辨率往往也会造成显示花屏的故障。遇到这类故障时可切换启动模式为安全模式，在 Windows 系统下进入显示设置，在 16 色状态下选择"应用"，单击"确定"按钮。重新启动，在 Windows 系统正常模式下删掉显卡驱动程序，然后重新启动计算机即可。

5.3 实训——显卡的安装与拆卸

一、实训目的

使学员掌握显卡的安装与拆卸。

二、实训内容

(1) 显卡的安装。

(2) 显卡的拆卸。

(3) 显卡常见故障处理。

三、实训过程

1. 显卡的安装

分析

在机箱内部反复练习显卡的安装。

实训要求

正确地安装显卡，本实训要求学员要反复的安装显卡，直到熟练为止。

实训步骤

(1) 判断显卡与主板所支持的显卡类型是否一致。

(2) 将与显卡插槽相对应的机箱挡板拆除。

(3) 打开显卡插槽侧的卡扣。

(4) 根据插槽上的定位标志确定显卡的安装方向。

(5) 将显卡垂直下压，显卡插槽侧的卡扣会自动合上。

(6) 安装好之后，将显卡与主机固定的螺丝拧紧。

(7) 检查显卡的安装是否完好。

2. 显卡的拆卸

分析

在机箱内部反复练习显卡的拆卸。

实训要求

正确地拆卸显卡，本实训要求学员要反复的拆卸显卡，直到熟练为止。

第 5 章 显示系统

实训步骤

(1) 将显卡的固定螺丝拧开,将显卡插槽侧的卡扣打开。

(2) 将显卡取出即可。

3. 显卡常见故障的处理

分析

根据显卡常见案例,仔细分析,逐步确认,积累经验,同时保持创新的精神,不固守原有的思维习惯和方式,锻炼学员独立处理问题的能力。

实训要求

根据常见案例,细心体会,反复揣摩。

实训步骤

(1) 仔细阅读本章的引例。

(2) 如有可能设置引例的环境进行模拟。

(3) 根据引例,写出处理步骤。

四、实训总结

通过本章的实训,学员应该能够熟练掌握安装与拆卸显卡,还可以针对计算机使用过程中出现的与显卡相关的问题作出及时的处理。

本 章 小 结

本章首先介绍了显示器的基础知识与维护;其次是研究了显卡的基础知识与维护;最后安排了技能实训,以强化技能练习。

本章的重点是显卡的安装与维护。

本章的难点是显卡常见故障的处理。

习 题

一、理论习题

1. 填空题

(1) 显示器是计算机最重要的(　　)设备,是计算机向用户显示信号的外部设备,是用户与计算机交流的途径之一。

(2) 显示器的类型有(　　)显示器和(　　)显示器。

(3) LCD 液晶体显示器可分为(　　)和(　　)等几种。

(4) 显卡的构造是由(　　)、(　　)、(　　)和(　　)等几部分。

(5) 显卡的输出接口有( )、( )和( )几种类型。

2. 选择题

(1) 显示器在硬件中属于( )。
    A．输入设备   B．输出设备   C．外部设备   D．内部设备

(2) 液晶体显示器有( )优点。
    A．没有辐射，对人体有害   B．可视面积大
    C．工作电压低   D．无失真

(3) 人眼基本感觉不到显示器在闪烁所需要的最低刷新频率为( )。
    A．60Hz   B．65Hz   C．75Hz   D．85Hz

(4) 显卡技术指标有( )。
    A．显示内存   B．刷新速度   C．色深   D．最大分辨率

(5) 按照接口类型来分，显卡可分为( )。
    A．ISA 显卡   B．AGP 显卡   C．PCI 显卡   D．集成显卡

3. 问答题

(1) CRT 显示器的主要技术指标是什么？
(2) LCD 显示器的主要技术指标是什么？
(3) 显卡在计算机中起什么作用？
(4) 简述显卡安装的步骤。
(5) 简述显卡的性能指标。

二、实训习题

1. 操作题

(1) 观察、熟悉 CRT 显示器的内外结构和液晶显示器的外观。
(2) 反复操作显示器与主机的连接与拆除。

操作提示：拆卸时要小心打开后盖，切忌不要碰显示管的尾巴(尾板)。

(3) 识别各种插槽显卡。
(4) 反复练习显卡的安装与拆卸。

第6章 声卡和音箱

教学提示：
- 识别声卡和音箱的结构
- 了解声卡和音箱的性能指标
- 掌握声卡和音箱的安装与拆卸
- 了解常见声卡和音箱的品牌

教学要求：

知 识 要 点	能 力 要 求	相关及课外知识
声卡和音箱的结构	能够正确识别声卡和音箱	了解家庭影院的音响
声卡和音箱的性能指标	了解声卡和音箱的主要技术指标	音响工程的技术指标
声卡和音箱的安装与拆卸	掌握声卡和音箱的安装与拆卸	声卡驱动程序的安装
声卡和音箱常见故障的处理	掌握声卡和音箱的常见故障处理的步骤与方法	网上视频会议音频的调节

计算机组装与维护案例教程

引例

请关注并体会以下与声卡和音箱有关的现象：

(1) 单位的职员小李给自己工作的计算机新配了声卡，想听音乐，可是当他兴冲冲把声卡安装到计算机后，开机准备安装声卡驱动，可是发现计算机并没有检测到刚刚安装的声卡，更不提示安装声卡驱动，这是怎么回事呢？

(2) 某单位的工程师张某为自己的计算机安装了声卡，开机检测到声卡后，提示安装驱动程序，张工使用系统默认的检测程序自动安装了声卡驱动，安装完成后没有声音，查看设备管理器，说声卡安装正常，张工很疑惑，这是为什么呢？

(3) 某单位职工小李的计算机的声卡一直正常工作，可是前天突然间不发声了，也没有修改计算机的任何设置，怎么会这样呢？后来检查驱动程序、音箱都没有问题，无奈之下，小李只好把主机箱打开，把声卡换了一个插槽，这么一换并重新安装驱动后，竟然好了。

这样的例子还可以列出很多。计算机之所以能够发出各种各样美妙的声音是因为有了声卡和音箱这两个设备。

本章重点讨论与计算机声卡和音箱的基础知识及计算机在使用过程中遇到的与声卡和音箱相关的问题。通过本章的学习，可以了解声卡和音箱的基本情况，能选购合适的声卡和音箱并安装到计算机中，还能针对计算机使用过程中出现的与声卡和音箱相关的问题作出及时处理。

6.1 声　　卡

声卡是实现音频信号/数字信号互相转换的硬件电路。它能把来自话筒、磁带、光盘的原始声音信号加以转换，输入到计算机中，并可将声音数据输入到耳机、扬声器、扩音机等音响设备，或通过音乐设备数字接口(MIDI)使乐器发出美妙的声音。

6.1.1 声卡的基础知识

1. 声卡的组成

声卡的种类很多，不同种类之间有着细微的差别，但大体上硬件结构相同，目前主流的声卡大致包括如下主要部件。

1) 声卡芯片

声卡的音频处理芯片承担着对声音信息、三维音效进行特殊过滤与处理、MIDI合成等重要任务。目前比较高档的声卡芯片都是具有强大运算能力的 DSP(数字信号处理器)。多数情况下，声卡上最大的那块芯片就是音频处理芯片。目前比较著名的声卡芯片设计生产厂家有 Creative 旗下的 E-MU、美国 ESS、Crystal、日本的 YAMAHA 等。

声卡的主芯片如图 6.1 所示。

2) CODEC 芯片

CODEC 意思是多媒体数字信号编/解码器，一般简称为混音芯片。它主要承担对原始声音信号的采样混音处理，也就是前面所提到的 A/D 和 D/A 转换功能。CODEC 技术成熟

第6章 声卡和音箱

以后,板载软声卡也就诞生了。在主板上集成一块 CODEC 芯片,将除了信号采样编码之外的各种声音处理过程都交由 CPU 来完成,通过牺牲系统资源和一些附带功能来换取性价比。比较有名的 CODEC 设计厂家包括 SigmaTel、Wolfson 等。

3) 声卡辅助元件

声卡辅助元件主要有晶振、电容、运算放大器、功率放大器等。晶振如图 6.2 所示,用来产生声卡数字电路的工作频率。电容起到隔直通交的作用,因此所选用电容的品质对声卡的音质影响有直接的关系。运算放大器用来放大从主芯片输出的、能量较小的标准电平信号,减少输出时的干扰与衰减。功率放大器则主要应用于一些带有 SPK OUT 输出的声卡上,用来接无源音箱,起到进一步放大信号的作用。

图 6.1 声卡的主芯片

图 6.2 声卡上的晶振

4) 外部输入/输出口

声卡的外部输入/输出口均为 3.5mm 规格的插口(MIDI/Joystick 除外),如图 6.3 所示。

图 6.3 声卡的外部输入/输出接口

声卡的外部输入/输出口一般包括:

(1) 麦克风接口(MIC IN):连接麦克风,实现声音输入、外部录音功能。

(2) 线性输入口(LINE IN):连接各种音频设备的模拟输出,实现相关设备的音源输入。

(3) 音频输出口(LINE OUT):连接多媒体有源音箱,实现声音输出。

(4) 扬声器输出(SPK OUT):通过声卡功放输出的放大信号,用于连接无源音箱。

(5) 后置音箱输出口(REAR OUT):四声道声卡专有,连接环绕音箱。

(6) MIDI 设备接口/游戏手柄接口(MIDI/Joystick):连接 MIDI 音源、电子琴或者游戏控制设备。

(7) 同轴数码输出(SPDIF OUT):连接数字音频设备,主要是 AC-3、DTS 解码器和数字音箱。

(8) 光纤数码输入(SPDIF IN)：用于连接数字音频设备的光纤输出，实现无损录音。

2. 声卡的工作原理

声卡对输入的声音信息进行处理基本流程是：从麦克风或 LINE IN 输入模拟声音信号→通过模/数转换器(ADC)→将声波振幅信号采样转换成数字信号后→通过主芯片处理，或者被录制成声音文件存储到计算机中，或者再通过 D/A 转换器放大输出。声卡模拟通道输出声音的基本工作流程是数字声音信号首先通过声卡主芯片进行处理和运算，随后被传输到一个数/模转换器(DAC)芯片进行 D/A 转换，转换后的模拟音频信号再经过放大器放大，通过多媒体音箱输出。

6.1.2 声卡的主要技术指标

1. 采样位数与采样频率

音频信号是连续的模拟信号，而计算机处理的却只能是数字信号。因此，计算机要对音频信号进行处理，首先必须进行模/数(A/D)的转换。这个转换过程实际上就是对音频信号的采样和量化过程，即把时间上连续的模拟信号转变为时间上不连续的数字信号，只要在连续量上等间隔地取足够多的点，就能逼真地模拟出原来的连续量。这个取点的过程称为采样，采样精度越高(取点越多)数字声音越逼真。其中信号幅度(电压值)方向的采样精度称为采样位数；时间方向的采样精度称为采样频率。

采样位数指的是每个采样点所代表音频信号的幅度。8 位可以描述 256 种状态，而 16 位则可以表示 65 536 种状态。对于同一信号幅度而言，使用 16 位的量化级来描述自然要比使用 8 位来描述精确得多。其情形就犹如使用毫米为单位进行度量比使用厘米为单位进行度量要精确一样。一般来说，采样位数越高，声音就越清晰。现在的声卡采样位数可以达到 24 位、32 位的量化精度。

采样频率是指每秒钟对音频信号的采样次数。单位时间内采样次数越多，即采样频率越高，数字信号就越接近原声。采样频率只要达到信号最高频率的两倍，就能精确描述被采样的信号。一般来说，人耳的听力范围在 20Hz 到 20kHz 之间。因此，只要采样频率达到 20kHz×2=40kHz 时，就可以满足人们的要求。现在声卡的采样频率都已达到 44.1kHz 或 48kHz，即达到所谓的 CD 音质水平了，高端的声卡的采样频率可达到上百 kHz。

2. 声道数

声卡声道数有如下几种。

1) 单声道

单声道是早期的声卡普遍采用的形式。两个扬声器播放的声音相同，这种缺乏位置感的录制方式是过时的产物。

2) 立体声

立体声技术中，声音在录制过程中被分配到两个独立的声道，从而达到了很好的声音定位效果，听者可以清晰地分辨出各种声音来自的方向，更加接近于现场效果。立体声技术广泛应用于 Sound Blaster Pro 以后的大量声卡，成为影响深远的一个音频标准。

第 6 章 声卡和音箱

3) 四声道环绕

三维立体声为人们带来一个虚拟的声音环境,通过特殊的技术营造一个趋于真实的声场,从而获得更好的听觉效果和声场定位。而要达到这种效果,依靠两个音箱是不够的。四声道环绕规定了 4 个发音点,即前左、前右、后左、后右,同时还建议增加一个低音音箱,形成 4.1 环绕,以加强对低频信号的回放处理。四声道技术已经被各种中高档声卡采用。

4) 5.1 声道

5.1 声道来源于 4.1 环绕,不同之处在于它增加了一个中置单元。这个中置单元负责传送低于 80 Hz 的声音信号,在欣赏影片时有利于加强人声,把对话集中在整个声场的中部,以增加整体效果。

5) 6.1 和 7.1 声道

6.1 声道和 7.1 声道两者非常接近,它们都是建立在 5.1 声道基础上,将 5.1 声道的后左、后右声道放在听音者的两侧,在听音者后方加上 1 或者 2 个后环绕。和 5.1 声道相比,6.1 和 7.1 声道可以获得更真实的从头顶或身边飞过的效果,具有更稳定的声像衬托电影氛围,使无论是影院还是家庭欣赏都具备更和谐的环绕效果。

3. 复音数

在各类声卡的命名中,我们经常会看到诸如 64、128 之类的数字。有些用户乃至商家将它们误认为是 64 位、128 位声卡,是代表采样位数。其实 64、128 代表的只是此卡在 MIDI 合成时可以达到的最大复音数。所谓复音是指 MIDI 乐曲在一秒钟内发出的最大声音数目。波表支持的复音值如果太小,一些比较复杂的 MIDI 乐曲在合成时就会出现某些声音被丢失的情况,直接影响播放效果。复音越多,音效越逼真,但这与采样位数无关,如今的波表声卡可以提供 128 以上的复音值。

4. 动态范围

动态范围指当声音的增益发生瞬间状态突变,也就是当音量突然变化时,设备所能承受的最大变化范围。这个数值越大,则表示声卡的动态范围越广,就越能表现出声音的起伏。一般声卡的动态范围在 85dB 左右,能够达到 90dB 以上动态范围的声卡是非常好的了。

5. Wave 音效与 MIDI 音乐

Wave 音效合成与 MIDI 音乐的合成是声卡最主要的功能。其中 Wave 音效合成是由声卡的 ADC 模/数转换器和 DAC 数/模转换器来完成的。模拟音频信号经 ADC 转换为数字音频后,以文件形式存放在磁盘等介质上,就成为声音文件。这类文件我们称之为 Wave Form 文件,通常以.WAV 为扩展名,因此也称为 WAV 文件。Wave 音效可以逼真地模拟出自然界的各种声音效果。

MIDI 文件(通常以.MID 为文件扩展名)记录了用于合成 MIDI 音乐的各种控制指令,包括发声乐器、所用通道、音量大小等。由于 MIDI 文件本身不包含任何数字音频信号,因而所占的存储空间比 WAV 文件要小得多。MIDI 文件回放需要通过声卡的 MIDI 合成器合成为不同的声音,而合成的方式有 FM(调频)与 Wave Table(波表)两种。

大多数廉价的声卡都采用 FM 合成方式。FM 合成是通过振荡器产生正弦波,然后再叠加成各种乐器的波形。由于振荡器成本较高，即使是 OPl3 这类高档的声卡，其 FM 合成器也只提供了 4 个振荡器，仅能产生二十种复音，所以发出的音乐听起来生硬呆板，带有明显的人工合成色彩。与 FM 合成不同，波表合成是采用真实的声音样本进行回放。声音样本记录了各种真实乐器的波形采样，并保存在声卡上的 ROM 或 RAM 中(要分辨一块声卡是否波表声卡，只需看卡上有没有 ROM 或 RAM 存储器即可)。目前中高档声卡大都采用了波表合成技术。

6. 输出信噪比

输出信噪比是衡量声卡音质的一个重要因素，它是输出信号电压与同时输出的噪音电压的比例，单位是分贝(dB)。这个数值越大，代表输出时信号中被掺入的噪音越小，音质就越纯净。由于计算机内部的电磁辐射干扰很严重，所以集成声卡的信噪比很难做到很高。声卡的信噪比一般为 90dB，有的可达 195dB 以上。较高的信噪比保证了声音输出时的音色更纯，可以将杂音减少到最低限度。

7. AC-3

AC-3 是完全数字式的编码信号，正式英文名为 Dolby Digital，是由美国著名的杜比实验室(Dolby Laboratories)制定的一个环绕声标准。AC-3 规定了 6 个相互独立的声轨，分别是前置两声道、后置环绕两声道、一个中置声道和一个低音增强声道。其中前置、环绕和中置 5 个声道建议为全频带扬声器，低音增强声道负责传送低于 80Hz 的超重低音。早期的 AC-3 最高只能支持 5.1 声道，经过不断的升级改进，目前 AC-3 的 6.1 EX 系统增加了后部环绕中置的设计，让用户可以体验到更加精准的定位。

对于 AC-3，目前通过硬件解码和软件解码这两种方式实现。硬件解码是通过支持 AC-3 信号传输声卡中的解码器，将声音进行 5.1 声道分离后通过 5.1 音箱输出。软件解码就是通过软件来进行解码，如 DVD 播放软件 WinDVD、PowerDVD 都支持 AC-3 解码，当然声卡也必须支持模拟六声道输出。这种工作方式的缺陷在于解码运算需要通过 CPU 来完成，会增加系统负担，而且软解码的定位能力较差，声场也相对较散。

6.1.3 声卡的选购

同其他计算机硬件产品一样，声卡的价格差异极大，从 30 元到上千元都有。目前，绝大多数的主板都集成了声卡，这些板载声卡在功能和性能上基本能满足用户对看 VCD、听 MP3 的需求。但是，如果用户对声音的要求较高，则板载声卡在音质和音效上还有一定的局限性，这时需要单独再购买一块声卡。

一般用户既不满足于板载声卡的效果，同时又不想投入太多资金，那么可以考虑中低档价位，价格在 80～300 元的声卡，如果资金充足，可以考虑加入 AC-3 解码功能的、同时还具有数字输出接口支持 EAX 音效的声卡。这类具备高信噪比、支持 AC-3 解码、提供数字输入/输出接口等特性使它成为大部分用户的首选。

专业音频制作人员和音响发烧友，这类用户对声卡上 A/D、D/A 以及音质、声卡的能力等均要求很高，可以选择价位在 500 元以上的高端声卡。目前家用声卡市场上的顶级产品当属创新科技公司的 Sound Blaster 系列声霸卡。Sound Blaster 声霸卡能够保证低延迟

第 6 章 声卡和音箱

录音并可应用大量专业音乐制作软件，促使更多的音乐人以计算机作为自己专业工作室的核心。

选购声卡时，首先应观看其 PCB 线路板的质量，一般来说，名牌厂家注重质量，多采用优质 4 或 6 层板生产，品质稳定，音质清亮。而国内和东南亚一些小厂商和一些私人小作坊多采用劣质 4 层板或 2 层板生产，质量可想而知，有噪音，且整个声卡抗电磁干扰性能差。

其次，在选购声卡时还应重点观察声卡的焊接质量，焊接质量水平的好坏直接决定了一个厂生产水平的高低，也同时决定了质量的好坏。对焊点要求，圆润光滑无毛刺。

再次，可以查看一下声卡上所使用的元器件质量，其元器件布局、屏蔽是否良好；声卡运放有无或是否采用的是名品等。另外，注意对名牌声卡的接口进行观察，看看其输入/输出接口是否镀金等，因为采用镀金接口的模拟输出插孔能够减少接触电阻，比普通塑料接口拥有更好的信号传输性能，并能有效避免信号衰减。如发现自己所购的声卡和硬件存在不可解决的兼容问题，在商品包换期内应尽快找商家更换。

而最后要做的事，当然是"听"——试音了。在同样的配置中，可在较好的听音环节中选择熟悉的乐曲进行。

6.1.4 声卡的安装与拆卸

1. 声卡的安装步骤

(1) 判断声卡的插槽类型，一般为 PCI 插槽。
(2) 将与声卡插槽相对应的机箱挡板拆除。
(3) 根据插槽上的定位标志确定声卡的安装方向。
(4) 将声卡垂直下压，确定声卡金手指部分全部进入插槽。
(5) 将显卡与机箱挡板固定处的螺丝拧好，但不要太紧。
(6) 检查显卡的安装是否完好(如图 6.4 所示)。

图 6.4 声卡安装

2. 声卡的拆卸

声卡的拆卸非常简单，将声卡与机箱挡板处固定的螺丝拧开，再将声卡垂直向上拔起，声卡即可取出。

6.1.5 声卡常见故障的处理

1. 插入声卡后检测不到

【问题描述】 声卡在安装到计算机内后，开机找不到声卡硬件，不提示安装声卡驱动。

【问题处理】 此类故障一般是由于扩展插槽损坏或声卡损坏造成，对此只有更换插槽或声卡。

【问题引申】 用户可以先查看 BIOS 设置是否正确，然后再来更换一个插槽安装或更换声卡。

2. 没有发现硬件驱动程序

【问题描述】 声卡驱动正确但无法安装驱动程序，Windows 提示没有发现硬件驱动程序。

【问题处理】 此类故障一般是由于在第一次装入驱动程序时没有正常完成，或在 CONFIG.SYS、自动批处理文件 AUTOEXEC.BAT、DOSSTART.BAT 文件中已经运行了某个声卡驱动程序。对此可以将里面运行的某个驱动程序文件删除即可，当然，也可以将上面提到的 3 个文件删除来解决该故障。如果在上面 3 个文件里面没有任何文件，而驱动程序又装不进去，此时需要修改注册表。还有一个最为简便的办法，就是将声卡插入另外一个插槽，重新找到新设备后，装入其驱动程序即可解决问题。虽然第二种方法显得简便，但是我们解决故障还是遵循先软件后硬件的原则为宜，只是在进行第一种方法之前用户最好先将注册表导出来备份一下以防不测。

【问题引申】 用户在安装声卡驱动程序时一定要仔细，要完整正确安装完之后再安装其他程序，或进行其他工作。

3. 声卡无声

【问题描述】 声卡和驱动程序都正确安装，但 Windows 系统无声。

【问题处理】 首先，看声卡与音箱的接线是否正确，音箱的信号线应接入声卡的 SPK 或 Speaker 端口，倘若接线无误，再进入控制面板的多媒体选项，看里面有无声音设备，有设备说明声卡驱动正常安装，否则驱动程序未成功安装或存在设备冲突，如若存在设备冲突可按如下方法解决。

(1) 将声卡更换一下插槽。
(2) 进入声卡资源设置选项看其资源能否更改为没有冲突的地址或中断。
(3) 进入保留资源项目，看声卡使用资源能否保留不让其他设备使用。
(4) 看声卡上有无跳线、能否更改中断口。
(5) 关闭不必要的中断资源占用，例如 ACPI 功能、USB 口、红外线等设备。
(6) 升级声卡驱动程序。
(7) 安装主板驱动程序后重试。

【问题引申】 在上面提到的多媒体选项里如有声音设备，但声卡无声，可进入声卡的音量调节菜单看有否设为静音；还有一种比较特殊的情况，有的声卡必须用驱动程序内的

第 6 章 声卡和音箱

SETUP 进行安装，使其先在 CONFIG 及 AUTOEXEC、BAT 文件中，建立一些驱动声卡的文件，这样在 Windows 下才能正常发声(例如 4DWAVE 声卡)。还有的声卡不能够插入第一扩展槽，可另行更换插槽再试。

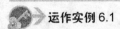

运作实例 6.1

声卡的驱动问题

有位朋友，他的计算机安装的是 Windows XP 系统，一直没有试过录音功能。近日安装了摄像头和麦克风，在使用录音功能时发现了问题。首先接上摄像头，系统提示找到新硬件，安装驱动程序及相关软件后，重启机器时顺便插上耳麦，能用耳机听到 Windows 启动的声音。再试一下摄像头，也能正常使用，然后测试麦克风，启动 Windows 录音程序，单击"录音"按钮，对着话筒说话，完成后播放没有声音。于是检查硬件连接，把接头重新拔插一遍，还是不行，再检查软件设置，没有发现什么异常。是不是录音程序出了问题于是上网，打开 QQ，找个朋友进行视频聊天，视频正常也能听到朋友说话，但对方却听不到自己说话。难道主板的集成声卡坏了？可计算机发声又正常啊。打开系统"设备管理器"，发现"声音、视频和游戏控制器"选项下声卡设备名称为 Realtek AC'97。我记得华擎 845PE 主板应该是集成 Cmedia AC'97 软声卡。看来是声卡驱动装错了，造成 MIC 接口失效。于是让朋友拿出主板驱动光盘，先卸载原来的驱动，然后安装主板自带的声卡驱动，重新启动机器，再试，问题得到解决。

分析原因：目前的主板一般都是板载声卡，而且它们大都符合 AC'97 规范，于是就出现了驱动通用的情况，这里的 Cmedia AC'97 软声卡同样也可以使用 Realtek AC'97 的驱动，可他们并不完全兼容，于是就出现了声卡发声正常而 MIC 口不可用的现象。

6.2 音　　箱

多媒体计算机中，音箱也是不可缺少的。声卡只提供对音频信号的处理能力，而要让计算机发出声音，音箱也是关键设备。音箱外观如图 6.5 所示。

图 6.5　音箱的外观

声卡将数字音频信号转换成模拟音频信号输出，此时音频信号的电平幅值较低，不能带动扬声器的正常工作。这时候就需要带有放大器的音箱对音频信号进行放大，再通过扬声器输出，从而发出声音。

6.2.1 音箱的组成

在选购音箱的时候，先要了解音箱的基本结构，才能选择到满意的音箱。下面介绍普通多媒体音箱的几个组成部分。

多媒体音箱由放大器、接口部分、扬声器单元与箱体 4 部分组成。其中，放大器部分对音频信号加以放大，使之足以推动扬声器的正常发声；接口部分用来连接计算机声卡，提供音频信号的输入；扬声器单元用于把音频信号转换成声波，而箱体则提供对整个音箱系统的保护及支持。

1. 外壳

常见的音箱主要为木制或塑料制成(还有一些专业音箱用水泥、钢或沙等浇制填充而成)，木质音箱为高密度的复合板所制，厚度应该在 10 mm 以上，它与塑料音箱比，有更好的抗谐振性能，扬声器可承受的功率更大，体积也不受模具限制；塑料音箱的成本相对较低，为模具一次性成型产品，它在造型的设计上可以很丰富，但是体积受到限制，相对较小，且可承受的最大输出功率也相对较小，仅适于在多媒体音箱的范围内。劣质音箱主要是密度板的密度不够高、板材很薄或是塑料的质地松脆、有沙孔、易裂等。

2. 功放

因为由声卡传来的不是声音，而是微弱的音频信号，只有几百毫伏，不能推动喇叭正常工作，所以微弱的音频信号要传到放大器进行放大，大约放大到几伏的信号电压来推动喇叭，将音频电信号转换为声音信号。其中，放大器还具有音量大小的控制、高音低音提升与衰减控制等功能。最后就是音箱把送来的音频信号通过喇叭单元转变为声音，这就是我们最终所听到的声音。

有源音箱就是音箱和放大器是组装在一起的，也是我们在市面上看到的计算机多媒体音箱，而无源音箱的放大器是独立于音箱外的，相对来说，无源音箱要比有源音箱贵，品质也比有源音箱好，适合 Hi-Fi 级的发烧友。也就是说，无源音箱应该属于音响设备而不是计算机的周边设备，它需要与功放连接才能正常使用，主要应用在家庭影院。

3. 电源部分

音箱内的电路为低压电路，所以首先需要一个将高电压变为低电压的变压器，然后就是用两个或 4 个二极管将交流电转换为直流电，最后用大小电容对电压进行滤波以使输出的电压趋于平缓。变压器一般被固定在主音箱的底部(这也是主音箱分量重的原因)，对它的要求是要有足够大的功率输出，劣质音箱常常在这里偷工减料。整流部分和滤波电容都在电路板上，滤波的大电容(几千微法)应该采用电解电容，而且是越大越好，可以采用一个大电容或是两个中容量电容并联的方法实现滤波，而其后的小电容(零点几微法以下)是为了弥补大滤波电容对高频滤波的不足。

4. 扬声器单元

一般木质音箱和较好的塑料音箱采用二分频的技术，就是由高、中音两个扬声器来实现整个频率范围内的声音回放；而一些在 X.1(X=2、4 或 5)上被用作环绕音箱的塑料音箱所用的是全频带扬声器，即用一个喇叭来实现整个音域内的声音回放。由于用在多媒体领域的音箱必须要具有防磁性，所以在扬声器的设计上采用的是双磁路，且采用扬声器后加防磁罩的方法来避免磁力线外漏。最新推出 USB 音箱采用了最新技术，直接从计算机 USB 接口引入数字音频信号，由内部芯片将数字音频信号转为模拟音频信号，经过放大后在扬声器上输出，从而省去了声卡。

6.2.2 音箱的主要性能指标

音箱是多媒体计算机的重要组成部分，因为音箱的质量直接关系到声音效果。衡量音箱性能的技术指标通常有以下几项。

1. 功率

功率分为标称功率和最大承受功率。标称功率就是常说的额定功率，它决定了音箱可以在什么样的状态下长期稳定工作。最大承受功率是指扬声器短时间所能承受的最大功率。举个简单的例子，一部影片在到达高潮部分时，经常会通过震撼人心的音乐效果来渲染当时的气氛，此时音箱发出的声强基本上都会超出音箱的标称功率，而超出的这个值是有一定限制的，这个限制就是音箱的最大承受功率。

2. 频响范围

频响范围指最低有效回放频率与最高有效回放频率之间的范围。一般情况下，人能听到的音频信号大约是 20Hz～20kHz 之间的不同频率、不同波形、不同幅度的变化信号。因此，放大器要很好地完成音频信号的放大，就必须有足够宽的工作频带。我们把一个放大器在规定的功率下，在频率的高、低端增益分别下降 0.707 倍时，两点之间的频带宽度称为该放大器的频响范围。比较优秀的放大器的频响范围一般在 18Hz～20kHz 之间。

3. 灵敏度

灵敏度指给音箱输入额定功率的音频信号时，音箱所能发出声音的强度，是衡量音箱效率的一个指标，它与音箱的音质音色无关。普通音箱的灵敏度一般在 85dB～90dB 之间，高档音箱则在 100dB 以上。但灵敏度的提高是以增加失真度为代价的，所以作为高保真音箱来讲，要保证音色的还原程度与再现能力就必须降低灵敏度的要求。所以说我们不能认为灵敏度高的音箱音质就一定好，而灵敏度低的音箱就一定不好。

4. 信噪比

信噪比即放大器输出信号的电压与同时输出噪声电压的比。一般来说，信噪比越大，说明混在信号里的噪声越小，声音回放的质量越高，否则相反。信噪比一般不应该低于 70dB，高保真音箱的信噪比应达到 110dB 以上。

5. 失真

失真分为谐波失真、互调失真和瞬态失真三种。通常所说的失真是谐波失真，指在声音回放的过程中，增加了原信号没有的高次谐波成分而导致的失真。真正影响到音箱品质的是瞬态失真，瞬态失真是因为扬声器具有一定的惯性质量存在，箱体的震动无法跟上瞬间变化的电信号的震动而导致的原信号与回放音色之间的差异。普通多媒体音箱的失真度应小于0.5%，低音炮的失真度应小于5%。

6.2.3 音箱的选购

1. 尽量选购木质音箱

由于塑料音箱发音时产生的谐振现象比较明显，因此它的低音效果较差，而木质音箱由于板材较厚，从一定程度上降低了箱体谐振所造成的音染，因此音质普遍好于塑料音箱。此外，就是音箱箱体大一些、重一些的比较好。

2. 功率尽量选大的

音箱的功率决定了音箱的震撼力，而音箱的功率主要由所使用的放大器芯片功率所决定，所以功率要尽量选大的，但也不是越大越好，要看音箱是用在什么地方，一般用在$20m^2$的房间，100W内的功率就够了。在试听时，除了检查低音炮的音质外，也不要忘记卫星音箱，一般可以将音量调节到最大，如果出现明显的嘈杂声或电流声则最好不要选购。

3. 看功能是否完善

在选购时要注意观察音箱是否支持多声道、是否内置无源环绕音箱输出接口、是否内置有源音箱的输出接口等。

4. 尽可能选购品牌音箱

这一点特别需要强调，因为品牌音箱厂商大多具备专业生产线以及完善的品质保障制度，所选用的原材料也相当正规，当然产品质量和售后服务就有保证。例如，冲击波、漫步者等品牌。

6.2.4 音箱常见故障的处理

1. 音量时大时小

【问题描述】 调整音量时出现噼里啪啦的声音，音量时大时小。

【问题处理】 大多数音箱都利用是电位器来改变信号的强弱(数字调音电位器除外)来进行音量调节和重低音调节的。而电位器则是通过一个活动触点，来改变在碳阻片上的位置，从而来改变电阻值的大小。随着使用时间的增长，电位器内会有灰尘或杂质落入，电位器的触点也可能会氧化生锈，造成接触不良，这时在调整音量时就会有"噼里啪啦"的噪声出现。解决的办法比较简单，只需要更换一个新的电位器就够了，其花费不会超过2元钱。

【问题引申】 不过，最简单的处理办法还是打开音箱，再把电位器后面的四个压接片打开，露出电位器的活动触点。然后，用无水酒精清洗碳阻片，再在碳阻片滴一滴油，最后把电位器按原来位置装好就可以解决噪音问题。

2. 声音播放，但是会传出"噼里啪啦"的噪声

【问题描述】 使用音箱时，不定期地发出"噼里啪啦"的噪声，但使用耳机时又正常。

第6章 声卡和音箱

而且音箱的噪声有时时间长一些,有时时间短一些,但之后就正常了。

【问题处理】 刚开始怀疑是音频信号插头接触不好,但是重新拔插过,换过线还是没有解决问题。其实,这个问题的原因在于电源插座。一只劣质的电源插座,其内部使用的磷铜片质量不好并且弹性较差。长时间使用后会导致接触不好,一会儿接触,一会儿断开。这时,音箱的电源就一会儿通,一会儿断。而电源内部有大容量的滤波电容,这就导致功放电路的供电电压一会高,一会低。所以,它发出的声音的强弱就有明显变化。同时,因为在通断的瞬间会有电流通断的干扰信号窜入放大电路,就会导致其他噪声的产生,也就是你所听到的"噼里啪啦"声。

解决办法:更换新的质量优良的电源插座。

【问题引申】 有的奸商可能就会利用顾客不了解的原因,借此就向顾客演示:音箱被修好了,而借此收费。大家明白了这一点,以后就不会轻易上当了。

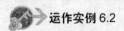
运作实例6.2

音箱系统故障

音箱系统是多媒体计算机的重要组成部分之一,它通常由扬声器、分频器、箱体、吸音材料等组成。但音箱系统的故障率较低,故障类型较少,常见故障有无声、声音时有时无、音量小、声音异常等几类。

下面是多媒体音箱的一些常见故障排除方法:当音箱不出声或只有一只出声时,首先应检查电源、连接线是否接好,有时过多的灰尘往往会导致接触不良。如不确定是否是声卡的问题,则可更换音源(如接上随身听),以确定是否是音箱本身的毛病。当确定是音箱本身问题时应检查扬声器音圈是否烧断、扬声器音圈引线是否断路、馈线是否开路、与放大器是否连接妥当。当听到音箱发出的声音比较空,声场涣散时,要注意音箱的左右声道是否接反,可考虑将两组音频线换位。如果音箱声音低,则应重点检查扬声器质量是否低劣、低音扬音器相位是否接反。当音箱有明显的失真时,可检查低音、3D等调节程度是否过大。此外,扬声器音圈歪斜、扬声器铁芯偏离或磁隙中有杂物、扬声器纸盆变形、放大器馈给功率过大也会造成失真。当音箱有杂音时,一般都应该首先确定杂音的来源。

6.3 实训——声卡和音箱的安装与拆卸

一、实训目的

本章通过实训,使学员掌握声卡和音箱的安装与拆卸。

二、实训内容

(1) 声卡和音箱的安装。
(2) 声卡和音箱的拆卸。
(3) 常见声卡和音箱故障处理。

三、实训过程

1. 声卡和音箱的安装

分析

在机箱内部和外部反复练习声卡和音箱的安装。

实训要求

正确地安装声卡和音箱,要求学员要反复的安装声卡和音箱,直到熟练为止。

实训步骤

(1) 判断声卡的插槽类型,一般为 PCI 插槽。
(2) 将与声卡插槽相对应的机箱挡板拆除。
(3) 根据插槽上的定位标志确定声卡的安装方向。
(4) 将声卡垂直下压,确定声卡金手指部分全部进入插槽。
(5) 将显卡与机箱挡板固定处的螺丝拧好,但不能太紧。
(6) 检查显卡的安装是否完好。
(7) 根据声卡的插孔对应地连接音箱。

2. 声卡和音箱的拆卸

分析

在机箱内部或外部反复练习声卡和音箱的拆卸。

实训要求

正确地拆卸声卡和音箱,要求学员要反复的拆卸声卡和音箱,直到熟练为止。

实训步骤

(1) 将音箱与声卡的连接拆除。
(2) 将声卡与音箱连接的螺丝拧开取下。
(3) 垂直向上将声卡拔出即可。

3. 声卡和音箱常见故障的处理

分析

根据声卡和音箱常见案例,仔细分析,逐步确认,积累经验,同时保持创新的精神,不固守原有的思维习惯和方式,锻炼学员独立处理问题的能力。

实训要求

根据常见案例,细心体会,反复揣摩。

实训步骤

(1) 仔细阅读本章的引例。
(2) 如有可能设置引例的环境进行模拟。
(3) 根据引例,写出处理步骤。

四、实训总结

通过本章的实训,学员应该能够熟练掌握安装与拆卸声卡和音箱,可以针对计算机使用过程中出现的与声卡和音箱相关的问题作出及时的处理。

第6章 声卡和音箱

本章小结

本章首先介绍了声卡和音箱的基础知识；其次是研究了声卡和音箱的技术指标和选购；再次讲解了声卡和音箱的安装与维护；最后安排了技能实训，以强化技能练习。

本章的重点是声卡和音箱的技术指标。

本章的难点是技术指标常见故障的处理。

习 题

一、理论习题

1. 填空题

(1) 5.1 声道环绕规定了(　　)、(　　)、(　　)、(　　)和(　　)5个发音点。
(2) 声卡的工作就是将(　　)转换成(　　)，并将(　　)送至音箱上发出声音。

2. 问答题

(1) 声卡在计算机系统中起什么作用？说明其工作原理。
(2) 声卡有哪些常见故障？请分析解决。
(3) 声卡常有哪些输入/输出接口？它们各有什么作用？
(4) 多媒体音箱的技术指标主要有哪几个方面？

二、实训习题

1. 操作题

(1) 观察、熟悉各种型号声卡的结构并在机箱内进行插、拔操作训练。
操作提示：插/拔声卡时，用力要适度，进入插槽中的金手指的高度两端要一致。
(2) 观察、熟悉各型音箱的内外结构及与主机的连接。
(3) 进行音箱的拆、装操作训练。

2. 综合题

某单位的工程师张某为自己的计算机安装了声卡，开机检测到声卡后，提示安装驱动程序，张工使用系统默认的检测程序自动安装了声卡驱动，可是安装完成后还是听不到声音，查看"设备管理器"，显示声卡安装正常，为什么呢？请根据所学知识，为张工处理这一问题。

第 7 章 机箱电源与键盘鼠标

> **教学提示：**
> - 识别机箱和电源的种类
> - 掌握电源的安装与拆卸
> - 认识键盘和鼠标的种类
> - 掌握键盘和鼠标的安装

> **教学要求：**

知 识 要 点	能 力 要 求	相关及课外知识
机箱和电源的种类	能够正确识别常见的机箱和电源	了解 UPS 不间断电源
电源的性能指标	掌握电源的主要技术指标	智能建筑的电源指标
电源的安装与拆卸	掌握电源的安装与拆卸	电源噪声的处理
电源常见故障的处理	掌握电源常见故障处理的步骤与方法	UPS 等电源常见故障的处理

第 7 章 机箱电源与键盘鼠标

引例

请关注并体会以下与内存有关的现象：

(1) 某单位的工程师张某的计算机一直工作正常，可是昨天正在使用时，突然间停电了，由于他没有USP电源保护，所以计算机一下子就关闭了。张工也没有在意，等到第二天来电后，启动计算机时，才发现计算机启动不了。张工心想，可能是昨天的突然停电，把电源给烧了吧。

(2) 某单位的职工小李的计算机太慢了，准备增加一条内存，提升计算机的性能，可是由于他的计算机机箱太小了，当时买的时候，想着家里空间小，就买了一个小号的机箱，结果现在想要在增加内存，打开机箱后发现，要想把内存插到主板上很费劲，需拆除掉不少东西以后才能插上。小李很郁闷，当初为什么不买一个大些的机箱呢？

(3) 某单位小张的计算机的键盘的 Shift 键失灵，按左侧 Shift+A，D，F，G，P，无相应的显示，与其他字母键结合有相应的大写字母出现在屏幕上，右侧 Shift 键加字母键，屏幕显示小写字母，按上排字键时全部显示上档符号，关机后再开机，提示 Keyboard Error，按 F1 键，屏幕无反应．再按主机箱的 Reset 键，重启动计算机，机器不再报告键盘错，机器能启动，但键盘仍然出现上述故障。

本章介绍计算机的机箱、电源与键盘、鼠标的基本知识，机箱是计算机内部设备的保护外壳，还有很多防磁、防撞、防火、防水等功能，电源是给主机内所有设备供电的，它的好坏关系到计算机工作的稳定。

本章重点讨论计算机机箱和电源的基础知识，以及计算机在使用过程中遇到的与机箱、电源、键盘和鼠标相关的问题。通过本章的学习，了解机箱电源与键盘鼠标的基本情况，选购一款合适的产品，并安装到计算机中，还能针对计算机使用过程中出现的与机箱电源键盘鼠标相关的问题作出及时处理。

7.1 机　　箱

机箱是主机中所有硬件设备的安装平台，对硬件设备起着保护的作用。一个做工考究的机箱不仅可以体现计算机的外部形象，还担负着保护整个主机系统，为 CPU、主板、内存、硬盘、光驱等硬件提供依托等功能。例如，为避免机箱内部温度过高而使计算机发生故障，机箱在设计时还要考虑通风、散热问题。为避免外界电磁场对主机的干扰以及减少主机对使用者的电磁辐射，机箱还必须具有较强的电磁屏蔽功能。机箱外观如图 7.1 所示。

图 7.1　机箱外壳

7.1.1 机箱的分类

常见的机箱种类有 AT、ATX、Micro ATX 以及 BTX。AT 机箱的全称应该是 BaBy AT，主要用在早期的 AT 主板。ATX 机箱是目前最常见也是适用范围最广的机箱，支持现在绝大部分类型的主板。Micro ATX 机箱是在 ATX 机箱的基础之上设计的，目的是为了进一步的节省桌面空间，因而比 ATX 机箱体积要小。各个类型的机箱只能安装其所支持的主板，一般是不能混用的，而且电源也有差别。

目前最常用的是 ATX 机箱和 BTX 机箱。

1. ATX 机箱

ATX 机箱分为立式机箱和卧式机箱。立式机箱内部空间相对较大，散热效果比起卧式机箱要好一些，安装计算机的各种部件也较为方便。但因为立式机箱体积较大，所以不太适合空间有限的环境。卧式机箱无论是散热还是装配方便性都不如立式机箱，但由于可以放在显示器下面，节约桌面空间，主要被商用计算机所采用。目前能见到的几乎都是立式机箱，卧式机箱已经基本被淘汰。

立式 ATX 机箱的前面板上，都会有醒目的电源开关、复位开关两个按钮，对应的还有电源指示灯、硬盘工作指示灯，对于新的机箱，还在面板上集成了 USB 接口和音频接口。机箱两侧的挡板可以拆卸，打开侧面的挡板后，就可以方便地装配计算机各部件了。

2. BTX 机箱

BTX(Balanced Technology Extended)机箱是由 Intel 定义的，是引导桌面计算平台的新规范。BTX 架构可支持下一代计算机系统的新外形，使机箱能够在散热管理、系统尺寸和形状，以及噪声方面实现最佳的平衡。BTX 新架构特点是支持 Low-profile(即窄板设计)，使系统结构更加紧凑；针对散热和气流运动的考虑，还对主板的线路布局进行了一定的优化设计；主板的安装更加简便，机械性能也经过了最优化设计。BTX 架构主要分为三种，分别是标准 BTX、Micro BTX 和 Pico BTX。从尺寸上来看，全系列的 BTX 平台都比 ATX 平台大，所以 BTX 的发展并不是为更小型的桌上计算机，具有弹性的电路布线及模块化的组件区域，才是 BTX 的重点和亮点。BTX 机箱与 ATX 机箱最明显的区别是，在于把以往只在左侧开启的侧面板，改到了右边。而其他 I/O 接口，也都改到了相应的位置。

BTX 与 ATX 的机箱的内部结构有很大的区别。BTX 机箱最让人关注的设计重点就在于对散热的改进，CPU、图形卡和内存的位置相比 ATX 架构完全不同。CPU 的位置被移到了机箱的前板，这是为了更有效地利用散热设备，提升机箱内各个散热设备的效能。为此，BTX 架构的设备将会以线性进行配置，在设计上，以降低散热气流的阻抗因素为主；通过从机箱前部向后吸入冷却气流，并顺沿内部线性配置的设备，最后在机箱背部流出。这样设计不仅更利于提高内部的散热效能，而且也可以因此来降低散热设备的风扇转速，保证机箱内部处于一个低噪声的环境。BTX 机箱外形和内部结构如图 7.2 所示。

第 7 章 机箱电源与键盘鼠标

图 7.2 BTX 机箱外形和内部机构

除了位置的变换之外，BTX 也对安装主板的位置进行了重新规范，其中最重要的是 BTX 拥有可选的 SRM 支撑保护模块，它是机箱底部和主板之间的一个缓冲区，通常使用强度很高的低炭钢材制造，能够抵抗较强的外力而不易弯曲，因此可以有效防止主板的变形。

7.1.2 机箱的选购

机箱对于计算机的稳定也是非常重要的，它会直接影响计算机的稳定性、易用性和寿命等。因此，有必要掌握一些机箱的选购知识，以保证选购的产品耐用可靠。

1. 机箱的材质

目前，市面上的机箱多采用镀锌钢板制造，其优点是成本较低，而且硬度大，不易变形。但是也有不少质量较差的机箱，为了降低成本，而采用较薄的钢板，这样一来使得机箱的强度大大降低，不能对机箱内的硬件进行有效的保护，而且还因为钢板的变形而给安装带来不少的麻烦，当然防辐射能力也大大降低，更有甚者，由于主板底座变形使得主板和机箱形成回路，导致系统相当不稳定。镀锌钢板也存在其缺点，那就是重量较大，同时导热性能也不强。为了解决这一问题，目前有的厂商开始推出铝材质的机箱。

机箱的面板目前多采用 ABS 材料。这种材料具有抗冲击、韧性强、无毒害等特点，以保证机箱前面板的稳固，并具有防火特性，而且不易褪色，能够长久保持艳丽的色彩。但是仍然有一些劣质的机箱，为节省成本而采用普通的塑料顶替。同时，烤漆工艺也是注意的地方。一款经过较好烤漆处理的机箱，其烤漆均匀、表面光滑、不掉漆、不溢漆、无色差、不易刮花。而烤漆较差的机箱则表面粗糙。

2. 机箱的散热

随着硬件性能的不断提高，机箱内的空气温度同样升高。特别是对于硬件发烧友来说，这个问题就更为明显了——超频后的 CPU、主板芯片、顶级显卡以及多硬盘同时工作，使机箱温度的升高将不能忽视。因此，厂商在设计机箱时，"散热"成为考虑的重要因素。

目前市面上机箱大多都在侧面和背面留有较多的散热孔，并预留安装风扇位置，让用户在需要的时候可以自行安装；有的机箱则配备有散热风扇，较为高档的则配备有多达3到4个风扇或超大型散热风扇。

3. 机箱的内部设计

对于机箱的内部设计，主要考虑的是坚固性和扩展性。

坚固性即是否可以稳妥地撑托机箱内部件，特别是主板底座是否在一般的外力作用下发生较大的变形。

扩展性即由于IT的发展速度相当迅速，有着较大扩展性的机箱可以为日后的升级留有余地，其中主要考虑的是其提供了多少个5.25英寸位置和3.5英寸位置，以及PCI扩展卡位置。同时，防尘性、防电磁干扰和辐射也是一个值得考虑的问题。

4. 机箱的制作工艺

机箱的制作工艺同样很值得注意，一些看起来很细微的设计，往往对使用者有很大的帮助。以前拆卸机箱的时候，一般都少不了必备的工具。而现在有些机箱全身上下也就几个螺钉，有的干脆就采用卡子的形式，螺钉彻底不用了。不仅仅是机箱外部没了螺钉的身影，连机箱内部也看不见螺钉。原来我们安装板卡的时候，需要工具拆挡板。而现在有的厂家设计的机箱采用了滑轨形式的塑料扣子，拔插板卡的时候只要轻轻地把塑料扣子扣开或者合住就可以了。在安装主板的时候，普通机箱的主板固定板上有若干固定孔，我们必须安装一些固定主板用的螺钉铜柱和伞型的塑料扣来固定主板。不仅安装拆卸麻烦，搞不好还会引起主板短路。目前有些高档机箱的主板固定板采用弹簧卡子和膨胀螺钉组合形式来固定主板，拆卸的时候只要扳开卡子就可以拿下主板而不用再拧螺钉。很明显，目前的高档机箱多数采用的都是镶嵌衔接式结构，已经告别了螺钉时代，同时也不会出现螺钉"滑丝"现象。

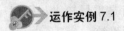
运作实例 7.1

为计算机买个"大房子"

某科研单位的员工邱某准备购买一台品牌计算机，当他去选购机器时，发现有的机箱比较大，有的机箱比较小，感到很奇怪，就向导购人员询问怎么会有这样的区别？导购人员耐心的向他做了解释：大的机箱空间大，利于散热，同时可以安装更多的风扇，而且能够放置大的主板，扩展插槽也多，能够方便地进行扩容。小机箱没有这些优点，但是他占用空间小，方便放置于一个狭小的地方。

听了工作人员的介绍，邱某明白了，心想，要是没有什么限制，我还是买一个大的机箱好。

第 7 章　机箱电源与键盘鼠标

7.2　电　源

如果说计算机中的 CPU 相当于人的大脑，那么电源就相当于人的心脏了。作为计算机运行动力的唯一来源、计算机主机的核心部件，其质量好坏直接决定了计算机的其他配件能否可靠地运行和工作。但是相对于计算机中负责数据处理的 CPU、图像处理的显卡等配件来说，电源往往被人忽视。但是有的用户可能不知道，有时候系统不稳定，程序莫名其妙出错，计算机重启、死机，硬盘无法识别，甚至出现坏道时，就可能是电源出了问题，到了那时用户才会意识到电源的重要性。电源外观如图 7.3 所示。

图 7.3　计算机电源

7.2.1　电源的分类

PC 电源从规格上主要可以划分为三大类型。

1. AT 电源

AT 电源的功率一般都在 150W～250W 之间，由 4 路输出(±5V，±12V)，另外向主板提供一个 PG(接地)信号。输出线为两个 6 芯插座和几个 4 芯插头，其中两个 6 芯插座为主板提供电力。AT 电源采用切断交流电网的方式关机，不能实现软件开关机。目前，AT 电源在市场上已几乎没有了。在安装 AT 电源到主板的电源插座上时，一定要分清两个插头的方向，两个插头带黑线的一边要紧挨靠拢，然后再插入主板插座中，不然插反了就会烧坏主板。

2. ATX 电源

ATX 电源是 Intel 公司于 1997 年 2 月开始推出的电源结构，和以前的 AT 电源相比，在外形规格和尺寸方面并没有发生什么本质上的变化，但在内部结构方面却做了相当大的改动。最明显的就是增加了±3.3V 和 5V Stand-By 两路输出和一个 PS-ON 信号，并将电源输出线改为了一个 20 芯的电源线为主板供电。因为随着 CPU 工作频率的不断提高，其功耗与热量也在增加，为了降低 CPU 的功耗、减少发热量，就需要降低芯片的工作电压。从这个意义上讲，电源就需要直接提供一个±3.3V 的输出电压，而那个 5V 的电压也叫做辅助正电压，只要接通 220V 交流电就会有电压输出。而 PS-ON 信号是主板向电源提供的电平信号，低电平时电源启动，高电平时电源关闭。利用 5V Stand-By 和 PS-ON 信号，就可以实现软件开关机、键盘开机、网络唤醒等功能。

换句话讲，使用 ATX 电源的主板只要向 PS-ON 发送一个低电平信号就可以开机了，而主板向 PS-ON 发送一个高电平信号就可以实现关机。其中辅助 5V 电压始终是处于工作状态，这也就是希望用户在插拔硬件设备的时候要关闭电源的原因，因为这个 5V 在系统使用 STR 功能时，提供电压给整个系统，当用户取出内存时，就很有可能因热插拔而造成硬件损坏。

3. Micro ATX 电源

Micro ATX 是 Intel 公司在 ATX 电源的基础上改进的标准电源，其主要目的就是降低制作成本。Micro ATX 电源与 ATX 电源相比，其最显著的变化就是体积减小、功率降低。ATX 标准电源的体积大约是 150mm×140mm×86mm，而 Micro ATX 电源的体积则是 125mm×100mm×63.5mm。ATX 电源的功率大约在 200W，而 Micro ATX 电源的功率只有 90～150W 之间。目前 Micro ATX 电源大都在一些品牌机和 OEM 产品中使用，零售市场上很少看到。

7.2.2 电源的技术指标

1. 输入电压范围

ATX 标准中规定市电输入的电压范围应该在 180 V～265 V 之间，在这个范围内 ATX 电源的指标不应该有明显的变化，此外还对过压范围、开机浪涌电流大小等也作出了规定，如果使用环境比较恶劣，就要选择带宽电压输入功能的 ATX 电源了。

2. 输出电压范围

规定直流输出端的电压不能偏离太多，电压输出端最大偏差范围不能超过 5%。

其中，+12 V 端在输出最大峰值电流的时候允许±10%的误差。以+5 V DC 为例，当输出端的电压在 4.75 V～5.25 V 之间(±5%)变化时都是标准所允许的范围，如果电源输出电压超过了这个范围就属于不正常的情况了。

3. 输出功率和电流

ATX 标准详细制定了多种功率输出时各个电压输出端的最大输出电流，要求电源厂家对电源的+3.3V DC、+5V DC 和+12V DC 等输出端的最大电流做出具体的说明。由于+3.3V DC 和+5V DC 共用变压器的一组绕组，不可能同时输出其标称的最大电流，所以 ATX 标准还规定厂家应该说明它们合并输出的最大功率。其实+3.3V DC、+5V DC 和+12V DC 三者之间也有类似的限制，为了体现这种相互的制约，ATX 标准要求详细绘制三端电压输出的功率分配图。但在实际应用中，我们不可能去对照 ATX 标准所提供的功率分配图。一般来讲，输出功率大的相应输出电流大，价格也高。

4. 转换效率

要求最大功率输出时的转换效率应不低于 68%。

5. 输出电压的纹波

纹波也叫做输出杂音，它是指在输入电压与输出负载电流均不变的情况下，电源平均直流输出电压上的周期性与随机性偏差量的电压值。虽然电压输出时经过了多重的滤波，开关电源的输出端也不可能完全没有纹波，ATX 标准对输出电压纹波输出的大小做出了规定，纹波越小，电源的品质也越好，说明电压也越稳定。

7.2.3 电源的选购

电源是关系到计算机各个部分能否正常运作的重要部件，劣质电源会导致硬盘出现坏道或者损伤，主机可能莫名其妙地重新启动或者超频不稳定等故障现象。选购电源一般可从下几方面考虑。

1. 确保电源输出要稳定

如果电源输出不稳定的话，有可能导致硬盘在读取数据时，例如，磁头因突然停电或者电源输出不稳定而划伤磁道甚至损伤硬盘，或者计算机可能会出现莫名其妙的各种故障现象。因此，一定要保证电源在连接不同负载时，都能有稳定的输出，这样电源就能适应不同用户的需求或者适应不同配置的计算机。

2. 选择信誉较好的电源品牌

市场上电源牌子种类繁多，而伪劣电源不但在线路板的焊点、器件等方面不规则，而且还没有温控、滤波装置，这样很容易导致电源输出的不稳定。所以应尽量选择享有良好声誉和口碑的电源品牌，例如国产的长城牌电源、银河电源以及 DTK 电源等。

3. 必须有安全认证

必须确保电源产品取得国际或者国家质量认证，例如中国电工产品的认证，或者是符合其他多个国家的认证标准，例如 CE 认证、FCC 认证、TUV 认证以及 CSA 认证等。因为只有符合这些认证标准的电源产品，在材料的绝缘性、阻燃性、电磁波的防范性等方面才有着严格的规定。

4. 要有过压保护功能

由于现在的市电供电极不稳定，经常会出现尖峰电压或者其他输入不稳定的电压，这种不稳定的电压如果直接通过电源产品输入到计算机中的各个配件部分，就可能使计算机的相关配件工作不正常或者导致整台计算机工作不稳定，严重的话可能会损坏计算机。因此为了保证计算机的安全，必须确保选择的电源产品具有双重过压保护功能，以便有效抑制不稳定电压对各个配件的伤害。

5. 风扇转动要良好

由于电源在工作过程中会发出热量，如果不把这些热量迅速排出电源盒，那么电源盒中的温度可能会升高，这样会很容易烧坏电源，或者使电源工作不稳定，因此必须确保安装在电源盒中的散热风扇转动良好，具体表现在风扇运行过程中不应出现明显的噪声，不能出现风扇叶被卡住的现象等。

6. 输出功率要大

为了确保计算机能带动更多的外接设备，应该保证选择的电源功率至少不能低于300W。因为一旦电源功率过小，日后增加外挂硬盘或者光驱时，这些外接设备就会因功率过小而无法正常启动。

7.2.4 电源的安装与维护

1. 电源的安装

主机电源的安装非常简单。

(1) 将机箱的侧面板打开。

(2) 将电源有风扇的一侧对着机箱上的电源孔放入电源托架中，注意电源线一侧应靠近主板，以便连接。

(3) 托起电源使机箱和电源的螺钉孔对应起来，然后从机箱背面把电源 4 个角上的螺丝孔拧上螺钉。注意开始不要把螺钉拧得太紧，以便于随时调整电源的位置，待螺钉全部拧上后，再逐个拧紧。

(4) 最后用手扳动电源，查看是否安装稳妥。电源安装效果如图 7.4 所示。

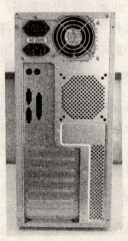

图 7.4　电源的安装效果

2. 电源的拆卸

拆卸电源的过程正好和安装过程相反。打开机箱盖后，要先把机箱背面的 4 个角上的螺钉拧下，然后将电源拆下。

第7章 机箱电源与键盘鼠标

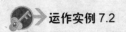
运作实例7.2

烦人的计算机"蓝屏"

某单位办公室的打字员小张的计算机购买了一年多了,一直运行很正常,自从一个同事前几天给她多装了一条内存后,这几天计算机经常出现自动重新启动的问题。这样一来,就给自己带来很大麻烦,一则是输入的文字需要随时保存,影响打字的效率。二则是计算机频繁的重新启动对计算机的硬件是否有影响。小张回家后和自己的弟弟说起这个事情,说自从多安装了一条内存以后出现这个情况。弟弟想了想,说我明天帮你修理。第二天来到单位,弟弟把那个新装的内存条拆了下来。此后,计算机就不再出现自动重启的问题了。原来是增加新设备后,电源供电有些不足,而造成的这一现象。

7.2.5 电源常见故障的处理

1. 开机无反应

【问题描述】 计算机开机后主机反应,电源指示灯未亮。而通常,打开计算机电源后,电源开始工作,可听到电源内散热风扇转动的声音,并看到计算机机箱上的电源指示灯亮起。

【问题处理】 故障分析:可能是如下原因造成的:①主机电源线掉了或没插好;②计算机专用分插座开关未切换到 ON;③接入了太多的磁盘驱动器;④主机的电源烧坏了;⑤计算机遭雷击了。故障处理步骤:重新插好主机电源线;检查计算机专用分插座开关,并确认已切到 ON;关掉计算机电源,打开计算机机箱;将主机板上的所有接口卡和排线全部拔出,只留下连接主板电源,然后打开计算机电源,看看电源供应器是否还能正常工作,或用万用表来测试电源输出的电压是否正常;如果电源供应器工作正常,表明接入了太多台的磁盘驱动器了,电源供应器负荷不了,请考虑换一个更高功率的电源供应器;如果电源供应器不能正常工作或输出正常的电压,表明电源坏了,请考虑更换。

【问题引申】 虽然只有一个表象,但是分析起来不一定就是一个原因,要仔细分析后再做处理。

2. 计算机工作不正常

【问题描述】 计算机开机时硬盘运行的声音不正常,或不定时的重复自检,装上双硬盘后计算机黑屏。

【问题处理】 分析:可能是硬盘或电源有故障。处理步骤:更换一个硬盘,如果故障消失,说明是硬盘的问题;如果故障现象依旧,表明是电源的问题,很可能是因为电源负载能力太差。请更换电源。

【问题引申】 有时候计算机的负载不能太大。

3. 供电不正常

【问题描述】当新接上硬盘、光驱或插上内存条后，屏幕变白而不能正常工作。

【问题处理】可能是因为电源负载能力差，电源中的高压滤波电容漏电或损坏，稳压二极管发热漏电，整流二极管损坏等。故障处理：更换电源。

【问题引申】在购买电源时，最好要比计算机额定功率大 50W～100W。

7.3 键　　盘

键盘是计算机最重要的外部输入设备之一。用户与计算机进行交流，一般是使用键盘向计算机输入各种指令和字符。PC 键盘是从打字机演变而来的，最初的键盘为 84 键，后来出现了 101 键的键盘，101 键的键盘使用时间最长，至今这种键盘还有出售。此后又出现了 104 键的键盘，它和 101 键的键盘相比，多了几个快捷键，用来快速调用 Windows 系统里的菜单。目前，市场上又出现了键数越来越多的多功能键盘，主要提供一些多媒体的功能，如 CD 播放、互联网应用等。

7.3.1 键盘的分类

依据开关接触方式来分键盘可分为以下两类。

1. 触点式键盘

触点式键盘又称机械式键盘，顾名思义，其按键全部为触点式。机械式键盘击键响声大，手感较差，击键时用力较大，容易使手指疲劳，键盘磨损较快，故障率较高，但维修比较容易。早期的键盘几乎全部是机械式键盘。

2. 电容式键盘

目前使用的 PC 键盘，其按键多采用电容式(无触点)开关。这种按键是利用电容器的电极间距离变化产生容量变化的一种按键开关。由于电容器无接触，所以这种键盘在工作过程中不存在磨损、接触不良等问题，耐久性、灵敏度和稳定性都比较好为。为了避免电极间进入灰尘，电容式按键开关采用了密封组装。

电容式键盘具有如下特点：击键声音小、手感较好、寿命较长，但维修起来比较困难。目前使用的 PC 键盘多为电容式键盘。

7.3.2 键盘的结构

一般说来，PC 键盘(见图 7.5)可以分为外壳、按键和电路板三部分。平时只能看到键盘的外壳和所有按键，电路板安置在键盘内部，用户是看不到的。

1. 外壳

键盘外壳主要用来支撑电路板和给操作者一个方便的工作环境。多数键盘外壳上有调节键盘角度的装置。键盘外壳与工作台接触面上装有防滑减震的橡胶垫。许多键盘外壳上还有一个指示灯，用来指示某些按键的功能状态。

第 7 章　机箱电源与键盘鼠标

图 7.5　键盘

　　有的键盘和主机连为一体，键盘和主机的相对位置固定不变，采用这种连接方式的键盘称为固定式键盘，固定式键盘没有自己专用的外壳，而是借用主机的外壳。绝大多数键盘独立于主机之外，通过一根活动电缆与主机相连，因为这种键盘和主机的位置可以在一定范围内移动调整，所以采用这种连接方式的键盘称为活动式键盘。

　　2. 按键

　　印有符号标记的按键安装在电路板上。有的直接焊接在电路板上，有的用特制的装置固定在电路板上，有的则用螺丝固定在电路板上。

　　一般情况下，不同型号的微型机键盘提供的按键数目也不尽相同。因此可以根据按键数目，把 PC 键盘划分为 81 键盘、83 键盘、93 键盘、96 键盘、101 键盘、102 键盘、104 键盘、107 键盘等。对 PC 键盘而言，尽管按键数目有所差异，但按键布局基本相同，共分为 4 个区域，即主键盘区、副键盘区、功能键区和数字键盘区。

　　键盘上的所有按键都是结构相同的按键开关，按键开关分为触点式(机械式)和无触点式(电容式)两类。

　　3. 电路板

　　电路板是整个键盘的核心，主要由逻辑电路和控制电路所组成。逻辑电路排列成矩阵形状，每一个按键都安装在矩阵的一个交叉点上。电路板上的控制电路由按键识别扫描电路、编码电路、接口电路组成。在一些电路板的正面，可以看到由某些集成电路或其他一些电子元件组成的键盘控制电路，反面可以看到焊点和由铜箔形成的导电网络。而另外一些电路板只有制作好的矩阵网络，没有键盘控制电路，而将这一部分电路放到了计算机内部。

7.3.3　键盘选购与维护

　　1. 键盘的选购

　　选购键盘时通常可以从下面几个方面考虑。
　　1) 查看键盘的品质
　　购买键盘时，首先要查看键盘外露部件加工是否精细，表面是否美观。劣质的计算机键盘不但外观粗糙、按键的弹性很差，而且内部印刷电路板工艺也不精良。
　　2) 注意键盘的手感
　　键盘的手感很重要，手感太轻、太软不好；手感太重、太硬则击键响声大。每个人的手感不一样选购时最好亲自用手击键试一试。

123

3) 考虑按键的排列习惯

挑选键盘，应该考虑键盘上的按键排列，特别是一些功能键的排列是否符合自己的使用习惯。一般说来，不同厂家生产的计算机键盘，按键的排列不完全相同。

4) 检查键盘的插头类型

一般 PC 键盘的插头采用 5 芯的标准插头，它可以插入任何类型主板的键盘插座中；有些原装机键盘插头的形状和尺寸较为特别，不能插入到兼容机主板的键盘插座中。而 USB 接口的键盘则是一种较新型接口技术，兼具热插拔优点，目前的计算机的 BIOS 大都已经支持 USB 键盘。

目前，市场上常见的键盘品牌有 BenQ(明基)、Logitech(罗技)等。

2. 键盘的日常维护

键盘是根据系统的设计要求配置的，而且受系统软件的支持和管理，因此有的机型的键盘不许随意更换。此外，更换键盘时，最好在切断计算机电源的情况下进行，且事先应将键盘背面的选择开关置于与机型相应的位置。下面介绍一些使用键盘时需要注意的事项。

(1) 操作键盘时，切勿用力过大，以防按键的机械部件受损而失效。

(2) 注意保持键盘的清洁，键盘一旦有油渍或脏物，应该及时清洗，清洗时可以用柔软的湿布蘸少量洗衣粉进行擦除，然后用柔软的湿布擦净，使用的湿布不要过湿，以免水滴入键盘内部，切勿用酒精清洗键盘，对于电容键盘的故障很多是由于电容极间不洁净导致，如某些键位出现反应迟钝的现象，需要打开键盘内部进行除尘处理。清洗工作应该在断电情况下进行。

(3) 切忌将液体洒到键盘上。因为大多数键盘没有防溅装置，一旦有液体流进，则会使键盘受到损害，造成接触不良、腐蚀电路和短路等故障。如果使大量液体进入键盘，应立即关机断电，将键盘接口拔下。先清洁键盘表面，再打开键盘用吸水布(纸)擦干内部积水，并在通风处自然晾干，充分风干后，再确定一下键盘内部完全干透，方可开机，以免短路造成主机接口的损坏。

(4) 注意防尘和杂物。过多的尘屑会给电路正常工作带来困难，有时甚至造成误操作。杂物落入键的缝隙中，会使按键卡住或造成短路等故障。

(5) 需要拆卸键盘时，应首先关闭电源，再拔下与主机连接的电缆插头。有的键盘壳有塑料倒钩，拆卸时需要格外注意。

7.3.4 键盘常见故障的处理

1. 键盘鼠标插反造成开机黑屏

【问题描述】 对于某些计算机，键盘和鼠标接口插反，会造成开机后黑屏。因为目前的计算机主板，键盘和鼠标的接口都是 PS/2 接口，如果接反了，开机有可能黑屏，但是不会烧坏设备。可以假设主板平放，则鼠标接口在上面，键盘接口在下面。

【问题处理】 解决的方法是在关机后，将键盘和鼠标接口调换回来。

【问题引申】 开机后显示器黑屏还有其他原因导致，这里只是说明键盘和鼠标接反也可能出现这种情况。

2. 键盘的某些按键无法使用

【问题描述】 当敲击某些按键而不能正常工作时，通常是清洗一下键盘的内部就可以解决。这是一种常见的故障，一些按键经常使用，比较容易出现问题。可能是由于键盘太脏，或者按键的弹簧失去弹性，所以需要保持键盘清洁。

【问题处理】 解决的方法是：关机后拆下键盘，将键盘翻转，打开底盘，用棉球蘸无水酒精擦洗按键下与键帽相接的部分。

【问题引申】 在使用计算机时，要注意不要让杂物掉到键盘上。

3. 个别按键不太灵敏

【问题描述】 键盘自检一切正常，而个别按键如用力敲，键入的字符完全正常，但轻轻敲击则无反应。由此可见，键盘接口和电缆没有问题，这些按键同时失灵往往也不是按键本身的故障，很可能是电路故障造成的。

【问题处理】 排除故障时，需要先将键盘拆开，电容式键盘由三层透明塑料膜重叠构成，上下两层分别涂有多条横纵导电条，中间是没有涂导电条的薄膜作为隔离层，但在对应键位的地方开有小孔。这样按下某按键时，上下层塑料膜上的导电条在透孔处接触，即完成该键的输入。此类键盘的灵敏度较高，只要轻触按键即可键入字符。在键盘的右上角有一小块电路板，有一块微处理器和几只电阻、电容及二极管组成。观察个别失灵按键的键位，发现它们处于同一列上，沿着导电层检查，还会发现有断裂处。拆去固定电路板的螺丝，用无水酒精棉球将电路板与导电层接触处擦净，再原样装回。

【问题引申】 这种处理方式不是每一个用户都能够进行，可以向专业维修人员请教。

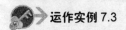运作实例 7.3

为计算机键盘"洗澡"

某家庭计算机使用者雷某购买了一台品牌计算机，计算机自身带着该品牌的键盘与鼠标，计算机的各项性能表现都不错，但是计算机用了一段时间后，感觉键盘按键有较大的粘滞感，不像刚买回来时弹性好，有时候个别按键还不起作用。

雷某怀疑计算机质量有问题，找到了卖给他计算机的销售人员小王。小王仔细检查了键盘与主机的连接和 Windows 系统中键盘的设置，都没有发现问题。最后发现键盘比较脏，缝隙中有不少灰尘、食物渣和头发丝等。于是小王将键盘的各个键帽拆下，用皮老虎将黏附在键盘表面的灰尘和头发丝等吹掉，再用棉球蘸酒精仔细擦洗键盘表面和全部键盘帽。清洗完毕后，用风扇吹干，再把键帽安装回键盘上。

最后把键盘安装到计算机上，感觉和刚买回来的时候一样好用，比较满意。

7.4 鼠 标

除了键盘，鼠标就是平时使用最多的输入设备了。鼠标的历史比键盘短得多，它于 1968 年 12 月 9 日诞生在美国加州斯坦福大学，发明者是 Douglas Englebart 博士。Englebart 博士设计鼠标的初衷就是为了使计算机机的操作更加简便，来代替键盘那烦琐的指令操作。鼠标外形一般是一个小盒子,通过一根导线与主机连接起来,由于其外形像老鼠,故名为鼠标。它通常作为计算机系统中的一种辅助输入设备,可增强或代替键盘上的光标移动键和其他键(如回车键)的功能。使用鼠标可在屏幕上更快速、更准确地移动和定位光标。

7.4.1 鼠标的分类

目前市场上的鼠标产品按照工作原理的不同,可分为机械式鼠标和光学鼠标两大类,其发展趋势是光学鼠标取代机械鼠标,无线鼠标逐步成为主流(目前,明显的传输延时是无线传输的致命弱点)。

1. "机械式"鼠标

机械式鼠标其实指的是"光学机械式鼠标"。光学机械式鼠标的基本原理是由鼠标底部的橡胶球带动 2 根成 90℃水平排列的定位轴,而定位轴的两端连接着光编码器。它由一片有很多狭缝的光栅圆盘以及其两侧的红外光电感应二极管和红外发光二极管组成。当鼠标在桌面上移动时,橡胶滚球会带动光学编码器上的光栅圆盘转动,光电管就会收到通一断一通一断……的信号,微处理器即可根据两组互相垂直的信号及信号的相位差算出鼠标移动的距离与方向。机械式鼠标如图 7.6 所示。

图 7.6　光学机械式鼠标外形及内部结构

2. 光学鼠标

光学鼠标是针对光学机械式鼠标的弱点而改进的产物。翻转任何一只光学鼠标,都可以看到一个小凹坑,里面有一个三棱镜和一个凸透镜。工作时,二极管发出一束很强的红色光线透过棱镜照射到桌面上,移动鼠标时,由光学处理器捕捉桌面不同颜色或凹凸表面的反射变化,从而判断鼠标的运动方向和速度。它的工作原理非常像人的眼睛,与机械式鼠标相比具有许多优点,包括:①非常精确的移动和定位;②更加耐用的非机械零件;③无需清理,性能表现更加稳定;④可在许多不同表面上使用。光学鼠标外观如图 7.7 所示。

图 7.7　光学鼠标外观

7.4.2 鼠标的性能指标

对于普通用户，对鼠标可能要求不高，但如果你属于那些有特殊需求的用户(如 CAD 设计、三维图像处理、超级游戏玩家等)，就要了解鼠标的一些性能指标。

1. 分辨率

分辨率指鼠标内的解码装置所能辨认每英寸长度内的点数。分辨率高表示光标在显示器屏幕上移动定位较准且移动速度较快。分辨率是衡量鼠标移动精确度的标准，分为硬件分辨率和软件分辨率，硬件分辨率反映鼠标的实际能力，而软件分辨率是通过软件来模拟出一定的效果，一般情况下是指硬件分辨率。对于鼠标而言，分辨率越高，其精确度就越高。

2. 手感

如果经常使用计算机，鼠标手感的好坏就显得至关重要了。如果鼠标有设计缺陷(注意：造型漂亮并不意味着设计合理，而一般的家庭用户存在只注意鼠标外形的新、奇，忽略了手感的好坏的情况)，那么当长时间使用鼠标时就感到手指僵硬，难以自由舒伸，手腕关节经常有疲劳感，长此以往将对手部关节和肌肉有一定损伤。符合生理构造外形的鼠标，可以让使用者的手腕更加舒适，避免职业病的发生。好的鼠标应该是具有人体工程学原理设计的外形，握时感觉舒适、体贴，按键轻松而有弹性。衡量一款鼠标手感的好坏，试用是最好的办法：手握时要感觉轻松、舒适且与手掌面贴合，按键轻松而有弹性，移动流畅，屏幕指标定位精确。有些鼠标看上去样子很普通，手感却非常的好，适合手型，握上去也很舒服。

3. 硬件扩展功能

这主要是针对有特殊要求或追求个性的用户来说的。如目前鼠标只需拨动中央滚轮，便可自选速度，阅读文件或网页，免去不断翻页的烦恼，尤其适合长篇阅读，并且，只需拨动中央滚轮，同时按动鼠标，便可随意缩放页面，使烦琐操作变得更为简便。还有一些鼠标通过特制的驱动程序可以定义多种功能。不过，很多鼠标的键数不一定都是真实的键，只是一些装饰性的"空键"；就算是真正具备某种功能的键，也必须有软件的支持才可以发挥实际的功效。

4. 支持鼠标的软件

虽然现在鼠标的功能越来越多了，但前提条件是得有相应软件的支持，才能充分发挥其作用，好而实用的鼠标应附有足够的辅助软件，优质鼠标提供了比操作系统附带的驱动程序功能更强大的驱动程序和配套软件，而且每一键都能让用户重新自定义，能满足各类用户的特殊需求，使用户能够充分利用软件所提供的各种功能，从而充分发挥鼠标的作用。

7.4.3 鼠标的选购

现在市面上鼠标种类和样式很多，价格也从十几元到几百元不等，一般用户，如果对鼠标的要求不太高，普通的二键、三键鼠标的功能完全可以满足日常的工作需要；对于经常上网的人来说，应当考虑选择一个网鼠。所谓网鼠，就是相对于普通鼠标多了一个或两个滚轮按键，在浏览网页或处理文档的时候，只需拨动滚轮即可实现翻页功能，不必再拖动滚动条，十分方便。

至于采用何种接口的鼠标，选择 USB 接口的应该没有太多争议，但由于现在的主板上都配有鼠标的 PS/2 接口，所以选择 PS/2 接口的鼠标也可以。

针对不同的用途，可以选择不同的鼠标。如果经常在网上冲浪或是进行电子书籍的阅读和写作，有滚轮功能的鼠标就比较方便，如果是少儿学计算机，可以选购些造型奇特的鼠标以增加他们的学习兴趣，对于经常使用如 CAD 设计、三维图像处理等的用户，则最好选择专业光电鼠标。或者多键、带滚轮可定义宏命令的鼠标，这种高级的鼠标可以带来操作的高效率(第二代轨迹球、四键带滚轮鼠标等价格偏高)。如果你用的是笔记本电脑，那么可以使用遥控轨迹球，如果工作台上东西比较多，有时会觉得鼠标的"尾巴"很讨厌，那么可以选择无线鼠标。

2. 鼠标的日常维护

鼠标是计算机中使用最频繁的部件之一，在使用过程中应注意日常维护，以提高使用寿命。

1) 光电机械式鼠标的日常维护

光电机械式鼠标中的发光二极管、光敏三极管都是较为脆弱的配件，不能够剧烈晃动和振动，在使用时一定要注意尽量避免摔碰鼠标，或是用力拉扯导线。点击鼠标按键时，也不要用力过度，以免损坏弹性开关。最好给鼠标配备一个好的鼠标垫，既减少了污垢通过橡胶球进入鼠标，又增加了橡胶球与鼠标垫之间的摩擦力，操作起来更加得心应手，还起到了一定的减震作用，以保护光电检测器件。

2) 光电式鼠标的日常维护

使用光电式鼠标时，要特别注意保持感光板的清洁和感光状态良好，避免污垢附着在发光二极管或光敏三级管上，遮挡光线的接收。

7.4.4 键盘及鼠标的安装与拆卸

1. 键盘及鼠标的安装

(1) 判断键盘及鼠标的接口类型。

(2) 根据不同的接口类型插入主机背板不同的插口。其中，PS/2 接口的键盘和鼠标需在关机状态下插入。

需要注意的是，在连接 PS/2 接口鼠标时不能错误地插入键盘 PS/2 接口(当然，也不能把 PS/2 键盘插入鼠标 PS/2 接口)。一般鼠标的接口为绿色、键盘的接口为紫色(图 7.8 和图 7.9)，另外也可以从 PS/2 接口的相对位置来判断：靠近主板 PCB 的是键盘接口，其上方的是鼠标接口。

2. 键盘及鼠标的拆卸

键盘及鼠标的拆卸非常简单，PS/2 接口的键盘鼠标在关机状态下直接拔出即可；而 USB 接口键盘鼠标直接拔出即可，不必关机。

第 7 章 机箱电源与键盘鼠标

图 7.8 主板的两个 PS/2 接口

图 7.9 鼠标和键盘 PS/2 接头

7.4.5 键盘及鼠标常见故障的处理

1. 键盘接触不良引起的系统无法启动

【问题描述】 主要是根据启动的提示信息来判断。

【问题处理】 处理方法是拆下键盘及鼠标后重新安装。原因是主板的键盘插座与键盘之间出现了"松动",导致键盘与主板接触不良,在计算机启动后,检测不到键盘,所以无法启动系统。

【问题引申】 键盘与主板的紧密接触是计算机运行的基础,因此建议用户尽量不要频繁拔插键盘,以免接触松动。

2. 键盘鼠标引起的计算机"黑屏"

【问题描述】 出现"黑屏"的原因一般是主板电路短路引起的,如果键盘鼠标插座短路,就是键盘鼠标引起的计算机"黑屏"。

【问题处理】 原因一般是用户在主机运行过程中,进行 PS/2 接口的键盘鼠标的带电拔插,造成主板电路短路,主板损坏。一般这种情况下可以对主板进行电路维修,或直接更换一只 USB 接口的鼠标。

【问题引申】 虽然目前部分主板对 PS/2 接口的键盘鼠标带电拔插已经有了一定的保护机制。但仍然不能保证做到无损伤,建议关机状态下拔插 PS/2 接口的键盘鼠标。

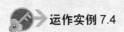
运作实例 7.4

计算机升级后"罢工"

正在某大学就读的大学生高某在寒假过后把家里的计算机带到大学宿舍,顺便更换了一块带巨大散热器的显卡,可是在宿舍里把计算机各个部件连接后通电,计算机并没有正常启动,提示没有安装键盘。但高某把显卡装到室友的计算机上却正常。

高某没有办法,只好把计算机搬到学校的"计算机维修中心"让计算机系的学生给自己维修一下,计算机维修中心的同学在仔细查看后，把显卡安装在另一个插槽上，然后开机，一切正常了。高某百思不得其解，维修中心的同学解释可能是计算机在散热器硕大身躯的压力下，主板难以承受重负产生形变，导致键盘与主板的接口有可能接触不良，因此导致计算机开机后检测不到键盘，从而导致计算机无法正常启动。

7.5 实训——电源的安装与拆卸

一、实训目的

本章通过实训，使学员掌握电源的安装与拆卸。

二、实训内容

(1) 电源的安装。
(2) 电源的拆卸。
(3) 常见电源故障处理。

三、实训过程

1. 电源的安装

分析
在机箱内部和外部反复练习电源的安装。

实训要求
正确地安装电源，要求学员要反复的安装电源，直到熟练为止。

实训步骤
(1) 先将机箱的侧面板打开。
(2) 将电源有风扇的一侧对着机箱上的电源孔放入电源托架中，注意电源线一侧应靠近主板，以便连接。
(3) 托起电源使机箱和电源的螺钉孔对应起来，然后从机箱背面把电源 4 个角上的螺丝孔拧上螺钉。注意开始不要把螺钉拧得太紧，以便于随时调整电源的位置，待螺钉全部拧上后，再逐个拧紧。
(4) 最后用手扳动电源，看看是否安装稳妥。

2. 电源的拆卸

分析
在机箱内部和外部反复练习电源的拆卸。

实训要求
正确地拆卸电源，要求学员要反复的拆卸电源，直到熟练为止。

实训步骤
(1) 先将机箱的侧面板打开。

(2) 将与机箱连接的电源的四个螺丝拧开放下。

(3) 将电源取出。

3. 电源常见故障的处理

分析

根据常见电源案例，仔细分析，逐步确认，积累经验，同时保持创新的精神，不固守原有的思维习惯和方式，锻炼学员独立处理问题的能力。

实训要求

根据常见案例，细心体会，反复揣摩。

实训步骤

(1) 仔细阅读本章的引例。

(2) 如有可能设置引例的环境进行模拟。

(3) 根据引例，写出处理步骤。

四、实训总结

通过本章的实训，学员应该能够熟练掌握安装与拆卸电源，可以针对计算机使用过程中出现的与电源相关的问题作出及时的处理。

本 章 小 结

本章首先介绍了机箱电源与键盘鼠标的基础知识；其次讲解了机箱电源与键盘鼠标的技术指标和选购；接着讲解了机箱电源与键盘鼠标的安装与维护；最后安排了技能实训，以强化技能练习。

本章的重点是键盘及鼠标的安装与维护。

本章的难点是电源常见故障的处理。

习 题

一、理论习题

1. 填空题

(1) 机箱分为(　　)、(　　)和(　　)。

(2) 电源按照技术规格可以分为(　　)、(　　)和(　　)。

(3) 键盘及鼠标按照接口类型分为(　　)和(　　)。

(4) 键盘及鼠标按照定位方式可以分为(　　)和(　　)。

(5) PS/2 键盘及鼠标的引脚是(　　)针。

2. 简答题

(1) 选购机箱时应该注意哪些问题？
(2) 选购电源时应该注意哪些问题？
(3) 电源的故障主要有哪些，如何处理？
(4) 简述计算机键盘及鼠标安装的步骤。
(5) 简述键盘及鼠标的性能指标。

二、实训习题

1. 操作题

(1) 识别不同类型的机箱。
(2) 识别不同类型的电源。
(3) 演练电源常见故障的处理。
(4) 识别 PS/2 键盘及鼠标和 USB 键盘及鼠标。
(5) 反复练习键盘及鼠标的安装与拆卸。

2. 综合题

(1) 某科研单位的员工邱某购买了一条内存，安装到他的计算机后，机器工作不正常，经常重新启动，结合所学知识，为邱某处理这一问题。

(2) 某科研单位的员工傅某购买了一台品牌笔记本电脑，计算机自身带着正版的"Windows Vista"操作系统，计算机的各项性能都不错，就是感觉鼠标速度稍微慢些，而且玩 3D 游戏时经常"天旋地转"，经单位的计算机工程师王工的指点，需要更换更高配置的光电鼠标，请为傅某选购光电鼠标。

第 8 章 其他外设

教学提示：
- 识别打印机和扫描仪的种类
- 掌握打印机的安装
- 了解打印机的性能指标
- 掌握打印机的故障处理
- 了解其他外设

教学要求：

知 识 要 点	能 力 要 求	相关及课外知识
打印机和扫描仪的种类	能够正确识别常见的打印机和扫描仪	了解税控打印机
打印机的性能指标	了解打印机的主要技术指标	了解一体机的技术参数
打印机的安装与拆卸	掌握打印机的安装与拆卸	了解传真机的使用
打印机常见故障的处理	掌握打印机常见故障处理的方法	复印机常见故障的处理

引例

请关注并体会以下与打印机有关的现象：

(1) 某单位的工程师李某的打印机为某品牌打印机，打印效果很好，可是最近一段时间，出现了一个奇怪的现象，打印机不管什么文件，纸上总是出现乱码。

(2) 某学校的教师小李买了一台喷墨打印机，平时将网上有用的学习资料都打印出来，但几天前，打印机突然不能正常打印了，虽然打印纸可以正常进出打印机，但进去的白纸出来还是白纸，不能打印出任何的东西。

本章重点讨论与打印机的基础知识及打印机在使用过程中遇到的问题。通过本章的学习，了解打印机的基本情况，选购一款合适的打印机并能安装到计算机中，还能针对打印机使用过程中出现的问题作出及时的处理。

8.1 打印机的基础知识

打印机是计算机主要的输出设备。随着信息社会的发展，其普及率在迅速提高。打印机的主要任务就是接受主机传送来的信息，并根据主机的要求将各种文字、图形、信息通过打印头或打印装置印到纸上，用户可随时控制打印机的启动、停止等操作。

8.1.1 打印机的分类

打印机的种类很多，其分类方法也很多。有按工作原理分的；按打印输出方式分的；按行业分的；按用途分的；按价格分的等。

一般来讲，按工作原理分来分，打印机有针式打印机、喷墨打印机和激光打印机三种。

1. 针式打印机

针式打印机(图 8.1)也叫点阵式打印机，它通过机器与纸张的物理接触来打印字符或图形。针式打印机结构简单、技术成熟、性价比好、耗材费用低，但噪声较高、分辨率较低、打印针易损坏。现在的针式打印机普遍是 24 针打印机。所谓针数是指打印头内的打印针的排列和数量。针数越多，打印的质量就越好。

图 8.1 针式打印机

2. 喷墨式打印机

喷墨式打印机(图 8.2)的打印头是由几百个细微的喷头构成的,因此它的精度比针式打印机高。当打印头移动时,喷头按特定的方式喷出墨水,喷到打印纸上,形成图样。其主要特点是无噪声,结构轻而小,清晰度高。

图 8.2　喷墨打印机

3. 激光打印机

激光打印机(图 8.3)的打印质量位居打印机之首。激光打印机使用激光扫描光敏旋转磁鼓,磁鼓通过碳粉,将碳粉吸附到感光区域,再由磁鼓将碳粉附在打印纸上,最后通过加热装置,使碳粉熔化在打印纸上。

图 8.3　激光打印机

8.1.2　打印机的应用

在很长的一段时间内,针式打印机曾经占有着重要的地位,其发展从 9 针到 24 针,再到今天基本退出打印机的历史舞台,可以说针式打印机已经有了几十年的历史。针式打印机之所以在很长的一段时间内能流行不衰,这与它相对低廉的价格、极低的打印成本和很好的易用性分不开的。当然，它的打印质量低、工作噪声大也是它无法适应高质量、高速度的商用打印需要的根源，所以现在只有在银行、超市等用于票单打印等地方才能看见它的踪迹。

彩色喷墨打印机有着打印效果好与价格低的优点，因而占领了广大中低端市场。此外喷墨打印机还具有灵活的纸张处理能力，在打印介质的选择上，喷墨打印机也具有一定的优势，它既可以打印信封、信纸等普通介质，还可以打印各种胶片、照片纸、卷纸、T 恤转印纸等特殊介质。

激光打印机分为黑白和彩色两种，它为用户提供了更高质量、更快速、更低成本的打印方式。虽然激光打印机的价格要比喷墨打印机昂贵，但从单页的打印成本上讲，黑白激光打印机则要便宜很多。而彩色激光打印机的价位很高，几乎都要在万元以上，很难被普通用户接受。

除了以上三种最为常见的打印机外，还有热转印打印机和大幅面打印机等几种应用于专业方面的打印机机型。热转印打印机是利用透明染料进行打印的，它的优势在于专业高质量的图像打印方面，可以打印出近于照片的连续色调的图片来，一般用于印前及专业图形输出。大幅面打印机，它的打印原理与喷墨打印机基本相同，但打印幅宽一般都能达到 24 英寸(61cm)以上。它的主要用途一直集中在工程与建筑领域。

不过，目前市面上流行的多数是多功能一体机，它一般同时具有打印、复印、扫描、传真等多种功能。

8.1.3 打印机的技术指标

打印机性能的好坏直接关系到打印文档的效果，因此在选购打印机时，需要先了解打印机的相关技术指标。

1. 打印机的技术指标

1) 打印分辨率

打印分辨率是判断打印机好坏的一个很直接的依据，也是衡量打印机输出质量的重要参考标准。打印分辨率是指打印机在指定打印区域中，可以打出的点数。打印分辨率一般包括纵向和横向两个方向，它的具体数值大小决定了打印效果的好坏。一般情况下，激光打印机在纵向和横向两个方向上的输出分辨率几乎是相同的，但也可以进行调整控制；而喷墨打印机在纵向和横向两个方向上的输出分辨率相差很大，一般情况下喷墨打印机分辨率就是指横向喷墨表现力。

目前，主流激光打印机的打印分辨率为 600dpi×600dpi，更高的可以达到 1 200dpi× 1 200dpi。而喷墨打印机的分辨率有 600dpi×1 200dpi、1 200dpi×1 200dpi、2 400dpi× 1 200dpi 这几种。一般来说，打印分辨率越高的话，图像输出效果就越逼真。

2) 打印速度

打印速度是指打印机每分钟可输出多少页面，通常用 ppm 或 ipm 来衡量。ppm 通常用来衡量非击打式打印机输出速度，打印速度有两种说法，一种类型是指打印机可以达到的最高打印速度，另外一种类型就是打印机在持续工作时的平均输出速度。ipm(images per minute)意思是"每分钟图像数"。

目前激光打印机市场上，普通产品的打印速度可以达到 10～35ppm，而那些高价格、好品牌的激光打印机打印速度在 35～80ppm 之间。不过，激光打印机的最终打印速度还可能受到其他一些因素的影响，比方说激光打印机的数据传输方式、激光打印机的内存大小、激光打印机驱动程序和计算机 CPU 性能，都能影响到激光打印机的打印速度。

对于喷墨打印机来说，ppm 值通常表示的是该打印机的最大处理速度，而实际打印过程中，喷墨打印机所能达到的数值通常会比说明书上提供的 ppm 值小一些。影响喷墨打印速度的最主要因素就是喷头配置，特别是喷头上的喷嘴数目，要是喷头的数量越多的话，那么喷墨打印机完成打印任务需要的时间就越短。

3) 打印成本

由于打印机不属于一次性资金投入的办公设备，因此打印成本自然也就成为用户关注的指标之一。打印成本主要考虑打印所用的纸张、墨盒和墨水的价格以及打印机折旧损耗等。所以在选择打印机时，从长计议，不能片面追求打印成本的低廉，而去使用那些伪劣的打印耗材，这样做表面上是节省了打印成本，实际上会给打印机的寿命带来潜在的危险。

4) 打印幅面

不同用途的打印机所能处理的打印幅面是不相同的。正常情况下，打印机可以处理的打印幅面一般是 A4 和 A3 两种；对于个人家庭用户或者规模较小的办公用户来说，使用 A4 幅面的打印机就绰绰有余了；对于需要处理大幅面的办公用户来说，可以考虑使用 A3 幅面的打印机。而那些有着专业输出要求的打印用户，例如工程晒图、广告设计等，就需要考虑使用 A2 或者更大幅面的打印机。

5) 打印接口

该指标是间接反映打印机输出速度快慢的一种辅助参考标准，打印机的接口类型主要有并行接口、SCSI 接口和 USB 接口。并行接口的打印几乎已经淘汰，SCSI 接口的打印机由于利用专业的 SCSI 接口卡和计算机连接在一起，能实现信息流量很大的交换传输速度，从而能达到较高的打印速度。不过 SCSI 接口的打印机要安装在专用的 SCSI 插槽上，这是一般计算机没有的，因此这种接口类型的打印机适用范围不是很广。而 USB 接口的打印机不但输出速度快，而且还支持即插即用功能，因此是目前主流的打印机。

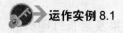
运作实例 8.1

打印机乱码

某单位办公室的打字员小张的打印机购买有一年多了，一直使用正常，但自从几天前一个同事使用 U 盘在他的计算机上打印文档后，他的打印机就无法正常打印了，显示的全是乱码，这样一来，就给小张带来了很多麻烦。办公室的小李得知了这个情况，自告奋勇进行修理。既然打印机可以打印只是显示乱码，说明打印机在硬件方面没有故障，引起这种现象的很有可能是打印机驱动程序发生了错误，或者系统中染上了病毒。

于是小李使用杀毒软件对小张的计算机进行了杀毒，然后又重新安装了打印机的驱动程序。小张的打印机又可以正常打印了。

2. 打印机的品牌

在选购打印机时，还应注意打印机的生产商，目前家用喷墨打印机的四大品牌分别是惠普、爱普生、和利盟，并且多功能一体机逐步成市场的主体。除此之外，还有三星、联想、富士施乐、戴尔、柯尼卡美能达和松下等，用户在选购时应注意。

8.1.4 打印机的安装与维护

打印机性能的好坏直接关系到打印文档的效果，因此需要正确地进行安装，在使用过程中需要及时地维护。

1. 打印机的安装

1) 打印机的安装

(1) 连接打印机电源。

(2) 打印机数据线连接到计算机。

(3) 安装打印机驱动程序。

(4) 打印测试页。

2) 打印机的保养(以喷墨打印机为例)

(1) 不经常使用的喷墨打印机，至少每一星期开机一次，以免打印头因干枯而堵塞。

(2) 用喷墨打印机的环境最忌灰尘，要保持清洁的打印工作环境，同时打印纸务必保持表面无尘、干燥，否则灰尘进入机内极易使打印头堵塞。因此，要养成定期清洗打印头的习惯。

(3) 打印机内必须保证安装有充足墨水的墨盒，墨盒无墨后，即使不使用也应立即更换，否则打印头会在空气中干枯而堵塞。

(4) 墨盒一旦装上打印机，不要轻易将其取下，因为取下墨盒会使空气进入墨盒的出墨口，再装机后这部分空气会被吸入打印头而使打印出现空白，并对打印头造成严重的损坏。

(5) 打印机在连续打印 1 小时后，应休息 15 分钟，以保证打印效果及延长打印机的寿命。

(6) 一定要先关掉打印机后再断开打印机电源，一旦出现断电，请及时将打印头回复到停机待命位置，以避免打印头喷嘴干枯造成堵头而形成永久损坏。

(7) 如果出现异常情况，请不要让打印机继续工作，按一般处理方法，仍不能解决，请咨询有关专业人员处理。

2．打印机常见故障的处理

1) 打印乱码

【问题描述】 与本章开头引例(1)所描述的情形相似。

【问题处理】 原因是打印机驱动程序发生了错误，或者系统中染上了病毒。处理方法是使用最新的杀毒软件杀毒，然后重新安装最新的驱动程序。

【问题引申】 要正确安装打印机的驱动程序，不同打印机的驱动程序不能互相使用。

2) 打印墨迹稀少或没有墨迹

【问题描述】 与本章开头引例(2)所描述的情景相似。

【问题处理】 原因是由于打印机长期未用或其他原因，造成墨水输送系统障碍或喷头堵塞。处理方法是如果喷头堵塞得不是很厉害，那么直接执行打印机上的清洗操作即可。如果多次清洗后仍没有效果，则可以取下墨盒，把喷嘴放在温水中浸泡一会，装上后再进行几次打印机上的清洗操作就可以了。

【问题引申】 不经常使用的喷墨打印机，至少每一星期开机一次，以免打印头因干枯而堵塞。

8.2 扫描仪的基础知识

扫描仪是计算机的外部设备，它是一种通过捕获图像并将之转换成计算机可显示、编辑、储存和输出的数字化输入设备。对照片、文本页面、图纸、美术图画、照相底片、菲林软片，甚至纺织品、标牌面板、印制板样品等三维对象都可作为扫描对象。

8.2.1 扫描仪的分类

扫描仪可分为三大类型：笔式扫描仪、滚筒式扫描仪和平面扫描仪。

笔式扫描仪扫描宽度大约与四号汉字相同，使用时，贴在纸上一行一行的扫描，主要用于文字识别。但近几年随着科技的发展，笔式扫描仪可以扫描 A4 幅度大小的纸张，最高可达 400dpi，不但可以扫描黑白的，还可以扫描彩色照片，名片等。

滚筒式扫描仪一般使用光电倍增管 PMT(Photo Multiplier Tube)，因此它的密度范围较大，而且能够分辨出图像更细微的层次变化。

平面扫描仪(图 8.4)使用的则是光电耦合器件 CCD(Charged Coupled Device)故其扫描的密度范围较小。CCD(光电耦合器件)是一长条状有感光元器件，在扫描过程中用来将图像反射过来的光波转化为数字信号，平面扫描仪使用的 CCD 大都是具有日光灯线性陈列的彩色图像感光器。

图 8.4 平面扫描仪

8.2.2 扫描仪的技术指标

与打印机一样，扫描仪的技术也在日新月异地发展着，且越来越人性化。下面从选购时需要注意的参数和扫描仪的技术指标进行介绍。

1. 光学分辨率

光学分辨率是扫描仪最重要的因素，扫描仪有两种分辨率，即最大分辨率和光学分辨率，直接关系到平时使用的就是光学分辨率，扫描仪分辨率的单位正确地讲应当是 ppi，但也通常称为 dpi。ppi 是指每英寸的像素数，一般使用横向分辨来判定扫描仪的精度，因为纵向分辨率可通过扫描仪的步进电机来控制，而横向分辨率则完全由扫描仪的 CCD 精度来决定。较早时期，扫描仪的光学分辨率为 300dpi，1999 年之后为 600dpi，2000 年以后逐步过渡到 1 200dpi，而现在，主流扫描仪的光学分辨率已经到了 2 400dpi。因此，现在购买 2 400dpi 光学分辨率的扫描仪就可以了。

2. 扫描方式

扫描方式主要是针对感光元件来说的，感光元件也叫扫描元件，它是扫描仪完成光电转换的部件。目前市场上扫描仪所使用的感光器件主要有四种。电荷耦合元件 CCD、接触式感光器件 CIS、光电倍增管 PMT 和互补金属氧化物导体 CMOS。目前市场上的扫描仪可分为 CCD(光电耦合感应器)扫描仪和 CIS(接触式图像扫描)扫描仪，前者通过镜头聚焦到 CCD 上，将光信号转换成电信号成像，后者紧贴扫描稿件表面进行接触式的扫描。比较两种扫描方式，可以看到作为接触式扫描器件 CIS 景深较小，对实物及凹凸不平的原稿扫描效果较差；CCD 扫描仪通过镜头聚焦到 CCD 上直接感光，因此它的景深较 CIS 扫描仪大的多，可以十分方便地进行实物扫描。所以现在选购扫描仪多是选择 CCD 的。

3. 色彩位数

色彩位数是扫描仪所能捕获色彩层次信息的重要技术指标，高色彩位可得到较高的动态范围，对色彩的表现也更加艳丽逼真。色位是影响扫描效果的色彩饱和度及准确度的。色位的发展很快，从 8bit 到 16bit，再到 24bit，又从 24bit 到 36bit、48bit。这与对扫描的物件色彩还原要求越来越高是直接关联的，因此，色位值越大越好。虽然目前市场上的家用

第 8 章 其他外设

扫描仪多为42bit(36bit还将继续存在)，但48bit的扫描仪正在逐渐成为主流产品。

4. 接口类型

扫描仪的接口是指扫描仪与电脑主机的连接方式，发展是从SCSI接口到EPP(Enhanced Parallel Port)接口技术，而如今都步入了USB时代，并且多是2.0接口的。目前，USB接口已经成为公认的标准。

5. 软件及其他

扫描仪软件包括图像类、OCR类和矢量化软件等，OCR是目前扫描仪市场比较重要的软件技术，它实现了将印刷文字扫描得到的图片转化为文本文字的功能，提供了一种全新的文字输入手段，大大提高了用户工作的效率，同时也为扫描仪的应用带来了进步。

8.3 数码相机的基础知识

数码相机是一种利用电子传感器把光学影像转换成电子数据的照相机。与普通照相机在胶卷上靠溴化银的化学变化来记录图像的原理不同，数字相机的传感器是一种光感应式的电荷耦合或互补金属氧化物半导体。在图像传输到计算机以前，通常会先储存在数码存储设备中。

8.3.1 数码相机的分类

根据用途不同可以将数码相机简单分为：卡片相机(图8.5)、单反相机(图8.6)和长焦相机。单反数码相机指的是单镜头反光数码相机，这是单反相机与其他数码相机的主要区别。卡片数码相机在业界内没有明确的概念，仅指那些小巧的外形、相对较轻的机身以及超薄时尚的数码相机。

图 8.5 卡片数码相机

图 8.6 单反数码相机

8.3.2 数码相机的技术指标

1. CCD

CCD(Charged Coupled Device，电子耦合组件)就像传统相机的底片一样，是感应光线的电路装置，可以将它想象成一颗颗微小的感应粒子，铺满在光学镜头后方，当光线与图像从镜头透过、投射到CCD表面时，CCD就会产生电流，将感应到的内容转换成数码资料储存起来。CCD像素数目越多、单一像素尺寸越大，收集到的图像就会越清晰。因此，尽管CCD数目并不是决定图像品质的唯一指标，仍然可以把它当成相机等级的重要标准之一。

2. 像素数

数码相机的像素数包括有效像素(Effective Pixels)和最大像素(Maximum Pixels)。与最大像素不同的是，有效像素数是指真正参与感光成像的像素值，而最高像素的数值是感光器件的真实像素，这个数据通常包含了感光器件的非成像部分，而有效像素是在镜头变焦倍率下所换算出来的值。数码相机的像素数越大，所拍摄的静态图像的分辨率也越大，相应地一张图片所占用的空间也越大。

3. 变焦

所谓的变焦能力包括光学变焦(Optical Zoom)与数码变焦(Digital Zoom)两种。两者虽然都有助于在远距离拍摄时放大远方物体，但是只有光学变焦可以支持在图像主体成像后，增加更多的像素，让主体不但变大，同时也相对更清晰。通常，变焦倍数越大越适合用于远距离拍摄。光学变焦同传统相机设计一样，取决于镜头的焦距，所以分辨率及画质不会改变。数码变焦只能将原先的图像尺寸裁小，让图像在液晶屏幕上变得比较大，但并不会使图像更清晰。

在选购数码相机时应注意生产商，著名的数码相机生产商有索尼、佳能、尼康、奥林巴斯、三星、柯达、松下和卡西欧等，用户在选购时可根据需要选择。

8.4 多功能一体机

多功能一体机简单地说就是集传真、打印与复印等功能为一体的机器。其图像是通过油墨形成的，而不同于复印机是通过碳粉形成。

8.4.1 多功能一体机的分类

一体机品种繁多，机型纷杂，结构各异，目前尚无较统一的分类方法。根据一体机的基本原理、结构形式、母版种类、上版方式等，可大致分为以下几类。

(1) 根据基本原理分胶版速印机、孔版速印机和酒精速印机。胶版速印机，即胶印机，

第8章 其他外设

使用专用氧化锌版纸或其他光敏涂层版纸，利用胶印原理，采用直接/间接式静电复印法或照相法制版。孔版速印机，即油印机，使用热敏蜡纸，利用油印原理，采用手刻、热刻或电子打扫法制版。酒精速印机，使用染料涂层碳纸做母版，利用酒精将母版上的染料转印到复印纸上。

(2) 根据结构形式分落地式和台式。落地式功能齐全，自动化程度高，复印幅面大；台式体积小，重量轻，噪声低。

(3) 根据母版种类分版纸类、蜡纸类和染料涂层碳纸类。

(4) 根据上版方式分手动式、自动式和数字全动式。数字全动式又称为一体机，上版方式为自动卸版、制版、挂版、印刷。

(5) 根据用途分办公用数码复印机、彩色数码复印机和智能数码复印机。智能数码复印机具有计算机接口，能将计算机输出的信息直接制版进行速印，不需要打印后再复印。

8.4.2 多功能一体机的特点

一体机具有分辨率高、油墨特殊、消耗功率低等特点，具体如下。

(1) 分辨率：通过热敏头，可在高科技材料蜡纸的聚酯胶片上，每英寸长度内可熔穿400个点(小孔)，并可在每12点的长度内制出4个字，具有每英寸300～400点的高分辨率和高灵敏度。

(2) 油墨：一体机所用的油墨不同于普通油墨，它由乳化剂将墨、水、油三者由里至外组成颗粒，成为速干油墨。一旦制版完成，就可用数量不多的油墨，印刷几千份纸张。

(3) 消耗功率：机器在等待状态下不需要保持测试或预热，这也节省了能量的消耗，在印刷状态下最大功率消耗仅为220W，而一般的中型复印机要消耗1 500W左右的功率。

8.5 实训——打印机的安装与故障处理

一、实训目的

通过实训，使学员掌握打印机的安装与拆卸。

二、实训内容

(1) 打印机的安装。
(2) 常见打印机故障处理。

三、实训过程

1. 打印机的安装

分析

要掌握打印机的安装，需要反复地练习。

实训要求

正确地安装打印机,要求学员要反复的安装打印机,直到非常熟练为止。

实训步骤

(1) 判断打印机的接口与计算机是否相同。

(2) 连接计算机与打印机。

(3) 安装打印机驱动程序。

(4) 打印测试页。

2. 打印机常见故障的处理

分析

根据打印机常见案例,仔细分析,逐步确认,积累经验,同时保持创新的精神,不固守原有的思维习惯和方式,锻炼学员独立处理问题的能力。

实训要求

根据常见案例,细心体会,反复揣摩。

实训步骤

(1) 仔细阅读本章的引例。

(2) 如有可能设置引例的环境进行模拟。

(3) 根据引例,写出处理步骤。

四、实训总结

通过本章的实训,学员应该能够熟练掌握安装打印机,可以针对计算机使用过程中出现的与打印机相关的问题作出及时的处理。

本 章 小 结

本章首先介绍了打印机的基础知识;其次是介绍了打印机的技术指标和选购;然后讲解了打印机的安装与维护;接着介绍了扫描仪的基本知识和技术指标;最后安排了技能实训,以强化技能练习。

本章的重点是打印机的安装与维护。

本章的难点是打印机常见故障的处理。

习 题

一、理论习题

1. 填空题

(1) 目前常见打印机可以分为(　　)、(　　)和(　　)。

第8章 其他外设

(2) 常见扫描仪可分为(　　)、(　　)和(　　)。
(3) 数码相机可分为(　　)、(　　)和(　　)。

2. 判断题

(1) 我们一般所说的激光打印机不需要使用墨就直接可以打印。　　(　　)
(2) 针式打印机除了可以打印普通纸张外，还可以打印票据等特殊纸张。(　　)

3. 简答题

(1) 简述打印机安装的步骤。
(2) 简述打印机的性能指标。

二、实训习题

操作题

(1) 识别不同的打印机。
(2) 反复练习打印机的安装。
(3) 演练打印机常见故障的处理。

第 9 章 计算机的组装

教学提示：
- 识别主机内部的各种部件
- 掌握主机内部的各种部件的安装方法
- 掌握计算机各种部件安装的顺序
- 掌握计算机组装的故障处理

教学要求：

知 识 要 点	能 力 要 求	相关及课外知识
主机内的各种部件	能够正确识别主机内的各种部件	了解部件接口类型
各种部件的安装方法	掌握主机内各种部件的安装方法	各种部件的安装方法
计算机组装常见故障的处理	掌握计算机组装常见故障处理的方法	计算机组装常见故障的处理

第 9 章 计算机的组装

 引例

请关注并体会以下计算机组装有关的现象：

(1) 某单位的小李新组装了一台计算机，但计算机启动时，内存容量有时显示为 256MB，有时显示为 512MB。

(2) 某学校的教师王某从电脑城买了计算机的各种部件，自己在家里动手组装计算机。用了不长的时间自己就完成了计算机的组装，但计算机开机后不久，就不断自动重启。

本章重点讨论计算机组装的基础知识及在组装过程中遇到的问题。通过本章的学习，了解计算机组装的基本步骤，针对组装使用过程中出现的问题作出及时的处理。

9.1 计算机组装前的准备

一台计算机分为主机和外设两大部分，装机时重点是安装主机部分。而主机中，又以主板为中心，因此在安装时，要先阅读主板说明书。

1. 计算机组装前的注意事项

组装计算机前要注意以下事项。

(1) 防止人体所带静电对电子器件造成损伤。在安装前，先消除身上的静电，比如用手摸一摸自来水管等接地设备；如果有条件，可配戴防静电环。

(2) 对各个部件要轻拿轻放，不要碰撞，尤其是硬盘。

(3) 安装主板一定要稳固，同时要防止主板变形，不然会对主板的电子线路造成损伤。

2. 计算机组装前的准备

组装计算机前要做好以下准备工作。

(1) 准备一张专用的工作台。

(2) 计算机设备对静电和接地的要求比较高，因此，组装前要检查市电电源是否有接大楼地线的三线插座。人体一般都带有静电，为防止人体静电损坏 CPU 等部件，一般要准备防静电手环，没有防静电手环的也可以在组装前，将手在水管上摸一摸，或用水洗手以尽量释放人体所带的静电。

(3) 目前计算机主机的电源线一般使用美国标准的品字型三角插头，如果没有这类插座，应准备一个有品字型三角插头的专用接线板。

(4) 认真阅读各部件的使用说明书。要特别重视注意事项、配置方法、安装方法、附带软件的安装要求等。

(5) 将全部电源插头、插座与市电断开。在任何情况下都不允许带电拔机内的部件。

(6) 对主板进行跳线、安装 CPU 和内存时，最好在主板的焊接面垫上一张抗静电的海绵(一般主板包装盒内带有这种海绵)。

(7) 准备各种规格的螺丝刀，包括十字螺丝刀和一字螺丝刀。最好是小号和中号的螺丝刀各一把。主要用于固定或拆卸各种部件的螺丝。

(8) 尖嘴钳。用于夹住螺帽或拧紧螺丝。

(9) 简单的指针式万用表、可用于测量输出电压、交流供电情况。

(10) 手电筒。用于照明部件中看不清的标注或光线弱的位置。

(11) 防静电手环。安装主板、CPU 和内存等部件时用于防止人体静电损坏器件。

3. 计算机组装顺序

对于初次组装计算机的操作者,应对硬件和说明书进行反复研究。在思想上对整个装机的操作规划和组装计算机的流程有非常清晰的了解后才能动手。

计算机组装的核心是主机部分的组装,其组装方法基本相同,步骤如下。

(1) 摆放好全部配件,清理工作台面,将螺丝等小零件存放在容器内。

(2) 准备好机箱,打开机箱盖,检查并装好电源。

(3) 在主板上装好 CPU,并将 CPU 风扇安装好。

(4) 将内存条安装到主板上。

(5) 将主板固定在机箱中。

(6) 将电源安装在机箱中,并将电源插头连接到主板上。

(7) 把硬盘、光驱安装到机箱支架上。

(8) 将机箱面板上的各种连线连接到主板相应的插针上。

(9) 连接硬盘和光驱的电源线插头以及数据线插头

(10) 把显卡、声卡以及网卡安装到主板上。

(11) 合上机箱盖。

(12) 连接显示器的信号线和电源线。

(13) 连接鼠标和键盘。

(14) 通电测试。

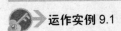
运作实例 9.1

计算机无故重启

某单位办公室的打字员小张准备自己组装一台计算机。于是自己去电脑城买了各种计算机的部件,拿回家进行组装。安装完成后,开机,过了一会计算机就无故自动重启,弄了半天也没有解决问题。

于是小张找到了精通计算机硬件的表哥,表哥首先检查了主机内的各个部件,都安装正确没有问题。然后将新的电源安装后运行了一段时间,没有出现重启现象。

9.2 计算机硬件组装

准备好一张较大的桌子,CPU、内存、显卡、硬盘、光驱、机箱、电源和显示器等摆放在桌面上。各方面准备就绪后就可以根据装机步骤进行组装了。

9.2.1 安装主板上的相关部件

1. 安装 CPU 和 CPU 散热器

(1) 在主板下面垫上泡沫塑料，平放在工作台上。

(2) 适当用力向下微压固定 CPU 的压杆，同时用力往外推压杆，使其脱离固定卡扣，如图 9.1 所示。将固定处理器的盖子与压杆向反方向提起，如图 9.2 所示。

图 9.1 提起 CPU 插槽压杆

图 9.2 打开 CPU 插槽盖子

(3) 将 CPU 按正确的方向放入插座中，如图 9.3 所示。在安装时，注意处理器上印有三角标识的那个角要与主板上印有三角标识的那个角对齐，如图 9.4 所示，然后慢慢地将处理器轻压到位。

(4) 将 CPU 安放到位以后，盖好扣盖，如图 9.5 所示，并用微力扣下处理器的压杆。此时 CPU 便被稳稳的安装到主板上，如图 9.6 所示。

图 9.3 安装 CPU

图 9.4 CPU 主板上的三角标志

图 9.5 扣上 CPU 盖子

图 9.6 安装后的 CPU

(5) 将 CPU 风扇放在 CPU 上，如图 9.7 所示。

图 9.7 安装 CPU 风扇

第9章 计算机的组装

安装散热器前,先要在 CPU 表面均匀地涂上一层导热硅脂(很多散热器在购买时已经在底部与 CPU 接触的部分涂上了导热硅脂,这时就没有必要再在处理器上涂一层)。保证 CPU 产生的热量能及时而高效地传导给散热器。

(6) 固定好散热器后,找到主板上散热器电源的接口,将散热器电源插头插好,如图 9.8 所示。

图 9.8　连接 CPU 风扇电源插头

9.2.2　安装内存条

在内存成为影响系统整体系统的最大瓶颈时,双通道的内存设计大大解决了这一问题。因此在选购内存时建议尽量选择两根同规格的内存来搭建双通道。不过搭建双通道首先要确认主板是否支持双通道,方法是查看主板的内存插槽,其插槽一般采用两种不同颜色来区分,如图 9.9 所示。

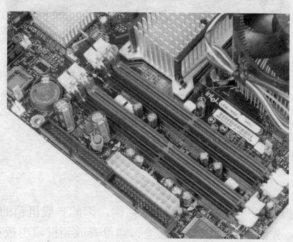

图 9.9　双通道内存插槽

搭建双通道内存条,只要将两条规格相同的内存条插入到相同颜色的插槽中(如图 9.10 所示),即启用了双通道功能。

图 9.10 安装完成的双通道内存条

安装内存时，先用手将内存插槽两端的扣具打开，然后将内存平行放入内存插槽中(内存插槽也使用了防呆式设计，反方向无法插入，在安装时可以对应一下内存与插槽上的缺口)，用两拇指按住内存两端轻微向下压，听到"啪"的一声响后，即说明内存安装到位，如图 9.11 所示。

图 9.11 安装内存条

9.2.3 机箱内部件的安装

1. 安装主板

目前，大部分主板板型为 ATX 或 MATX 结构，因此一般机箱的设计都符合这两种标准。在安装主板之前，先装机箱提供的主板垫脚螺母安放到机箱主板托架的对应位置(有些机箱购买时就已经安装)。

(1) 双手平行托住主板，将主板放入机箱中，如图 9.12 所示。

(2) 确定机箱安放到位，可以通过机箱背部的主板挡板来确定，如图 9.13 所示。

第 9 章　计算机的组装

图 9.12　将主板放入机箱中

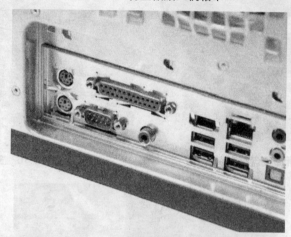

图 9.13　确定机箱安放到位

(3) 拧紧螺丝，固定好主板，如图 9.14 所示。

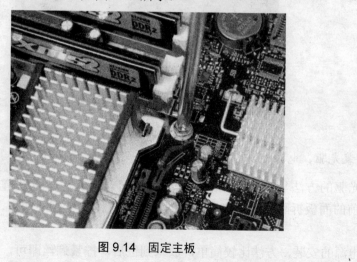

图 9.14　固定主板

在固定主板时，注意每颗螺丝不要一定位就拧紧，等全部螺丝安装到位后，再将每粒螺丝拧紧，这样做的好处是随时可以对主板的位置进行调整。

2. 安装硬盘

安装好 CPU、内存及主板之后，接着可以将硬盘固定在机箱的 3.5 英寸硬盘托架上。对于普通的机箱，只需要将硬盘放入机箱的硬盘托架上，拧紧螺丝使其固定即可。很多用户使用了可拆卸的 3.5 英寸机箱托架，这样安装起硬盘来就更加简单，如图 9.15 至图 9.17 所示。

图 9.15　拆卸硬盘托架

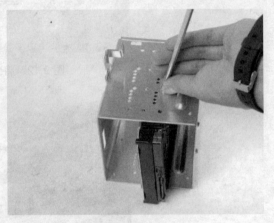
图 9.16　安装硬盘

图 9.17　安装硬盘托架

3. 安装光驱、电源

安装光驱的方法与安装硬盘的方法大致相同，对于普通的机箱，我们只需要将机箱光驱托架前的面板拆除，并将光驱将入对应的位置，拧紧螺丝即可，如图 9.18 和图 9.19 所示。

机箱电源的安装，方法比较简单，放入到位后，拧紧螺丝即可，如图 9.20 所示。

第 9 章　计算机的组装

图 9.18　安装光驱

图 9.19　安装完成

图 9.20　安装电源

4. 安装显卡

用手轻握显卡两端，垂直对准主板上的显卡插槽，向下轻压到位后，再用螺丝固定即可，如图 9.21 所示。

图 9.21　安装显卡

155

5. 连接各种电源线和数据线

连接硬盘电源与数据线接口，如图9.22是一块SATA硬盘，右边红色的为数据线，黑黄红交叉的是电源线，安装时将其按入即可。接口全部采用防"反"式设计，反方向无法插入。

图9.22　安装硬盘接线

同样，连接光驱的电源线和数据线时，先从电源引出线中，选择一根校正的插入光驱的电源接口中，再拿出光驱的数据线，一端插入主板中、一端插到光驱的数据线接口，如图9.23所示。

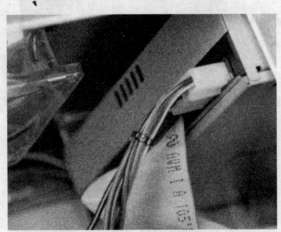

图9.23　安装光驱接线

6. 安装其他接线

目前大部分的主板供电电源接口都采用了24pin的设计，但仍然有些主板为20pin，用户在购买主板时要注意看一下。安装时，先从电源引出线中，找到相应连接接头，把它插到主板的电源插座上，让塑料卡子扣紧即可，如图9.24所示。

CPU供电接口，在部分采用四针的加强供电接口设计，这里高端的使用了8pin设计，以提供CPU稳定的电压供应。其安装方法与上述相同，如图9.25所示。

第 9 章 计算机的组装

图 9.24 安装主板电源接线

图 9.25 安装 CPU 电源接线

在组装计算机过程中，把机箱信号线连接到主板(即机箱面板上的开机、重启和硬盘指示灯等接头)是比较难的操作，所以在安装时，最好是参考主板说明书来进行。首先在主板上找到相应的插针，并查看其标示的文字，再查看主板说明书把机箱内的信号线按说明书插到主板上的相应插针上，如图 9.26 所示。

机箱内部的部件就安装完成了，其效果如图 9.27 所示。

图 9.26 连接机箱开关等工作指示灯连线

图 9.27 安装完成

对机箱内的各种线缆进行简单的整理，以提供良好的散热空间，这一点一定要注意。

9.2.4 连接外部接口

1. 连接键盘和鼠标

键盘接口在主板的后部，是一个圆形的。键盘插头上有向上的标记，连接时按照这个方向插好就行了，如图 9.28 所示。

PS/2 鼠标就插在键盘上面的鼠标插孔中，如图 9.29 所示。如果是 USB 接口的鼠标，只需把它连接到主板的 USB 接口即可。

157

图 9.28　安装键盘　　　　　　　　图 9.29　安装鼠标

2. 连接显示器

接显示器的信号线，15针的信号线接在显示卡上，如图9.30所示电源接在主机电源上或直接接电源插座。注意不要用力太猛。

图 9.30　连接 VGA 数据线

9.2.5　通电检查

1. 通电前的检查

计算机硬件组装完成后，在通电之前应进行详细检查，步骤如下。

(1) 检查主机内所有的电缆连接是否正确，连接是否稳固。

(2) 确保电源电压是否满足各部件需要。

(3) 检查各设备是否都与主机连接无误，插头上的固定装置是否固定好，避免开机调试时因插头松动导致接触不良而产生故障。

2. 通电调试

确定以上检查没有问题后，可以开机调试，步骤如下。

(1) 打开显示器开关，正常则显示器电源指示灯亮。

(2) 将主机通电，机箱电源风扇转动，面板上的电源指示灯发亮。
(3) 按下复位按钮，观察主机是否重新启动。

9.2.6 计算机组装常见故障及处理

1. 显示器不亮

【问题描述】 计算机组装完毕后，开机后显示器不亮。

【问题处理】 处理方法是先检查显示器电源线是否安装到位，没有问题后再检查显示器与显卡的连接线是否牢靠。

【问题引申】 各种电源和数据连接线要连接牢靠。

2. 内存容量显示不一致

【问题描述】 与引例(1)所描述的情景相似。

【问题处理】 处理方法是检查主板内存插槽内的内存条是否规格一致，如不一致，把内存条更换为相同规格的内存条。

【问题引申】 内存条的规格和品牌要一致。

3. 开机后很短的时间机器重启

【问题描述】 与引例(2)所描述的情景非常相似。

【问题处理】 处理方法是检查CPU和显卡的风扇是否转动，如正常则检查电源电压是否正常。

【问题引申】 电源电压要稳定，否则影响各部件正常工作。

9.3 实训——计算机硬件的组装与故障处理

一、实训目的

本章通过实训，使学员掌握计算机硬件的组装。

二、实训内容

(1) 计算机硬件的组装。
(2) 常见组装的故障处理。

三、实训过程

1. 计算机硬件的组装

分析
反复练习计算机硬件的组装。
实训要求
正确地组装计算机，要求学员要反复地组装计算机，直到非常熟练为止。

实训步骤

(1) 摆放好全部配件，清理工作台面，将螺丝等小零件存放在容器内。
(2) 准备好机箱，打开机箱盖，检查并装好电源。
(3) 在主板上装好 CPU，并将 CPU 风扇安装好。
(4) 安装内存条。
(5) 将主板固定在机箱中。
(6) 将电源安装在机箱中，并将电源插头连接到主板上。
(7) 安装硬盘、光驱到机箱支架上。
(8) 将机箱面板上的各种连线连接到主板相应的插针上。
(9) 连接硬盘和光驱的电源线插头以及数据线插头
(10) 安装显卡、声卡以及网卡到主板上。
(11) 合上机箱盖。
(12) 连接显示器的信号线和电源线。
(13) 分别把鼠标和键盘连接到主机上。
(14) 通电测试。

2. 计算机组装常见故障的处理

分析

根据计算机组装常见案例，仔细分析，逐步确认，积累经验，同时保持创新的精神，不固守原有的思维习惯和方式，锻炼学员独立处理问题的能力。

实训要求

根据常见案例，细心体会，反复揣摩。

实训步骤

(1) 仔细阅读本章的引例。
(2) 如有可能设置引例的环境进行模拟。
(3) 根据引例，写出处理步骤。

四、实训总结

通过本章的实训，学员应该能够熟练掌握计算机硬件的组装，可以针对组装使用过程中出现的相关的问题作出及时的处理。

本 章 小 结

> 本章首先介绍了计算机组装前的准备；其次介绍了计算机组装的详细步骤和方法；再次讲解了计算机组装常见的故障和处理方法；最后安排了技能实训，以强化技能练习。
> 本章的重点是计算机硬件的组装。
> 本章的难点是计算机硬件组装过程中常见的问题处理。

第 9 章 计算机的组装

习 题

一、理论习题

1. 填空题

(1) 主机内常见的硬件有(   )。

(2) AT 电源给 AT 主板供电的电源插头为(   )针，ATX 电源给 ATX 主板供电的电源插头为(   )针。

(3) ADD 代表的是(   )。

(4) 光驱上标的 52X，其中 1X 等于(   )。

(5) AMD 生产的 Athlon-XP 系列 CPU，其采用的引脚数(   )。

(6) 机箱控制面板与主板连线的接头中，RESET 是(   )。

2. 简答题

(1) 简述计算机组装的步骤。

(2) 简述计算机黑屏的检查思路。

(3) 简述计算机组装前需要的准备工作。

二、实训习题

操作题

(1) 识别计算机不同的硬件。

(2) 反复练习计算机硬件的组装。

(3) 演练计算机组装常见故障的处理。

第二部分

软件安装与维护

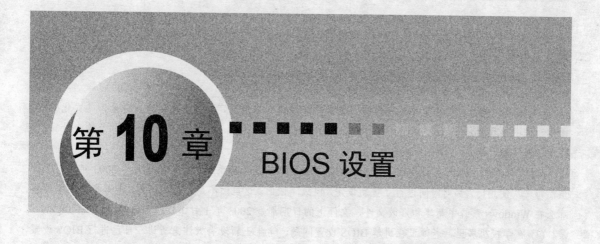

第 10 章 BIOS 设置

教学提示：
- 了解 BIOS 设置的重要性
- 了解 BIOS 与 CMOS 之间的区别与联系
- 掌握 BIOS 设置的方法
- 掌握 BIOS 程序的更新与升级
- 掌握由于 BIOS 设置不当而导致计算机故障的排除

教学要求：

知 识 要 点	能 力 要 求	相关及课外知识
认识 BIOS	了解 BIOS 的特点和作用	BIOS 与 CMOS 的区别与联系
BIOS 的设置	掌握常见 BIOS 的设置方法	通过 BIOS 设置提高计算机性能
BIOS 的升级	掌握主板 BIOS 程序的升级方法	BIOS 程序的备份
BIOS 设置故障的处理	能处理 BIOS 相关故障	了解 BIOS 的更新

引例

请关注并体会以下与 BIOS 设置有关的现象：

(1) 某学生的计算机由于不注重维护，导致系统崩溃。当他决定对硬盘重新进行分区、格式化时，在操作过程中出现 Boot Sector Write!! VIRUS:Continue(Y/N)?的提示，导致操作无法进行。经检查计算机硬件无任何问题，这是什么原因造成的呢？

(2) 某单位的一台计算机使用了较长的时间，最近每次启动后系统的时间都显示为 2003 年 1 月 1 日。虽然每一次使用时，都对时间进行了重新设定，但故障依旧。这虽然不是什么大问题，但如果时间不调整，那么在 Windows 系统中新建和修改文件，文件上的日期都是 2003 年 1 月 1 日。如何解决这个问题呢？

(3) 在学校机房里，老师正在讲解 BIOS 设置问题，学生王新没有太注意听讲，自己进行 BIOS 设置，经过自己一知半解的设置后，不知为什么，再开机时计算机总是弹出要求输入号码的提示框，但密码到底是什么，王新自己也记不住。实在没有办法，只好求助于老师，老师只是打开机箱，动了两下，再开机就直接进入到 BIOS 设置画面，而不再需要密码了。老师到底动了什么地方呢？老师还说："对于这个问题，还有其他的解决办法。"

计算机在开机时，都要进行自检，这需要调用 BIOS 中的程序与 CMOS 中的数据，而往往由于 BIOS 设置的问题，会导致计算机无法启动或者启动后系统不稳定。因此，学习 BIOS 的设置是学习计算机组装与维护中不可缺少的一个重要组成部分。

本章重点讨论与 BIOS 相关的各种设置方法、BIOS 的升级与维护和 BIOS 故障的判断与排除等问题。

10.1 BIOS 的基础知识

BIOS(Basic Input Output System)即基本输入/输出系统。它的全称是 ROM-BIOS，即只读存储器基本输入/输出系统，它是计算机系统非常重要的一部分。当用户开机后，系统的启动工作要依靠存储于 ROM 中的 BIOS 来完成；即使是操作系统启动完成之后，有些工作还要依靠 BIOS 中的中断服务来完成。

10.1.1 BIOS 功能

实际上，BIOS 是一组固化在计算机主板上一个 ROM 芯片上的程序，它保存着计算机最重要的基本输入/输出的程序、系统设置信息、开机上电自检程序和系统启动自举程序。其主要功能是为计算机提供最底层的、最直接的硬件设置和控制。BIOS 是硬件与软件连接的桥梁，它负责解决硬件的即时要求。主板上的 BIOS 芯片一般是一块双列直插式的集成电路，如图 10.1 所示。一块主板性能优越与否，很大程度上取决于主板上的 BIOS 管理功能是否先进。

第 10 章 BIOS 设置

图 10.1 主板的 BIOS 芯片

BIOS 包含下面的功能。

1. BIOS 设置

BIOS 设置程序是储存在 BIOS 芯片中的,只有在开机时才可以进行设置。BIOS 设置程序主要是针对计算机的基本输入/输出系统进行管理,它使系统运行在最佳状态下,使用 BIOS 设置程序还可以排除系统故障或者诊断系统问题。

2. BIOS 中断

BIOS 中断服务程序即计算机系统中软件与硬件之间的一个可编程接口,主要让软件与硬件之间实现衔接。操作系统对软驱、硬盘、光驱、键盘、显示器等外围设备的管理,都是建立在 BIOS 中断服务程序的基础上。

3. 开机上电自检

计算机开机后,系统首先由 POST(Power On Self Test,上电自检)程序来对内部各个设备进行检查。通常完整的 POST 自检将包括对 CPU、640KB 基本内存、1MB 以上的扩展内存、ROM、主板、CMOS 存储器、串并口、显示卡、软盘、硬盘及键盘等进行测试,一旦在自检中发现问题,系统将给出提示信息或鸣笛警告。

4. 系统启动自举

BIOS 完成 POST 自检后,按照 BIOS 设置中保存的启动顺序搜寻软驱、硬盘及 CD-ROM、网络服务器等有效的启动设备,读入操作系统引导记录,然后将系统控制权交给引导记录,并由引导记录来完成系统的启动。

10.1.2 CMOS 简介

CMOS(Complementary Metal-Oxide Semiconductor,即互补金属氧化物半导体)是指制造大规模集成电路芯片用的一种技术或用这种技术制造出来的芯片。在计算机的主板上是一块可读/写的 RAM 存储器。

系统启动时,BIOS 所需要的数据由于不同的设定,经常会出现变动。这就需要用一个以 CMOS 制成的存储器来储存这些设定的参数,以便让计算机开机时可以正确的执行。采用 CMOS 技术制作的存储器需要的电力较低,用一节纽扣电池便能维持它的数据。所以在主板上都会有一块纽扣电池,以提供 CMOS 所需的电力。如图 10.2 所示的主板上有 3 个白色标记,自上而下分别是电池、BIOS 芯片、CMOS 参数清除跳线。

图 10.2 主板上的电池、BIOS 芯片及 CMOS 参数清除跳线

10.1.3 BIOS 的分类

BIOS 的类型主要有 Award BIOS、AMI BIOS、Phoenix BIOS 三种。

Award BIOS 是由 Award Software 公司开发的 BIOS 产品,它功能较为齐全,支持许多新硬件,目前市面上大多数的主板都采用了这种 BIOS。

AMI BIOS 是 American Megatrends Inc 公司出品的 BIOS 产品,开发于 20 世纪 80 年代中期,早期的 286、386 大多采用 AMI BIOS,它对各种软、硬件的适应性好,能保证系统性能的稳定。现在的 AMI 也有非常不错的表现,新推出的版本功能依然强劲。

Phoenix BIOS 是 Phoenix 公司产品,Phoenix 意为凤凰或埃及神话中的长生鸟,有完美之物的含义。Phoenix BIOS 其界面简洁,便于操作,在一些笔记本上有着一定的应用。现在 Award 已经与 Phoenix 的 BIOS 进行了合并,所以很多主板 BIOS 芯片的标记为 Phoenix-Award BIOS。

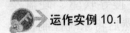 运作实例 10.1

CMOS 参数的清除

在本章开头的引例(3)中,王新计算机的开机密码也是利用 BIOS 程序进行设置的,最终保存在 CMOS 中。如果清除了 CMOS 中保存的参数,开机密码也就被清除掉了。由于 CMOS 本身是一个 RAM 芯片,其中的保存的数据在断电后就会丢失,在主板上有一块纽扣电池为其供电。所以,CMOS 参数的清除,就是使其供电停止。

首先,关掉计算机电源。然后,用工具将纽扣电池从主板取出即可。但这种方式往往不能立刻清除 CMOS 参数,需要等待一段时间。实际上,最常用的方法是,在主板上找出清除 CMOS 参数的跳线。但是怎么找这个跳线?这个跳线有什么样的特征呢?

在主板上这个跳线由三根竖起来的金属针和一个跳线帽组成,系统默认是1与2短接,当要清除CMOS内容时,用跳线帽将2与3进行短接并稍等几秒钟即可,如图10.3所示。通常跳线被设计在BIOS芯片和纽扣电池的附近,参照主板说明书,可以很方便地找到。

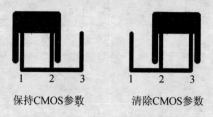

图 10.3　CMOS 参数的清除

此外如果计算机可以启动,还可以使用 DOS 中的 Debug 命令清除 CMOS 参数。命令如下。

A:\>DEBUG
－O 70 10
－O 71 10
－Q

以前还有一种使用"万能密码"直接进入 BIOS 设置的方法,但这种方式并不总是有效,这里就不具体介绍了。

清除 CMOS 参数,也可以称为清除 BIOS 设置或者给 CMOS 放电。清除 CMOS 参数之后,BIOS 的各项设置就回到了默认值。那么,除了清除密码外,还有什么样的情况需要清除 CMOS 参数呢?

(1) 升级 BIOS。这是为了使主板能支持新推出的硬件和获得更好的工作状态。现在主板厂商都会在网上不定期地发布更高版本的 BIOS 程序,供用户下载后升级。有些 BIOS 程序升级要求用户清除 CMOS 参数后,才能完成整个升级工作。

(2) 超频 CPU 导致系统不稳定或黑屏。清除 CMOS 参数后,CPU 的频率也回到了超频之前的默认速度,黑屏现象自然消失。

(3) BIOS 设置混乱。不少初学者对 BIOS 的设置还不是很清楚,以至于 BIOS 的某一项或某几项设置错了也不知道,导致计算机性能变差,这时可以通过清除 CMOS 参数,恢复默认值的方法来解决。

(4) 计算机出了故障,怀疑是 BIOS 设置失误所致,但又一时找不出 BIOS 中哪里的设置有误。这时可以先清除 CMOS 参数,如果清除后系统不能恢复正常,说明不是 BIOS 设置的问题,然后再找其他的原因或试用其他的办法。

10.2　BIOS 设置

AMI 公司是世界最大的 BIOS 生产厂商之一,其产品被广泛使用,当前很多主流的主板都采用了 AMI BIOS,本节就对它的设置进行详细讲解。Award BIOS 的设置与 AMI BIOS 的设置区别不大,本书不再复述。

10.2.1　进入 BIOS 设置

计算机开机后,系统会开始加电自检过程,当屏幕上出现【Press DEL to Enter SETUP】时,按 DEL 键即可进入 BIOS 设置主界面,如图 10.4 所示。

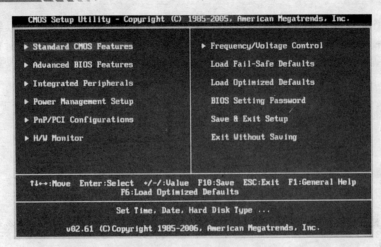

图 10.4　BIOS 设置主界面

在主界面中显示了 BIOS 所提供的设置项目，可以使用方向键【↑】【↓】选择不同的项目，被选择的项目显示为红色背景，提示信息显示在屏幕的底部。在左侧的项目开始处都有一个▶符号，表示它包含附加选项的子菜单。当选择了某一项目按 Enter 键，即可进入子菜单进行设置；如果要返回到主菜单，按 Esc 键即可。在主界面的中下部显示了常用操作的功能键，见表 10-1。

表 10-1　BIOS 设置中常用操作的功能键

按　　　键	作　　　用
↑、↓、←、→	移动项目
+、-、PgUp、PgDn	改变项目内容
F10	保存设置并退出 BIOS 设置
Esc	退出子菜单，回主菜单
F1	显示帮助信息
F6	载入优化设置默认值

10.2.2　BIOS 设置主界面选项

在进入 BIOS 主菜单后，每一个项目都有各自的功能，具体如下所示。

(1)【▶Standard CMOS Features】
标准 CMOS 特性，此项目可以对基本的系统配置进行设定。例如时间、日期等。

(2)【▶Advanced BIOS Features】
高级 BIOS 特性，使用此项目可设置系统的加强特性。

(3)【▶Integrated Peripherals】
整合周边设备，使用此项目可以对外部设备进行特别的设置。

(4)【▶Power Management Setup】
电源管理设置，此项目可以对系统电源管理进行特别的设置。

(5)【▶PnP/PCI Configurations】

PnP/PCI 配置，此项目是对系统的 PnP 和 PCI 设备的工作状态进行设置。

(6)【▶H/W Monitor】

硬件监视，此项目显示了此计算机系统的运行状态。

(7)【▶Frequency/Voltage Control】

频率/电压控制，此项目可以进行频率和电压的特别设定。

(8)【Load Fail-Safe Defaults】

载入故障保护默认值，此项目可以载入为稳定系统性能而设定的默认 CMOS 参数。

(9)【Load Optimized Defaults】

载入优化设置默认值，此选项可以载入系统默认优化性能设置的 CMOS 参数。

(10)【BIOS Setting Password】

BIOS 设置密码，此选项可设置 BIOS 的密码。

(11)【Save & Exit Setup】

保存并退出，保存对 CMOS 的修改，然后退出 BIOS 设置程序。

(12)【Exit Without Saving】

不保存并退出，放弃对 CMOS 的修改，然后退出 BIOS 设置程序。

10.2.3 标准 CMOS 特性

【▶Standard CMOS Features】中包含了基本的设置项目，如图 10.5 所示。通过方向键选定要修改的项目，然后使用翻页键或【+】【-】键选择所需要的设定值，或使用 Enter 键打开子菜单，如图 10.6 所示。在 BIOS 设置的主菜单中的其他项目的操作也相同。在 BIOS 设置时，各个项目中字体颜色不完全一样，其中"黄色"代表当前项目下还有子菜单，"白色"代表可以选择具体数值，"灰色"代表此项目为不可更改的内容。

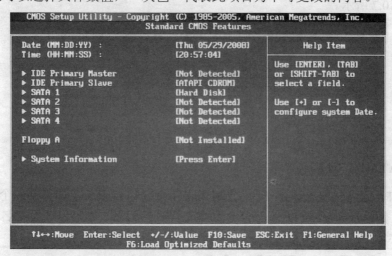

图 10.5 标准 CMOS 特性

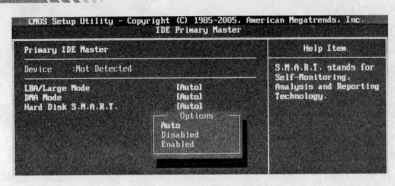

图 10.6　按 Enter 键打开子菜单

1.【Date (MM:DD:YY)】

日期(月：日：年)，此项目设置日期，日期的格式是<星期><月><日><年>。

星期是从 Sun (星期日)到 Sat (星期六)，根据所设置的日期，由 BIOS 自动给出；月份是从 Jan (一月)到 Dec(十二月)；日期是从 1 到 31 可用数字键修改；年是由用户自行设定年份。

2.【Time (HH:MM:SS)】

时间(时：分：秒)，此项目是设置系统时间。

3.【IDE Primary Master/ Slave】

第一主 IDE 控制器/第一从 IDE 控制器，这两个项目是进行 IDE 设备类型的设置。如果没有连接 IDE 设备，则显示为【Not Detected】；如果已经连接 IDE 设备，则显示该设备名称。当前系统在第一主 IDE 控制器上没有连接任何设备，在第一从 IDE 控制器上连接一个光驱，如图 10.7 所示。

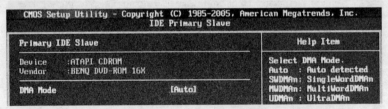

图 10.7　第一从 IDE 控制器

4.【▶SATA 1/2/3/4】

当前 SATA 设备情况，数字 1～4 分别代表 4 个 SATA 设备，如果某一个 SATA 上没有连接设备，则显示为【Not Detected】；如果已经连接设备，则显示该设备名称。按 Enter 键可以进入子菜单，如图 10.8 所示。

1)【Device】、【Vender】、【Size】

分别显示连接在此 SATA 上的设备名称、厂商(产品序列号)、设备容量等信息。

第 10 章　BIOS 设置

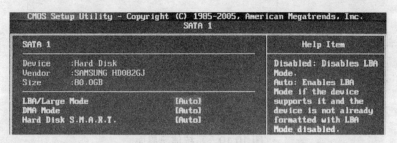

图 10.8　SATA 设备信息

2)【LBA/Large Mode】

此项目可以打开或关闭 LBA(逻辑区块地址)模式。在该选项下有【Enabled(打开)】、【Disabled(关闭)】、【Auto(自动)】三种选择，Auto 是指由系统自动选择。

3)【DMA Mode】

此项目用于选择硬盘 DMA 模式。DMA(Direct Memory Access)，即直接内存存取，可以提高外部存储设备的数据传输速度。由于设备的不同，DMA 的模式有很多种类型，如图 10.9 所示。

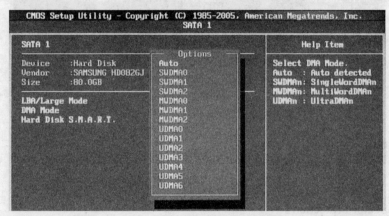

图 10.9　DMA 模式选择

4)【Hard Disk S.M.A.R.T.】

硬盘的智能检测技术，此项目可以激活硬盘的 S.M.A.R.T.(自我监控，分析，报告技术)能力，S.M.A.R.T 应用程序是来监控硬盘的状态、预测硬盘失败，可以提前将数据从硬盘上移动到安全的地方。

5.【Floppy A】

此项目设置软驱 A 的类型，有【Not Installed】、【360KB】、【1.2MB】、【720KB】、【1.44MB】、【2.88MB】等几种选择。

6.【System Information】

系统信息，按 Enter 键进入其子菜单，如图 10.10 所示。在此子菜单中显示了当前系统中 CPU 型号、CPU 代码、CPU 频率(外频×倍频)、BIOS 版本号、物理内存、实际使用的内存、缓存、3 级缓存等信息。

173

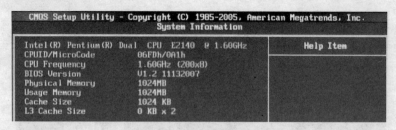

图 10.10　系统信息界面

10.2.4　高级 BIOS 特性

【▶Advanced BIOS Features】是用来深入设置系统的性能，其中有些项目在主板出厂时，已经确定；有些项目用户可以进行修改，以改善系统的性能，如图 10.11 所示。

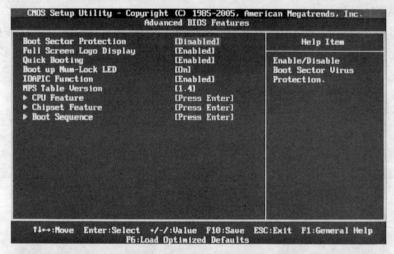

图 10.11　高级 BIOS 特性

1.【Boot Sector Protection】

引导扇区保护，此选项是选择硬盘引导扇区病毒警报功能。当选择【Enabled】时，如果有数据试图写入该区块，BIOS 将会在屏幕上显示警报信息并发出警报声。

2.【Full Screen LOGO Display】

全屏显示 LOGO，此项目能在启动画面上显示公司的 Logo 标志。当选择【Disabled】，系统启动时显示系统自检画面。

3.【Quick Booting】

快速启动，设为【Enabled】，则允许系统跳过部分自检内容，实现在 5 秒内快速启动。

4.【Boot Up Num-Lock LED】

启动时 Num-Lock 状态，此项目是用来设定系统启动后，Num-Lock 的状态。设为【On】时，系统启动后将打开 Num-Lock，小键盘数字有效；当设定为【Off】时，系统启动后 Num-Lock 关闭，小键盘方向键有效。

第 10 章　BIOS 设置

5.【IOAPIC Function】

IOAPIC 功能，此项目允许控制 APIC(高级可编程中断控制器)。系统在 APIC 模式下运行，可启用 APIC 模式将为系统扩充可用的 IRQ 字元。

6.【MPS Table Version】

MPS 版本，此项目用以选择当前操作系统所使用的 MPS(Multi-Processor Specification，多处理器规格)版本。

7.【CPU Features】

CPU 特性，按 Enter 键进入子菜单，有两个项目，分别是【Execute Bit Support】、【Set Limit CPUID MaxVal to 3】。

1)【Execute Bit Support】

执行禁止位，Execute Bit 功能是一种优良的硬盘特性，可利用 CPUID 指示，可以避免恶意代码在 IA-32 系统中运行。

2)【Set Limit CPUID MaxVal to 3】

设置 CPUID 最大值到 03h，对于以前的操作系统，Max CPUID Value Limit 是为限制所列出的 CPU 的速度而设计的。选择【Enabled】键，如出现问题，即使 CPU 支持高 CPUID 输入值，也将把最大 CPUID 输入值限制在 03h 内。

8.【Chipset Features】

芯片特性，按 Enter 键进入子菜单，只有一个【HPET】项目。HPET(High Precision Event Timer)即高精准事件计时器，本项目用于在操作系统中(Windows Vista)寻找计时器，并建立供驱动程序下载的基本计时器服务。

9.【Boot Sequence】

启动次序，按 Enter 键进入子菜单，如图 10.12 所示。

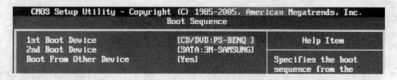

图 10.12　系统启动次序

1)【1st/2nd Boot Device】

第一引导设备/第二引导设备，这两个项目设定 BIOS 载入操作系统的引导设备次序。可以选择用 CD-ROM、软盘和硬盘等启动计算机。

2)【Boot From Other Device】

从其他设备引导，如果系统从第一、第二设备引导失败，将此项目设为【Yes】，则允许系统从其他设备引导。

10.2.5 整合周边设备

【▶Integrated Peripherals】是用来对计算机系统的外部设备进行特别设置,以改善系统的性能,如图 10.13 所示。

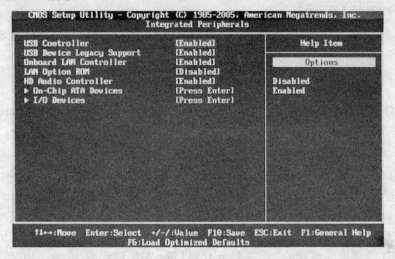

图 10.13 整合周边设备

1.【USB Controller】

USB 控制器,可以对主板上的 USB 控制器进行打开或关闭。

2.【USB Device Legacy Support】

USB 设备支持,如果需要使用在不支持 USB 设备或没有安装 USB 驱动的操作系统下使用 USB 设备,例如 DOS 等,则应将此项设置为【Enabled】。

3.【Onboard LAN Controller】

板载网络控制器,此项目允许打开或关闭主板上集成的网络控制器。

4.【LAN Option ROM】

选择网络只读存储器,此项目允许打开或关闭主板上集成的网络控制器的只读存储器。如果需要通过网络启动系统,则设置为【Enabled】。

5.【HD Audio Controller】

HD 音频控制器,用于打开或关闭 HD 音频控制器。

HD Audio(High Definition Audio),即高保真音频。AC'97 是 IT 行业第一个广泛推广的规范,但在不能为新的 DVD-Audio、SACD 等高品质多声道的音乐编码提供完全的支持。为了改变这个局面,2004 年,Intel 公司与全球其他 80 多家公司一道开发了一个新标准,即 HD Audio。HD Audio 具有高弹性、机动性、低成本、高稳定性等特征,并且预留充足的升级空间,这一切将能够令其得到快速普及。

第 10 章　BIOS 设置

6.【▶On-Chip ATA Devices】

各种 ATA 设备,此项目是对各种 ATA 设备进行设置,按 Enter 键进入子菜单,如图 10.14 所示。

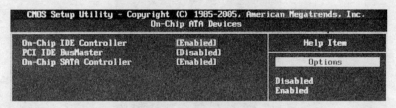

图 10.14　各种 ATA 设备

ATA(AT Attachment),即 AT 计算机上的附加设备,是 IDE 设备的相关技术标准,可以使用户方便地在计算机上连接硬盘等设备。SATA(Serial ATA),即串行 ATA,该总线使用嵌入式时钟信号,具备了更强的纠错能力,与以往相比其最大的区别在于能对传输指令(不仅是数据)进行检查,如果发现错误会自动矫正,这在很大程度上提高了数据传输的可靠性。串行接口还具有结构简单、支持热插拔的优点。

1)【On-Chip IDE Controller】

IDE 控制器设置,此项目可以打开或关闭板载的 IDE 控制器。

2)【PCI IDE BusMaster】

PCI IDE 总线控制,此项目打开或关闭 PCI 总线的 IDE 控制器总线控制能力。

3)【On-Chip SATA Controller】

SATA 控制器设置,此项目用于打开或关闭板载的 SATA 控制器。

7.【▶I/O Devices】

输入/输出设备,此项目用于设置主板上的各种输入/输出设备。按 Enter 键进入子菜单,如图 10.15 所示。

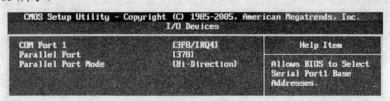

图 10.15　输入/输出设备

1)【COM Port 1】

第一个 COM 端口,此项目是为第一个 COM 端口选择地址和相应的中断,有【Disabled】、【3F8/IRQ4】、【2F8/IRQ3】、【3E8/IRQ4】、【2E8/IRQ3】等几个选项。

2)【Parallel Port】

并行端口,此项目是为主板上的并行端口选择地址,有【Disabled】、【378】、【278】、【3BC】等几个选项。

3)【Parallel Port Mode】

并行端口模式，此项目可以为主板设置多种并行端口模式，按 Enter 键，如图 10.16 所示。

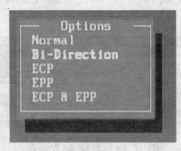

图 10.16　并行端口模式

(1)【Normal】标准模式，这是最初的并行端口模式，几乎所有的并行端口外设都支持该模式。

(2)【Bi-Direction】双向并行端口模式，这是并行端口外设与主板高速通信的模式。

(3)【ECP】(Extended Capability Port)扩充功能并行端口，这也是较为先进的并行端口模式，但是该模式需要设置 DMA 通道，消耗资源。

(4)【EPP】(Enhanced Parallel Port)增强并行端口。这是一种在 Normal 的基础上发展起来的并行端口模式，早期的打印机、扫描仪都支持 EPP 模式。

(5)【ECP & EPP】ECP 和 EPP 混合模式，这种模式允许 ECP 和 EPP 两种模式混合使用。

10.2.6　电源管理设置

【▶Power Management Setup】是对系统电源进行各种方式的管理，如图 10.17 所示。

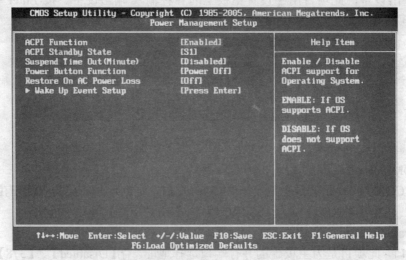

图 10.17　电源管理设置

第 10 章　BIOS 设置

1.【ACPI Function】

ACPI 功能，此项目可开启 ACPI 功能。如果将要安装的操作系统支持此功能，则将其设置为【Enabled】。

ACPI(Advanced Configuration and Power Interface)，即高级配置与电源接口，是 Intel、Microsoft 和东芝共同开发的一种电源管理标准。ACPI 是 Windows 操作系统的一部分，它帮助操作系统控制划拨给每一个设备的电量，有了 ACPI，操作系统就可以把不同的外设关闭。ACPI 共有六种状态，分别是 S0~S5。S0 是指计算机处于工作状态，所有设备全部启动；S1 称为 POS(Power on Suspend)，是一种低耗能状态，这时除了通过 CPU 时钟控制器将 CPU 关闭之外，其他的部件仍然正常工作，硬件保留所有的系统内容；S2 指 CPU 处于停止运作状态，总线时钟也被关闭，但其他的设备仍然工作；S3 也称为 STR(Suspend to RAM)，在此状态下，仅对内存和可唤醒系统设备等主要部件供电，并且系统内容将被保存在内存中，一旦有"唤醒"事件发生，储存在内存中的这些信息被用来将系统恢复到以前的状态；S4 也称为 STD(Suspend to Disk)，这时系统主电源关闭，但是硬盘仍然带电，信息存储与硬盘中，并可以被"唤醒"；S5 是指包括电源在内的所有设备全部关闭。

2.【ACPI Standby State】

ACPI 待用状态，此项目设定 ACPI 功能的状态，如果将要安装的操作系统支持 ACPI 功能，则选择进入睡眠模式为【S1】或【S3】。

3.【Suspend Time Out (Minute)】

闲置时间(分)，此项目设定系统经过多长时间的闲置后进入休眠状态。

4.【Power Button Function】

电源按钮功能，此项目设置计算机电源按钮的功能。有【Power Off】、【Suspend】两个选项；【Power Off】指按电源按钮一次即关机；【Suspend】指按电源按钮一次即进入休眠模式，而按住电源按钮超过 4 秒，计算机将立即关闭。

5.【Restore On AC Power Loss】

断开的电源恢复时的状态，此项目决定着当计算机非正常断电之后，电流再次恢复时，计算机所处的状态。有【Last State】、【On】、【Off】三个选项；【Last State】是指将计算机恢复到最近一次的状态，也就是断电时的状态；【On】是指让计算机处于开机状态；【Off】是指继续保持计算机所处的关机状态。

在现实生活中，往往会发现某台计算机一插上电源线就会自动开机，为什么呢？实际上，就是因为此项目选择了【On】而导致的。

6.【Wakeup Up Event Setup】

唤醒事件设置，此项目设置当计算机处于休眠状态时，通过什么样的事件将系统唤醒，按 Enter 键进入子菜单，如图 10.18 所示。

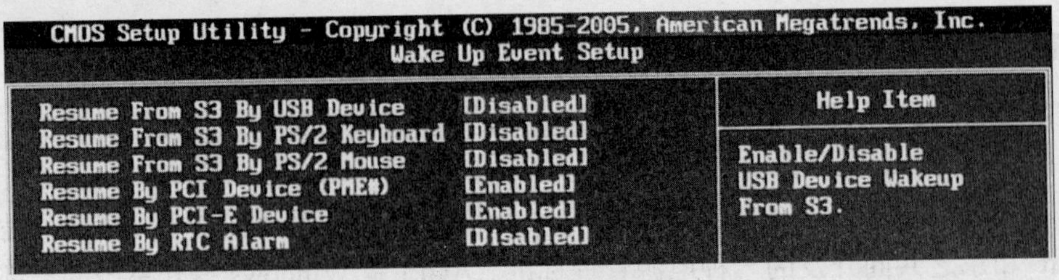

计算机组装与维护案例教程

```
CMOS Setup Utility - Copyright (C) 1985-2005, American Megatrends, Inc.
                         Wake Up Event Setup
 Resume From S3 By USB Device      [Disabled]        Help Item
 Resume From S3 By PS/2 Keyboard   [Disabled]
 Resume From S3 By PS/2 Mouse      [Disabled]      Enable/Disable
 Resume By PCI Device (PME#)       [Enabled]       USB Device Wakeup
 Resume By PCI-E Device            [Enabled]       From S3.
 Resume By RTC Alarm               [Disabled]
```

图 10.18　唤醒事件设置

1)【Resume From S3 By USB Device】

用 USB 设备从 S3 唤醒，此项目允许通过 USB 设备的活动将系统从 S3 模式中唤醒。

2)【Resume From S3 By PS/2 Keyboard】

用 PS/2 键盘从 S3 唤醒，此项目允许通过 PS/2 键盘输入将系统从 S3 模式中唤醒。

3)【Resume From S3 By PS/2 Mouse】

用 PS/2 鼠标从 S3 唤醒，此项目允许通过 PS/2 鼠标输入将系统从 S3 模式中唤醒。

4)【Resume By PCI Device (PME#)】

用 PCI 设备唤醒，此项目设置是否允许系统可以通过任何 PME(电源管理事件) 将系统从休眠模式唤醒。

5)【Resume By PCI-E Device】

用 PCI-E 设备唤醒，此项目设置是否允许系统可以通过任何 PCI-E 设备将系统从休眠模式唤醒。

6)【Resume By RTC Alarm】

用 RTC Alarm 唤醒，此项目设置是否允许通过设定的日期时间唤醒计算机。如果选择【Enabled】，则就会出现【Date】、【HH：MM：SS】两个项目，可以对日期和时间进行设置。

10.2.7　PnP/PCI 配置

【▶PnP/PCI Configurations】是对系统的 PnP 和 PCI 设备的工作状态进行设置，如图 10.19 所示。

PnP(Plug and Play)，即插即用设备，是指用户不必干预计算机的各个外部设备对系统资源的分配，由系统自身去解决底层硬件资源，包括 IRQ(中断请求)、I/O(输入/输出端口)地址、DMA(直接内存读/写)和内存空间等的分配问题。对用户而言，只要将外部设备插到主板上就能够使用。

1.【Primary Graphic's Adapter】

基本图像适配器，此项目设置计算机的主要显卡。如果当前计算机装有多个显卡，则系统启动时，由哪个显卡来进行显示。有【PCIE→PCI】、【PCI→PCIE】两个选项，分别代表先使用 PCIE 显卡，然后再使用 PCI 显示卡；或者是先使用 PCI 显示卡，再使用 PCIE 显示卡。

第 10 章 BIOS 设置

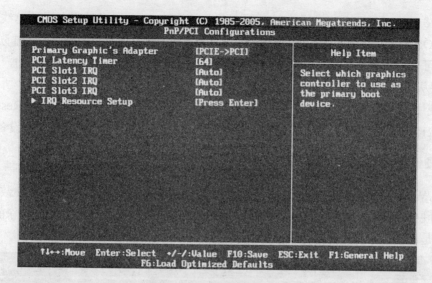

图 10.19 PnP/PCI 配置

2.【PCI Latency Timer】

PCI 延迟时钟，此选项控制每个 PCI 设备在占用另外一个之前占用总线时间。此值越大，PCI 设备保留控制总线的时间越长。每次 PCI 设备访问总线都要初试化延迟。PCI 延迟时钟的低值会降低 PCI 频宽效率，而高值会提高效率，设定值从 32 到 128，以 32 为单位递增。

3.【PCI Slot 1/2/3 IRQ】

1/2/3 号 PCI 的中断请求值，此项目规定了每个 PCI 插槽的中断请求值。分别有【Auto】、【3】、【4】、【5】、【7】、【10】、【11】等几个选项。

4.【IRQ Resource Setup】

中断请求资源设置，此项目设置各个中断请求的状态，按 Enter 键进入子菜单，如图 10.20 所示。

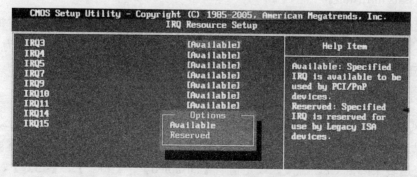

图 10.20 中断请求资源设置

【IRQ 3/4/5/7/9/10/11/10/15】，这些项目指定了各个 IRQ 使用时所占用的总线。它们决定如果 BIOS 需要从闲置的 IRQ 中调用一个，必须通过 BIOS 所配置的设备。通过读取 ESCD NVRAM 可获得可使用的 IRQ 中断。主板使用的 IRQ 是由 BIOS 所自行设定的，如果更多的 IRQ 要从 IRQ 组中被移开，可以设置为【Reserved】(预留)，以保留 IRQ。所有板载的 I/O 设备使用的 IRQ 要设置为【Available】(通用)。如果所有的 IRQ 被设置【Reserved】，则 IRQ 14/15 会分配给板载 PCI 及 PnP 设备使用；IRQ 9 将可用于 PCI、PnP 设备。

10.2.8 硬件监视

【►H/W Monitor】显示了当前的 CPU、风扇和整个系统的运行状态等各种数据，只有当主板有硬件监控装置时监控功能才被激活。如图 10.21 所示。在此菜单中，除前两项外，其他数据是不能直接修改的。

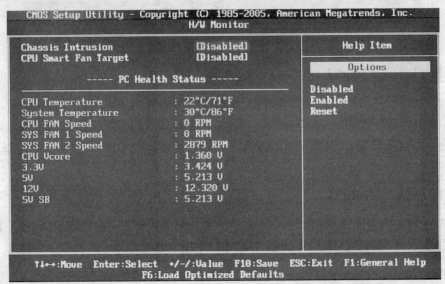

图 10.21 硬件监视

1.【Chassis Intrusion】

机箱入侵监视，此项目是用来打开或关闭机箱入侵监视功能，并提示机箱曾被打开的警告信息，设定值有【Enabled】、【Reset】和【Disabled】。如果将此项目设为【Reset】，则可清除警告信息，并且此选项会自动回复到【Enabled】状态。

2.【CPU Smart Fan Target】

CPU 风扇智能监测，此项目是指在一个指定范围内根据当前 CPU 温度自动控制风扇转速。可以设定一个温度，如果当前温度达到此值，主板的 Smart Fan 功能将被激活，风扇将会加速运转来降低 CPU 温度，设定值有【Disabled】、【40℃】、【45℃】、【50℃】、【55℃】、【60℃】、【65℃】、【70℃】。

第 10 章　BIOS 设置

3.【PC Health Status】

PC 健康状态，此项目下的包括当前温度、电压等基本内容。

1)【CPU/System Temperature】CPU 和系统的当前温度。

2)【CPU FAN/ SYS FAN1/ SYS FAN2 Speed】CPU 风扇、系统风扇 1、系统风扇 2 的转速(分/转)。

3)【CPU Vcore】CPU 核心电压。

4)【3.3V /5V /12V /5V SB】系统所提供的 3.3V、5V、12V、5V 待机电压的实际测试结果。

10.2.9　频率/电压控制

【▶Frequency/Voltage Control】可以进行主板频率和电压的特别设置，如图 10.22 所示，此项目在有的 BIOS 中也显示为【▶Cell Menu】(核心菜单)。

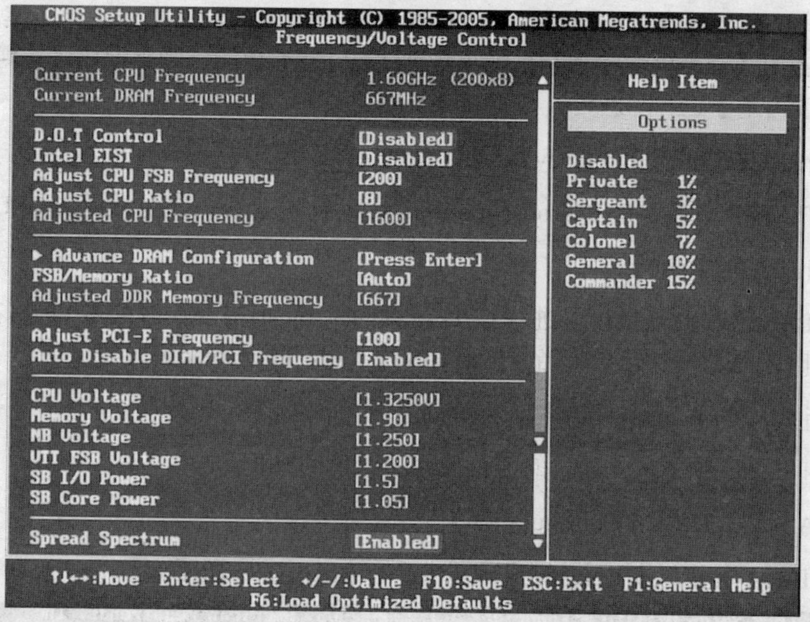

```
CMOS Setup Utility - Copyright (C) 1985-2005, American Megatrends, Inc.
                        Frequency/Voltage Control

 Current CPU Frequency          1.60GHz (200x8)      Help Item
 Current DRAM Frequency         667MHz
                                                     Options
 D.O.T Control                  [Disabled]
 Intel EIST                     [Disabled]           Disabled
 Adjust CPU FSB Frequency       [200]                Private    1%
 Adjust CPU Ratio               [8]                  Sergeant   3%
 Adjusted CPU Frequency         [1600]               Captain    5%
                                                     Colonel    7%
 ▶ Advance DRAM Configuration   [Press Enter]        General    10%
 FSB/Memory Ratio               [Auto]               Commander  15%
 Adjusted DDR Memory Frequency  [667]

 Adjust PCI-E Frequency         [100]
 Auto Disable DIMM/PCI Frequency [Enabled]

 CPU Voltage                    [1.3250V]
 Memory Voltage                 [1.90]
 NB Voltage                     [1.250]
 VTT FSB Voltage                [1.200]
 SB I/O Power                   [1.5]
 SB Core Power                  [1.05]

 Spread Spectrum                [Enabled]

 ↑↓←→:Move  Enter:Select  +/-/:Value  F10:Save  ESC:Exit  F1:General Help
                     F6:Load Optimized Defaults
```

图 10.22　频率/电压控制

1.【Current CPU Frequency】

当前 CPU 频率，此项目显示当前 CPU 时钟频率。CPU 的时钟频率=外频×倍频。

2.【Current DRAM Frequency】

当前内存频率，此项目显示当前内存的时钟频率。

3.【D.O.T Control】

D.O.T 控制，D.O.T (Dynamic Overclocking Technology)即动态超频技术，它具有自动超频功能，可以侦测 CPU 在处理应用程序时的负荷状态，并且自动调整 CPU 的最佳频率。当主板检测到 CPU 正在运行程序，它会自动为 CPU 提速，可以更流畅、更快速的运行程序；在 CPU 暂时处于挂起或在低负荷状态下，它就会恢复默认设置。一般 D.O.T 只有在用户的计算机需要运行大数据量的程序，例如 3D 游戏或是视频处理时，才会发挥作用，此时 CPU 频率的提高会增强整个系统的性能。通常这种动态超频技术要比常规超频稳定和安全。共有【Disabled】、【Private 1%】(士兵)、【Sergeant 3%】(军士)、【Captain 5%】(上尉)、【Colonel 7%】(上校)、【General 10%】(将军)和【Commander 15%】(司令)等 7 个选项，超频的幅度是依次上升的。

4.【Intel EIST】

EIST(Enhanced Intel SpeedStep Technology)，即增强的 Intel SpeedStep 技术。它是一种智能降频技术，是 Intel 公司专门为移动计算机开发的一种节电技术，它能够根据系统不同的工作状态自动调节 CPU 的电压和频率，以减少耗电量和发热量。Intel 的 Pentium 4 6xx 系列及 Pentium D 全系列 CPU 都已支持 EIST 技术。为了启用 EIST 技术需要进行一些设置，将【Intel EIST】选项设置为【Enabled】；使用支持 EIST 技术的操作系统，如 Windows XP；在 Windows XP 中，利用【控制面板】|【电源选项】|【属性】|【电源使用方案】中，将电源使用方案改为【最少电源管理】。如果需要关闭 EIST 功能，则需要将【电源使用方案】设置为【一直开着】。

5.【Adjust CPU FSB Frequency】

调整 CPU FSB 频率，FSB(Front Side BUS)，即前端总线，就是常说的 CPU 外频。

6.【Adjust CPU Ratio】

调整 CPU 倍频，此项目可以进行 CPU 倍频的调整。但需要注意的是，只有在当前 CPU 支持此功能时才显示，并且只有当【Intel EIST】设为【Disabled】时才可用。

7.【Adjusted CPU Frequency】

已调整的 CPU 频率，此项目的值是前两项数值的乘积。

8.【▶Advance DRAM Configuration】

高级 DRAM 配置，按 Enter 键进入子菜单，如图 10.23 所示。

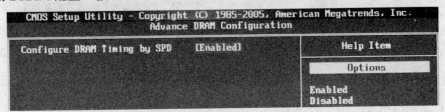

图 10.23 高级 DRAM 配置

1)【Configuration DRAM Timing by SPD】

用 SPD 配置内存时钟，选择是否由内存模组中的 SPD EEPROM 控制内存时钟周期。如果选择【Enabled】，开启内存时钟周期，并允许相关项目由 BIOS 根据 SPD 的配置来自动决定；如果选择【Disabled】，则可由用户个人手动设置内存时钟周期和相关选项。以下选项都是由于将本项目设为【Disabled】才会出现。

2) 【DRAM CAS# Latency】

内存 CAS# 延迟，CAS (Column Address Strobe)，即列地址选通脉冲，它控制着从收到命令到执行命令的间隔时间，通常为 2、2.5、3 等几个时钟周期。一般来说，在稳定的基础上，这个值越低越好。

3) 【DRAM RAS# to CAS# Delay】

RAS 至 CAS 的延迟，RAS(Row Address Strobe)即行地址选通脉冲，此项目允许设置在向 DRAM 写入、读取、刷新时，从 CAS 脉冲信号到 RAS 脉冲信号之间延迟的时钟周期数。时钟周期越短，内存的性能越快。

4) 【DRAM RAS# Precharge】

内存 RAS 预充电周期，此项目用来控制 RAS 预充电过程的时钟周期数，如果在内存刷新前没有足够时间给 RAS 积累电量，刷新过程可能无法完成，而且将不能保持数据。此项目仅在系统中安装了同步 DRAM 才有效。

9. 【FSB/Memory Ratio】

FSB/内存倍频，此项目可以进行设置 FSB/内存的倍频。

10. 【Adjusted DDR Memory Frequency】

调整 DDR 内存频率，此项目可以调整 DDR 内存的频率。

11. 【Adjust PCI-E Frequency】

调整 PCI-E 频率，此项目可以调制 PCI-E 设备的频率。

12. 【Auto Disable DIMM/PCI Frequency】

自动关闭 DIMM/PCI 时钟，此项目用于自动关闭 DIMM/PCI 插槽。

13. 【CPU/Memory/NB Voltage】

调整 CPU、内存、北桥芯片组电压。

14. 【SB I/O/Core Power】

调整南桥输入/输出、核心电压。
进行上述几个项目的调节，主要是提高 CPU 超频的成功率对内存进行超频。

15. 【Spread Spectrum】

展频，此项目的功能是减少电磁干扰，优化系统的性能表现和稳定性。但如果要进行超频，此项目必须选择【Disabled】。

10.2.10 BIOS 中的其他选项

在 BIOS 的主菜单中还有几个较为简单的项目。

1. 【Load Fail-Safe Defaults】

载入故障保护默认值，此项目可以载入为稳定系统性能而设定的默认 CMOS 参数，这个项目主要是注重系统的稳定，如果对 BIOS 不太了解，那么选择这个项目较为合适。按 Enter 键后显示界面如图 10.24 所示，然后，选择【Ok】再按 Enter 键即可。后面的几个项目操作与此相似。

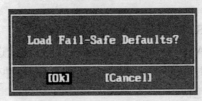

图 10.24　载入故障保护默认值

2.【Load Optimized Defaults】

载入优化设置默认值，此项目可以载入系统默认优化性能设置的 CMOS 参数。如果要求系统自动采用最优参数设置，则选择此项目。

3.【BIOS Setting Password】

设置 BIOS 密码。

4.【Save & Exit Setup】

保存并退出，保存对 CMOS 的修改，然后退出 BIOS 设置程序。

5.【Exit Without Saving】

不保存并退出，放弃对 CMOS 的修改，然后退出 BIOS 设置程序。

10.3　BIOS 的更新与升级

主板是计算机中的主要部件，一台计算机是否能够高速、稳定地运行，在很大程度上依赖主板的性能。主板购买后，一般很难从硬件方面进行升级，只能通过对主板的 BIOS 设置程序和主板驱动程序来进行升级。此外，主板的一些缺陷，也常常可以通过更新 BIOS 设置程序来解决。本节就要具体的讲解 BIOS 设置程序的更新与升级。

10.3.1　BIOS 更新基础

早期主板 BIOS 中的设置程序是在芯片生产时固化的，因此只能写入一次，不能修改。现在的主板 BIOS 则大都采用 Flash ROM 作为设置程序的载体，它其实就是一种可快速读/写的 EEPROM。也就是说，Flash ROM 是一种在一定的电压、电流条件下，可对其设置程序进行更新的集成电路块。

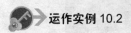
运作实例 10.2

BIOS 设置程序的升级

对于主板与显卡的 BIOS 升级是十分常见的，一般，主板的生产厂商的网站和一些专业的驱动网站会提供 BIOS 升级的程序。下面两段文字就是 BIOS 设置程序升级的说明。

"MSI 微星 P7N Diamond 主板最新 BIOS 1.1 版(2008 年 5 月 27 日发布)新版 BIOS 更新如下。
(1) 升级了 CPU ID。
(2) 缩短了系统从 S3 模式恢复所需的时间。
(3) 修正了使用 USB 键盘/鼠标不能使系统从待机模式恢复的问题。"

"Sapphire 蓝宝 Radeon X800GTO 海外版显卡最新 BIOS(2006 年 2 月 18 日发布)文件，可用于将 X800GTO 改造为 16 管线产品。刷新方法：在刷新 BIOS 前把刷新程序和 BIOS 都放在同一个目录下，且该目录应在 DOS 可见的 FAT 分区内；然后在纯 DOS 下运行 Flashrom，使用命令 Flashrom -s 0 XXX.rom(其中 XXX 为您给需备份的 BIOS 取的文件名)保存原有的 BIOS 文件；再用 Flashrom -p -f 0 XXX.rom 命令把准备好的新 BIOS 文件刷进显卡，其中 XXX 为你准备好的新 BIOS 文件名。重新启动，重新安装最新驱动程序。注意，如果刷新后出现花屏、死机等情况，请刷回您刚才备份的显卡 BIOS。请务必在刷新过程保证系统的供电不中断。"

10.3.2 BIOS 的更新与升级

现在，许多主板都提供多种 BIOS 的升级方式。例如，可以在 Windows 中直接进行升级；可以通过登陆官方网站，在网站中对主板的 BIOS 进行升级；可以利用 U 盘进行升级；还有的主板在 BIOS 设置程序中可以直接进行升级等。但是，最常用的 BIOS 升级方法是利用系统启动软盘，在 DOS 模式下进行升级，下面详细地介绍 BIOS 的升级过程。

(1) 文件准备。AMI 的 BIOS 升级程序名一般为 Amiflash.exe，但有时也有其他的名称，本例中名称为 Afudos，可以在主板配套驱动光盘中或是在主板制造商的官方网站找到。在主板制造商官方网站上还可以找到最新的 BIOS 更新程序。

(2) 制作升级软盘。将软盘插入软驱；打开【我的电脑】,右击【软盘(A：)】，选择【格式化】命令，打开【格式化】对话框，选中【创建一个 MS-DOS 启动盘】复选框，单击【开始】按钮。格式化结束后，把 BIOS 升级程序和最新 BIOS 程序复制到软盘中。

(3) 重新启动计算机。将软盘插入软驱，启动计算机，进入 BIOS 设置，将【1st Boot Device】设置为软盘，即用软盘中的系统程序启动计算机，保存后，计算机将通过软盘启动，并进入 DOS 界面。

(4) 保存当前 BIOS 程序。为了防止更新 BIOS 后出现问题，要先保存当前的 BIOS 程序。如图 10.25 所示，输入 afudos /oBIOS1.ROM。其中 afudos 是 BIOS 的升级程序，/o 是此命令进行 BIOS 程序保存时所要求的参数，BIOS1.ROM 是给当前 BIOS 程序所起的文件名和扩展名(扩展名必须是.ROM)。

```
A:\>afudos /oBIOS1.ROM
AMI Firmware Update Utility - Version 1.19(ASUS V2.07(03.11.24BB))
Copyright (C) 2002 American Megatrends, Inc. All rights reserved.
    Reading flash ..... done
    Write to file...... ok
A:\>
```

图 10.25 保存原有 BIOS 程序

(5) 更新 BIOS 程序。输入 afudos /iP5BE.ROM。其中，/i 是更新 BIOS 程序的参数，P5BE.ROM 是新的 BIOS 程序，如图 10.26 所示。

```
A:\>afudos /iP5BE.ROM
AMI Firmware Update Utility - Version 1.19(ASUS V2.07(03.11.24BB))
Copyright (C) 2002 American Megatrends, Inc. All rights reserved.

    WARNING!! Do not turn off power during flash BIOS
    Reading file ....... done
    Reading flash ...... done

    Advance Check ......
    Erasing flash ...... done
    Writing flash ...... 0x0008CC00 (9%)
```

图 10.26 更新 BIOS 程序

BIOS 程序更新成功后，会提示重新启动计算机，如图 10.27 所示。

```
A:\>afudos /iP5BE.ROM
AMI Firmware Update Utility - Version 1.19(ASUS V2.07(03.11.24BB))
Copyright (C) 2002 American Megatrends, Inc. All rights reserved.

    WARNING!! Do not turn off power during flash BIOS
    Reading file ....... done
    Reading flash ...... done

    Advance Check ......
    Erasing flash ...... done
    Writing flash ...... done
    Verifying flash .... done

    Please restart your computer
```

图 10.27 更新 BIOS 程序完成

10.4 BIOS 常见故障的处理

由于 BIOS 设置不当或者 BIOS 本身的问题而造成的计算机故障，是十分常见的。下面是一些常见的 BIOS 故障及处理方法。

第 10 章 BIOS 设置

1. CMOS 电池不足

【问题描述】 一台使用了较长时间的计算机，每次启动后系统的时间都是 2003 年 1 月 1 日。

【问题处理】 一般 CMOS 中的参数，必须在持续供电的情况下才可以存储，一旦为 CMOS 供电的电池损坏或电量不足，就会引起参数丢失。在开机的时候，参数恢复到 BIOS 出厂的默认值。只需更换 CMOS 电池，故障即可排除。

【问题引申】 有的主板也会显示 CMOS Battery Failed，同样是说明 CMOS 电池电量不足。一块 CMOS 电池可以持续供电二、三年，但有时会发现刚刚更换了 CMOS 电池，还是出现上述的问题，这说明主板有漏电或短路的故障。

2. 软驱故障

【问题描述】 在计算机中有很多种原因会造成软驱故障，这里只讨论由于 BIOS 设置不当而造成的故障。一台计算机在使用过程中对软盘进行操作时，显示 General Failure Reading Drive A: Abort, Retry, Fail?。这种情况表示设备出错，若选择 A 表示退出，R 为重试，F 为失败并转向别的驱动器。

【问题处理】 由于 BIOS 设置的软驱类型不当，造成上述问题。如果是 1.44MB 的软驱，而在 BIOS 中被设置成 720KB 或 360KB，就会出现上述错误。只要在 BIOS 进行正确的设置即可解决此故障。

【问题引申】 如果在 BIOS 中把软驱设置成【Not Installed】，则读/写软盘时，会出现软驱中无磁盘的提示；如果启动计算机时，显示 Floppy Disk Fail(40)或 A: Drive Error 等信息，也要检查 BIOS 相关的软驱设置参数。

3. 病毒提示

【问题描述】 有时当对计算机的硬盘进行分区和格式化时，会出现如图 10.28 提示。

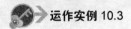

图 10.28 病毒提示

【问题处理】 按照提示是说明由于感染病毒，引导扇区要被写入信息。这是由于在 BIOS 中把【Boot Sector Protection】项目设置为【Enabled】造成的，把该项目改为【Disabled】即可解决此问题。

【问题引申】 由于计算机病毒的不断出现，BIOS 的病毒防护功能较弱，所以，为了保证计算机的安全，还是应该选用较为流行的防病毒软件，并不断升级病毒库。

运作实例 10.3

通过 BIOS 对 CPU 进行超频

CUP 的频率一般都有一个上下浮动的范围，浮动的大小与 CPU 自身有关。超频是可以在一定的范围内提高 CPU 的主频，从而使计算机的运行速度加快，但超频可能会减少 CPU 的寿命。

CPU 的主频是外频和倍频的乘积。例如一个 CPU 的外频为 100MHz，倍频为 8.5。因此，它的主频 = 外频×倍频 = 100MHz×8.5 = 850MHz。CPU 超频可以通过改变 CPU 的外频或倍频来实现，但修改倍频对 CPU 性能的提升不如修改外频好。因为，外频的速度通常与前端总线、内存的速度紧密关联。因此，当提高了 CPU 外频后，CPU、系统和内存的性能都同时得到了提高。CPU 超频既可以通过硬件设置，也可以通过软件来设置。硬件设置超频又分为跳线设置和 BIOS 设置两种，这里仅介绍通过 BIOS 设置超频的方法。

在 BIOS 设置主界面中，选择【▶Frequency/Voltage Control】项目，就可以进行主板频率和电压的设定。在这里可以选择【D.O.T Control】项目进行动态超频；也可以选择【Adjust CPU FSB Frequency】来调整 CPU 的外频或选择【Adjust CPU Ratio】来调整 CPU 的倍频。

如果 CPU 超频后系统无法正常启动或工作不稳定，可以通过提高 CPU 的核心电压来解决。因为 CPU 超频后，功耗也就随之提高，如果供应电流还保持不变，有些 CPU 就会因功耗不足而导致无法正常稳定的工作，因此需要提高升电压来解决这个问题。选择【Memory Voltage】项可以设置 CPU 核心电压。但是提高电压的副作用很大，首先 CPU 发热量会增大，其次电压加得过高很容易烧毁 CPU。所以，提高 CPU 电压时一定要慎重，一般以 0.025V、0.05V 或者 0.1V 为单位逐步提高。

如果出现由于超频而导致的系统无法启动情况发生，则可以通过前面介绍的清除 CMOS 参数的方法恢复其默认值。

10.5 实训——BIOS 的设置

一、实训目的

本章通过实训，使学生掌握 BIOS 的设置，BIOS 的升级和相关的故障排除。

二、实训内容

(1) BIOS 的设置。
(2) BIOS 的升级。
(3) 常见各种由于 BIOS 设置不当而造成的故障的处理方法。

三、实训过程

1. BIOS 的设置

分析

选择不同品牌、不同型号、支持不同类型 CPU 的主板进行 BIOS 设置。

实训要求

正确地设置 BIOS 参数，要求学生要反复设置不同主板的 BIOS 参数，直到非常熟练为止。

实训步骤

(1) 在主板上连接各种外部设备。
(2) 进行 BIOS 参数的手动设置。
(3) 分别选择【Load Fail-Safe Defaults】和【Load Optimized Defaults】这两个项目，比较这两种 BIOS 参数设置之间的不同。

第 10 章　BIOS 设置

2. BIOS 的升级

分析

选择 Award 和 AMI 两种不同的 BIOS 进行升级。

实训要求

正确地进行 BIOS 程序的升级，要求学员要反复的升级不同主板的 BIOS 程序，直到非常熟练为止。

实训步骤

(1) 正确地获得相关程序。
(2) 制作启动盘，并复制相关程序。
(3) 进行升级，并重新启动计算机。

3. 常见各种由于 BIOS 设置不当而造成故障的处理方法

分析

根据 BIOS 设置常见案例，仔细分析，逐步确认，积累经验，锻炼学生独立处理问题的能力。

实训要求

根据常见案例，对 BIOS 参数进行故意地错误设置，并观察计算机上的显示的信息，细心体会，反复揣摩。

实训步骤

(1) 仔细阅读本章的引例。
(2) 进行错误的 BIOS 参数设置。
(3) 根据引例，写出处理步骤。

四、实训总结

通过本章的实训，学生应该能够熟练掌握各种不同类型的 BIOS 设置，可以针对计算机使用过程中出现的与 BIOS 设置相关的问题作出及时处理。

本 章 小 结

本章首先介绍了 BIOS 和 CMOS 的基础知识；接着详细地讲解了 BIOS 参数的设置；然后讲解了 BIOS 程序的升级和更新问题；最后介绍了一些常见的与 BIOS 设置相关的故障，并且安排了技能实训，以强化技能练习。

本章的重点、难点是 BIOS 的设置及相关故障的处理。

习 题

一、理论习题

1. 填空题

(1) BIOS 的中文全称是( )。

(2) BIOS 是一组固化到计算机内主板上一个 ROM 芯片上的程序,它保存着( )、( )、( )和( )。

(3) BIOS( )程序,即计算机系统中软件与硬件之间的一个可编程接口,主要是软件与硬件之间实现衔接。

(4) 当超频 CPU,而导致系统不稳定或黑屏时,可以通过( )操作,使 CPU 回到了超频之前的默认频率。

(5) ( )是一种在 Normal 的基础上发展起来的并行端口模式,也是现在应用最多的并行端口模式,目前市面上的大多数打印机、扫描仪都支持这种模式。

2. 选择题

(1) ACPI 共有六种状态,分别是 S0～S5,其中"仅对内存和可唤醒系统设备等主要部件供电,并且系统内容将被保存在内存中"这种状态被称为( )。
    A. S1   B. S2   C. S3   D. S4

(2) 在【Power Button Function】中,选项【Suspend】代表着( )。
    A. 按电源按钮一次即关机
    B. 指按电源按钮两次即关机
    C. 按电源按钮一次即进入休眠模式;而按住电源按钮超过 4 秒,计算机将立即关闭
    D. 按电源按钮一次即进入休眠模式;按电源按钮两次即关机

(3) 下列具有 BIOS 芯片,并可以经常升级的设备是( )。
    A. 硬盘   B. 键盘   C. 显卡   D. 显示器

(4) 当进行 CPU 超频时,常常采用提高电压的方式。但提高 CPU 电压时一定要慎重,一般以( )V 为单位逐步提高。
    A. 1   B. 0.5   C. 0.25   D. 0.05

(5) 当将项目【Quick Booting】的值设置为【Enabled】,则允许系统( )。
    A. 跳过部分自检,在 5 秒内快速启动
    B. 跳过部分自检,在 8 秒内快速启动
    C. 跳过全部自检,在 5 秒内快速启动
    D. 跳过全部自检,在 8 秒内快速启动

3. 判断题

(1) 当进行 BIOS 设置时,参数最后保留在 BIOS 芯片中。   ( )

(2) 在主板上进行 BIOS 升级的实质是对 BIOS 设置的参数进行修改。   ( )

(3) SATA 上一般可以连接硬盘和 DVD-ROM。　　　　　　　　　　　　（　　）
(4)【D.O.T Control】的作用是可以自动给 CPU 超频。　　　　　　　（　　）
(5) 采用 Flash ROM 作为 BIOS 芯片的主板可以进行更新和升级。　　（　　）

4. 简答题

(1) 对计算机的 CPU 进行超频时，需要在 BIOS 中设置哪些参数？
(2) 如果要想对计算机进行各种节能的设置，需要在 BIOS 中设置哪些参数？
(3) 如果主板上，给 CMOS 供电的电池电量不足会出现哪些故障？

二、实训习题

1. 操作题

(1) 用各种方法来进行 CMOS 参数的清除。
(2) 反复练习 BIOS 的设置。
(3) 通过 BIOS 的设置，利用不同的设备来启动计算机。

2. 综合题

(1) 当前很多流行的主板都采用了 AMI BIOS，但由于版本和主板品牌的不同，进入 BIOS 设置的界面也不相同，如图 1.29 所示。请找一款这样的主板，通过实际操作，学习 BIOS 的设置。

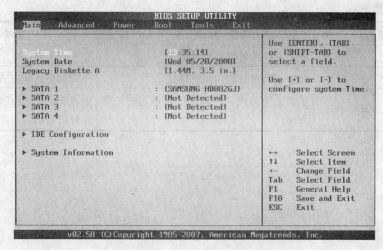

图 1.29　其他 BIOS 设置界面

(2) 现在 Award 与 Phoenix 的 BIOS 进行了合并，所以很多主板 BIOS 芯片的标记为 Phoenix-Award BIOS，这种 BIOS 的设置与 AMI BIOS 设置有一些不同之处，请学习这种 BIOS 的设置。

第 11 章　硬盘分区与格式化

▶ 教学提示：
- 了解硬盘分区与格式化的作用
- 掌握硬盘分区的各种软件的使用
- 掌握硬盘格式化的方法

▶ 教学要求：

知 识 要 点	能 力 要 求	相关及课外知识
硬盘的分区	能够正确的对硬盘进行分区	常用分区软件
硬盘的格式化	能够正确的对硬盘进行格式化	不同的格式化方式
分区与格式化常见的问题	掌握常见分区、格式化操作错误的处理方法	通过分区与格式化解决常见的计算机故障

第 11 章 硬盘分区与格式化

 引例

请关注并体会以下与硬盘分区或格式化有关的现象：

(1) 某学生刚刚组装了一台计算机，硬盘是空的，虽然打算装上各种学习软件、办公软件、应用软件和各种游戏软件，但如何安装这些软件呢？第一步应该从什么方面开始操作？看到别人的计算机中有【本地磁盘(C:)】、【本地磁盘(D:)】、【本地磁盘(E:)】，这是不是说明这台计算机有三块硬盘呢？

(2) 一台计算机，由于长期不维护，感染了大量的"病毒"和"木马"，而且 Windows 操作系统已经面临崩溃，计算机中的数据也没有保留价值了。在这种情况下要想彻底清除病毒，并且重新安装操作系统，该如何操作呢？

(3) 小张的计算机有中有【本地磁盘(C:)】、【本地磁盘(D:)】、【本地磁盘(E:)】，但需要把【本地磁盘(D:)】、【本地磁盘(E:)】合并成一个盘符，应该怎样操作呢？

计算机的绝大多数的软件和数据都保存在硬盘中，因此，如何对计算机的硬盘进行管理和维护，关系到数据的安全性。例如，对于一个单位来说，如果计算机中的某一个部件损坏了，并不能造成太大的损失，但如果硬盘出现了问题，往往造成的损失是巨大的，虽然硬盘本身价格并不高，但计算机上绝大多数的软件和数据(例如客户资料、报表等)都保存在硬盘中，如果这块硬盘的损坏，将对单位造成巨大的影响。因此，如何对计算机的硬盘进行管理和维护，关系到数据的安全性，关系到一个单位的生存和发展。

本章重点讨论与计算机硬盘管理和维护相关的各种知识，通过学习可以使学生更好的掌握计算机的组装与维护，能够及时准确地解决相关问题。

11.1 硬盘分区与格式化的基础知识

硬盘分区的作用是为了便于数据的管理，就像一套住宅需要划分很多房间一样。如果硬盘容量很大，分区是十分必要的。进行分区后，即使某个分区出现问题，也不会影响到其他分区的数据。因此，硬盘的分区对文件的存储与保存是十分必要的。

11.1.1 硬盘的容量

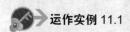 运作实例 11.1

U 盘的"缩水"

小张在电脑城买了一个 U 盘，U 盘上标记的容量是 1GB，但当他把 U 盘插入计算机中，显示的却只有 971M。小张首先想到，是不是售货员拿错了；但又一想，U 盘一般容量都是 512MB、1GB、2GB、4GB等，根本没有 971MB 这种容量；他又想到，是不是买到假货了。

这实际上是由于存储器厂家生产的产品是以 1 000 进位来换算，而操作系统是以 1 024 进位制来换算，因此在换算成 M 或者 G 时，结果是有一定的差别的。所以，硬盘上标记的容量就比在计算机中显示的容量要大一些，U 盘也是一样的。

为了便于理解，可用测试软件对硬盘参数进行检测，结果如图 11.1 所示。其中 Heads 代表磁头；Sectors 代表扇区；Cylinders 代表柱面；实际上硬盘上每一个磁盘面上都有一个磁头，因此磁头的个数就代表着磁盘面的个数。在硬盘中每个扇区大小固定为 512B，即 0.5KB。从测试结果可以看到，该硬盘有 16 个磁盘面，有 63 个扇区，有 19881 个柱面；整个硬盘容量是：磁头数×扇区个数×柱面个数×512=硬盘容量(单位 bytes)，即 16×63×19881×512=10260504576bytes。如果以 1000 进位制来换算，该硬盘的容量大约为 10.3GB；如果以 1024 进位制来换算，则该硬盘的容量大约为 9.8GB。

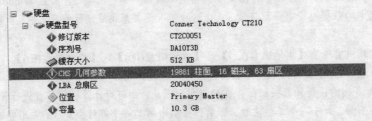

图 11.1　检测硬盘参数

11.1.2　分区类型

硬盘分区一般要分为主分区、扩展分区、逻辑分区三个部分。

主分区包含操作系统启动所必需的文件的分区，要在硬盘上安装操作系统，则必须得有一个主分区，一般在 Windows 中看到的【本地磁盘(C:)】就是主分区。

扩展分区是除主分区外的分区，但它不能直接使用，在 Windows 中也看不到，必须再将它划分为若干个逻辑分区。

在对一个硬盘进行分区时，主分区和扩展分区一共最多可以有 4 个；可以有 4 个主分区，没有扩展分区；也可以是 3 个主分区，一个扩展分区。一般主分区最多可以有 4 个，扩展分区只能有一个。对硬盘分区时，一般只是分一个主分区和一个扩展分区。

逻辑分区是从扩展分区中划分出来的逻辑盘符，也就是在 Windows 中常看到的【本地磁盘(D:)】、【本地磁盘(E:)】等。

对硬盘进行分区时的过程是，先将硬盘划分为主分区和扩展分区，然后在将扩展分区划分为多个逻辑分区，如图 11.2、图 11.3 所示。

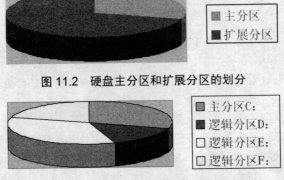

图 11.2　硬盘主分区和扩展分区的划分

图 11.3　扩展分区划分为多个逻辑分区

第 11 章　硬盘分区与格式化

主分区的特点是，在任何时刻只能有一个是活动的(只有活动的主分区才可以引导当前的操作系统)，当一个主分区被激活以后，同一硬盘上的其他主分区就不能再被访问。而逻辑驱动器并不属于某个操作系统，只要它的文件系统与启动的操作系统兼容，则该操作系统就能访问它。主分区和逻辑驱动器的一个重要区别是每个逻辑驱动器分配唯一盘符，而在同一硬盘上的所有主分区共享同一个驱动器名，因为某一时刻只能有一个主分区是活动的。例如，在一个硬盘上划分了 2 个主分区，和 3 个逻辑分区，2 个主分区盘符都是【C:】，3 个逻辑分区盘符分别是【D:】、【E:】、【F:】。现在这个硬盘可以安装 Windows 和 Unix 两种不同的操作系统，启动 Windows 时看到的【C:】与启动 Unix 看到的【C:】是不同的，但【D:】、【E:】、【F:】的内容是一样的。

11.1.3　文件系统类型

如果把硬盘看作一张白纸，文件和数据就是纸上的文字；在纸上写字之前，应该先把纸分成不同的区域，这就是硬盘的分区；把纸分成不同区域之后，还要给不同的区域画上格子，这就是硬盘的格式化；纸上每一个区域可以画上不同的格子，硬盘也可以格式化成不同的文件系统类型。所以，硬盘的使用过程就是首先分区，然后格式化，最后才能读/写文件。目前 Windows 所用的文件系统类型主要有 FAT16、FAT32、NTFS。FAT(File Allocation Table)，即文件分配表，它的作用在于对硬盘分区的管理。

1．FAT16

DOS、Windows 95 都使用 FAT16 文件系统，现在常用的 Windows 98、Windows 2000、Windows XP 等系统也都支持 FAT16 文件系统。它最大可以管理 2GB 的分区，但每个分区最多只能有 65 525 个簇。其中，簇是磁盘空间的配置单位，一般为扇区的整数倍。随着硬盘或分区容量的增大，每个簇所占的空间将越来越大，从而导致硬盘空间的浪费。

2．FAT32

FAT32 采用 32 位的文件分配表，对磁盘的管理能力大大增强，而且具有很好的兼容性。它是 FAT16 的增强版本，可以支持大到 2 048GB 的分区。FAT32 使用的簇比 FAT16 小，从而有效地节约了硬盘空间。

3．NTFS

NTFS(New Technology File System 即 NT 文件系统)是 Windows NT 的标准文件系统，Windows 98、Windows 95、DOS 等操作系统都不能识别它。它与 FAT 文件系统的主要区别是 NTFS 支持元数据，并且可以利用先进的数据结构提供更好的稳定性和磁盘的利用率。另外 NTFS 支持文件加密管理功能，可为用户提供更高层次的安全保证。

除了 Windows 外，现在 Linux 也是较为流行的操作系统，它的文件系统格式与 Windows 完全不同。分为 Linux Native 主分区和 Linux Swap 交换分区。它们的安全性与稳定性更为出色，但是只支持 Linux 操作系统。由于篇幅所限，本章只讲解 Windows 和 DOS 操作系统下的分区和格式化。

11.2 硬盘分区

有很多软件都可以进行分区和格式化，但不管使用哪种分区软件，在新硬盘上建立分区时都要遵循建立主分区、建立扩展分区、建立逻辑分区、激活主分区、格式化所有分区这样一个顺序。如果硬盘上已经存在分区，就要在建立分区之前先删除原有分区。

11.2.1 使用 Fdisk 分区

Fdisk.exe 是 DOS 和 Windows 操作系统自带的分区程序，也是最为常用的分区软件。为了更全面在介绍 Fdisk，这里采用一块已经分过区的硬盘进行操作，先删除原有分区，再建立新分区。

1. 启动 Fdisk

启动 DOS 系统，在提示符后输入 Fdisk，按 Enter 键，显示 Fdisk 的主界面，如图 11.4 所示。其中，第 1 项是建立 DOS 主分区或扩展分区；第 2 项是设置活动分区；第 3 项是用来删除已存在的分区；第 4 项是显示分区信息。

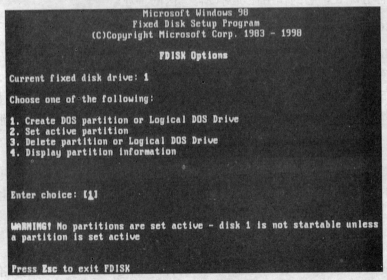

图 11.4　Fdisk 主界面

2. 显示分区信息

在主界面中，输入 4，按 Enter 键，显示分区信息界面，如图 11.5 所示。第 1 项代表主分区，容量为 20 003MB，文件系统为 FAT32；第 2 项代表扩展分区，容量为 56 314MB。如果选择 Y 键，则将继续显示扩展分区中的逻辑分区；按 Esc 键，则回到主界面。

第 11 章 硬盘分区与格式化

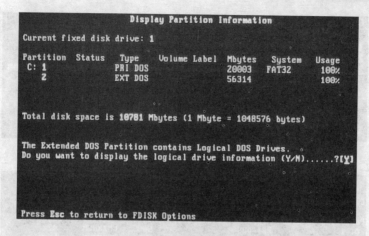

图 11.5　显示分区信息

3．删除分区

按 Esc 键，回到主界面，输入 3，按 Enter 键，就可以进行删除分区的操作。进行删除分区操作的顺序是，先删除逻辑分区，再删除扩展分区，最后删除主分区。删除分区的界面如图 11.6 所示。其中，第 1 项是删除主分区；第 2 项是删除扩展分区；第 3 项是删除逻辑分区；第 4 项是删除非 DOS 分区(即可以删除 NTFS 分区)。

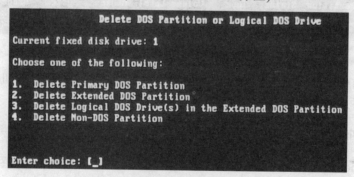

图 11.6　删除分区

4．建立分区

如果是对一块新硬盘进行分区，则可以省略前面的步骤，直接从这部分开始操作。在 Fdisk 主界面中，输入 1，按 Enter 键，显示如图 11.7 所示的界面，第 1 项是建立主分区；第 2 项是建立扩展分区；第 3 项是建立逻辑分区。建立分区的顺序与删除分区的顺序恰恰相反，先建立主分区，再建立扩展分区，最后建立逻辑分区。

5．设置活动分区

当分区建立完成后，为了让硬盘的主分区能够启动计算机，必须对其进行激活。在 Fdisk 的主界面中，可输入 2 进行活动分区的设置，如图 11.8 所示。接着，输入 1 设置主分区为活动分区，当设置完成后在主分区的【Status】项目下，出现活动分区标记 A，如图 11.9 所示。

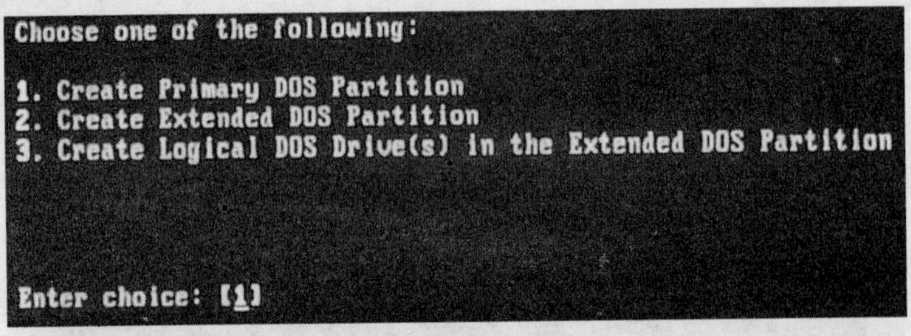

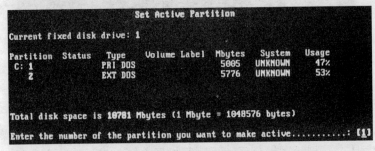

图 11.7　建立分区

图 11.8　设置活动分区

图 11.9　设置活动分区完成

硬盘分区结束后，可按 Esc 键退出 Fdisk，此时，需要重新启动计算机，然后就可以对新的分区进行格式化操作了。

11.2.2　使用 Windows 安装程序进行分区

当进行 Windows 操作系统安装时，也可以进行硬盘的分区操作。如图 11.10 所示，在安装过程中，Windows 出现建立分区和删除分区的提示。选择一个分区，按 D 键可以删除这个分区；也可以选择一个尚未划分的空间按 C 键，建立一个分区，并且可以根据需要设定磁盘容量。

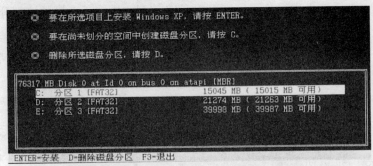

图 11.10　利用 Windows 安装程序分区

11.2.3 使用 DM 万用版进行分区

DM 是一个比较有名的硬盘管理工具,它主要用于硬盘低级格式化、分区、高级格式化等。由于它功能强大、安装速度极快而受到用户的喜爱。在早期,因为各种品牌的硬盘都有其特殊的内部格式,针对不同硬盘开发的 DM 软件并不能通用,这给用户的使用带来了不便。但当前流行的 DM 万用版彻底解除了这种限制,它可以使 DM 软件用于任何厂家的硬盘。

1. 启动 DM

从网上可以下载 DM,解压缩后复制到一张 DOS 启动盘中,然后以 DOS 方式启动系统,在提示符后面输入【DM】,进入 DM 的主界面,如图 11.11 所示。

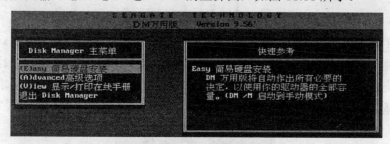

图 11.11 DM 万用版主界面

2. 自动分区

DM 提供了一个自动分区的功能,完全不用人工干预,全部由 DM 自行完成。选择主菜单中的【(E)asy 简易硬盘安装】,如图 11.12 所示,出现硬盘列表,如果计算机上有多个硬盘,在此就会全部列出,根据需要可以进行选择。接着显示如图 11.13 所示的界面,根据将要安装的操作系统选择分区格式,一般都选择【FAT16 or 32】这个项目,然后按提示一步步地进行。

图 11.12 硬盘列表

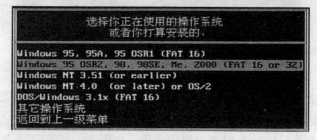

图 11.13 操作系统类型的选择

3. 手动分区

虽然自动分区功能很方便，但是这样并不能按照用户的需要进行分区，因此一般不推荐使用。此时可以选择主菜单中的【(A)dvanced 高级选项】，进入下一级菜单，如图 11.14 所示。然后选择【(A)dvanced 高级方式安装磁盘】进行分区操作。

图 11.14　高级方式安装磁盘

接着同样会出现如图 11.12、11.13 所示的界面，显示硬盘列表和分区格式的选择，接下来是一个确认是否使用 FAT32 的窗口。然后在图 11.15 所示的界面中，进行分区大小的选择，DM 提供了两种自动的分区方式让用户选择；如果需要按照自己的要求进行分区，请选择【选择项(C)　由你自己决定】。

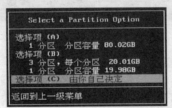

图 11.15　分区方式选择

如图 11.16 和 11.17 所示，首先输入的主分区的大小，然后输入其他分区的大小。这个工作是不断进行的，直到硬盘所有的空间都被划分。

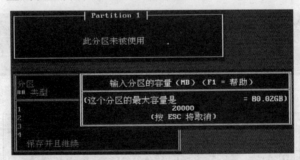

图 11.16　划分主分区

完成分区数值的设定后，会显示最后分区详细的结果。此时你如果对分区不满意，还可以通过一些提示进行调整，例如，按 DEL 键删除分区，按 N 键建立新的分区等。设定完成后，选择【保存并且继续】保存设置的结果，如图 11.18 所示。

第 11 章　硬盘分区与格式化

图 11.17　划分扩展分区

图 11.18　保存设置

接着再次确认用户的设置，如果确定，按 Alt＋C 键继续；否则按任意键回到主菜单。接下来是提示窗口，询问是否进行快速格式化，除非硬盘有问题，建议选择【(Y)ES】。然后还是一个询问的窗口，询问分区是否按照默认的簇进行，选择【(Y)ES】。最后，DM 开始对硬盘进行分区和格式化，如图 11.19 所示。结束后，重新启动系统即可。

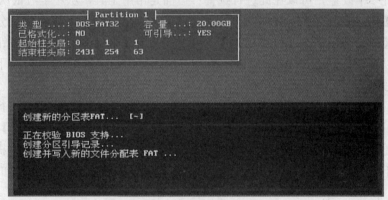

图 11.19　DM 的分区与格式化

当然 DM 的功能还不仅如此，这里只是介绍了 DM 的基本菜单功能，它还有高级菜单，只需要在主窗口中按 Alt＋M 键进入其高级菜单，就会出现很多其他选项。

11.2.4　使用 PartitionMagic 进行分区

PartitionMagic(PQ，即分区魔法师)是一个优秀硬盘分区管理工具，如图 11.20 所示。该工具可以在不损失硬盘中已有数据的前提下对硬盘进行调整分区大小、复制分区、移动分区、隐藏/显示分区、从任意分区引导系统、转换分区结构属性等。可以说，PartitionMagic 是目前在同类软件表现最为出色的工具之一。

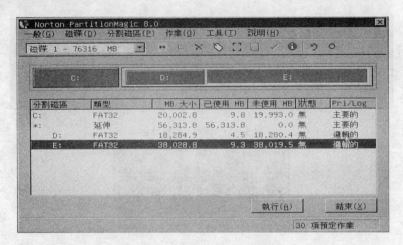

图 11.20 PartitionMagic 主界面

1. PartitionMagic 基本操作

与大多数软件一样在 PartitionMagic 的主界面中，也有标题栏、菜单栏和工具栏，利用菜单和工具就可以进行硬盘分区的各种操作。在主界面中，【磁碟 1】是硬盘列表，如果当前计算机有多个硬盘，可以在此进行选择；后面是常用工具，从左至右依次为【更改/移动分区】、【建立新分区】、【删除分区】、【输入分区卷标】、【格式化分区】、【复制分区】、【检查分区】、【硬盘信息】、【放弃操作】和【执行操作】按钮。工具栏下面的方框是以图像化的方式表示不同的分区，当用鼠标单击不同的分区时，下面窗口会以"反显"的方式显示各个分区的名称、格式、大小和状态等信息。

在 Partition Magic 中有几个需要注意的问题，一是所有的操作在没有执行前只是一种预览模式，并没有真正执行，所以无论进行了任何操作，如果选择【取消】都会回复原始状态；二是一旦选择了【执行】，Partition Magic 会自动执行，这时计算机不要断电，否则会发生不可预计的后果；三是已经分区的空间显示为绿色，而没有分配的空间显示为灰色。

2. 分区调整

计算机使用一段时间后，经常出现"当初建立的硬盘分区已经不能适应现在应用程序的要求"这种现象，最常见的情况是 C 盘分区容量太小，D 盘又太空闲。如果重新设置分区就要首先备份硬盘上所有分区的数据，然后再进行新的分区，这样实在是非常麻烦。这时 Partition Magic 的【更改/移动分区】的功能就帮上大忙了，它可以在不破坏原有分区中数据的条件下将分区容量扩大或缩小。

在工具栏单击【更改/移动分区】，如图 11.21 所示，将鼠标移动到上面的绿色条纹上，即可直接拖动，同时下面显示框中的数值发生变化。注意，在条纹框中，绿色表示没有使用的剩余空间，黑色表示已经使用的硬盘空间，灰色表示空出的自由分区的大小，另外，也可以在下面的数值框中直接填写需要的分区大小，对于簇的大小一般不做更改。一方面将一个分区的空间缩小，另一方面空出的自由空间就可以加入到其他分区中了。

第 11 章 硬盘分区与格式化

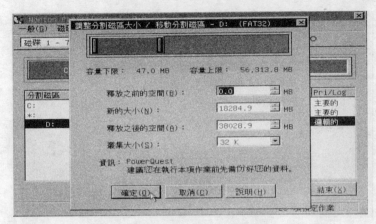

图 11.21　调整分区容量

3. 合并分区

合并分区必须是邻近的分区，现在以 E 盘合并到 D 盘为例。选中 E 盘，右击鼠标，选择【合并】命令，如图 11.22 所示。如果 D 盘和 E 盘都有数据，则可以有两个项目可以选择，一是将 E 盘中原有的数据不变，而将 D 盘原有的数据都放到一个文件夹中，存储于新的分区中；二是将 D 盘中原有的数据不变，而将 E 盘原有的数据都放到一个文件夹中，存储于新的分区中。这个文件夹的名字由用户输入。最后，单击【确定】按钮即可。

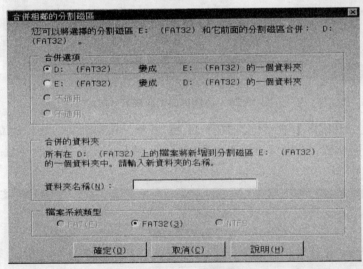

图 11.22　调整分区容量

4. 删除分区

选择某一分区，单击工具栏中的【删除分区】按钮，打开【删除分区】对话框，如图 11.23 所示，为了进一步确认，要求手工输入【OK】后，【确定】按钮才被激活。

5. 建立分区

选择未分配的自由空间，然后在菜单中选择【建立】命令，如图 11.24 所示。

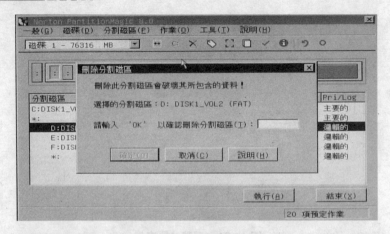

图 11.23　删除分区

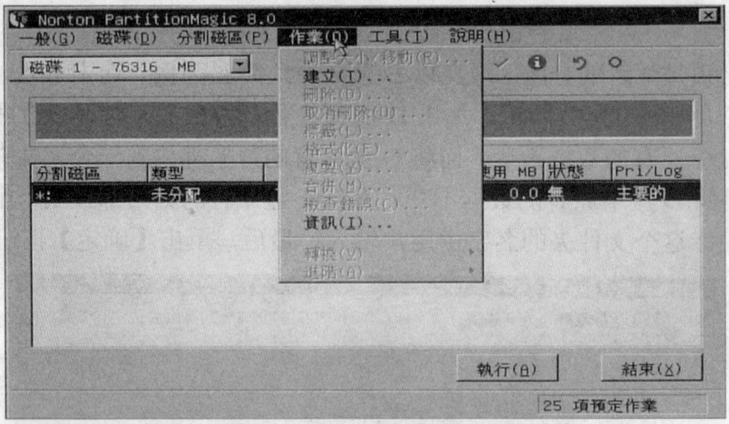

图 11.24　选择自由空间建立分区

打开【建立分割磁区】对话框，如图 11.25 所示。根据需要，选择建立主分区还是逻辑分区；选择分区格式；卷标可以输入也可以空白；然后设定此分区的容量；最后单击【确定】按钮即可。

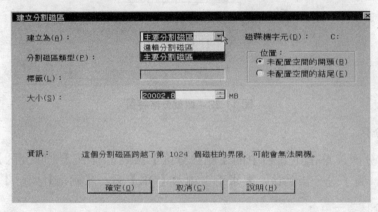

图 11.25　建立分区

第 11 章 硬盘分区与格式化

6. 转换分区格式

Partition Magic 提供分区格式转换功能,最大的特点是转换速度快。选择需要转换的分区,在菜单中的【转换】命令下选择对应转换格式,弹出对话框,单击【确定】按钮即可,如图 11.26 所示。

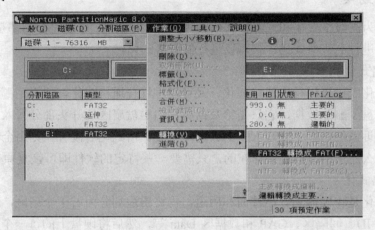

图 11.26 转换分区格式

此外,Partition Magic 还有一些其他的次要功能,例如隐藏分区、损坏扇区测试等,这里就不一一讲解了。当所有的设定都完成后,还需要在主界面中单击【执行】按钮,这时 Partition Magic 会打开"执行变更"对话框,单击【是】按钮,程序就会自动地执行前面所进行的所有设定,如图 11.27 所示。当执行结束后,需要重新启动计算机。

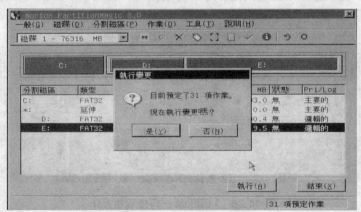

图 11.27 执行设定

11.3 硬盘格式化

一块硬盘进行分区操作后,接着还需要进行格式化操作。格式化操作并不是只能在分区后进行,实际上随时都可以进行的。而且,不仅硬盘可以进行格式化操作,软盘、U 盘同样也可以进行格式化。

207

格式化过程就是删除其中的内容，相当于将一张写有内容的纸张用一种方法将所记录清除一样。格式化是对磁盘的所有数据区上进行写零的操作过程，格式化是一种纯物理操作，同时对磁盘介质做一致性检测，并且标记出不可读和坏的扇区。

1. 格式化分类

格式化分为高级格式化和低级格式化两种类型，对软盘、U 盘进行的都是高级格式化；对硬盘既可以进行高级格式化，又可以进行低级格式化。

1) 高级格式化

高级格式化既可以进行快速格式化，又可以进行普通格式化，但不论哪种格式化，都没有真正从磁盘上删除数据，它只是给数据所在的磁盘扇区的开头部分写入了一种特殊的删除标记，告诉系统这里可以写入新的数据。只要在格式化后没有立刻用全新的数据覆盖这个分区，那么原来的数据还是存在的，只需要一些特定的软件即可恢复原来的数据。

2) 低级格式化

低级格式化是将硬盘划分出柱面和磁道，再将磁道划分为若干个扇区，每个扇区又划分出标识部分 ID、间隔区、GAP 和数据区 Data 等，然后将硬盘上的每一个扇区用"00"覆盖，这将完全地破坏硬盘上的所有数据，不再有恢复的可能。低级格式化在硬盘分区之前进行的，每块硬盘在出厂前都进行了低级格式化。低级格式化是一种损耗性操作，对硬盘的使用寿命有一定的影响，因此不要轻易进行硬盘低级格式化。在一些主板的 BIOS 设置程序中带有低级格式化功能；也可以利用一些工具软件进行硬盘的低级格式化，如图 11.28 所示，就是利用 DM 进行低级格式化。除非特别指明，否则本书所说的格式化都是指高级格式化。

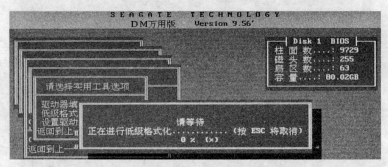

图 11.28　利用 DM 进行低级格式化

2. DOS 下的格式化

当分区完成后，一般还要对各个分区分别进行格式化操作。如果某一个分区没有格式化，那么这个分区虽然可以显示出来，但却不能进行读/写操作。格式化操作既可以在 DOS 系统下进行，也可以在 Windows 下进行，但实际上，当一个硬盘分区结束后，并不是一定要所有分区都要进行格式化操作，只需对主分区进行格式化即可，然后在主分区安装操作系统后，再使用操作系统对其他分区进行格式化。

第 11 章　硬盘分区与格式化

1) 格式化操作

在 DOS 状态下，进行格式化需要使用 Format 命令，利用这个命令和不同参数，可以进行不同方式的格式化。其格式是【Format [盘符] [参数]】。

【Format C:】就表示对 C 盘进行格式化。【Format A:】就表示对软盘进行格式化。如图 11.29 所示。

图 11.29　用 Format 命令格式化磁盘

2) 格式化参数

在 DOS 状态下，用【Format】进行格式化操作时，常常需要加上一些参数。

【Format C: /S】表示对 C 盘进行格式化，并且在格式化完成后，在磁盘上建立系统引导程序，使它能够启动计算机。

【Format C: /Q】表示进行快速格式化。

【Format /?】查看格式化命令帮助及参数说明。

3. 在 Windows 安装过程中进行格式化

在安装 Windows 的时候，Windows 会提示是否进行格式化，并且有各种不同的格式化方式可供选择，如图 11.30 所示。

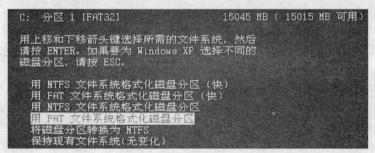

图 11.30　利用 Windows 安装程序进行格式化

4. Windows 中的格式化

在 Windows 中，也可以对磁盘进行格式化操作。方法是，在桌面上双击【我的电脑】，打开【我的电脑】窗口，如果要格式化 K 盘，则右击它，选择【格式化(K)】命令，打开"格式化"对话框，如图 11.31 所示。在【文件系统】选项中选择【NTFS】、【FAT32】、【FAT】

其中一项；可以输入【卷标】；可以勾选【快速格式化】选项；如果格式化软盘，可以勾选【创建一个 MS-DOS 启动盘】。但在 Windows 下不能直接格式化操作系统所在的盘符，如果要格式化操作系统所在的盘符，则要在 DOS 系统下才能进行。

实际上，在 DM 和 PartitionMagic 中都有格式化的功能，利用它们进行格式化操作更加方便，因为这些软件的分区与格式化操作是同时进行的。

图 11.31 Windows 下格式化磁盘

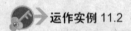运作实例 11.2

硬盘为何不能分区

学生刘雨在学习了分区与格式化操作后，决定对自己购买的品牌机进行重新分区和格式化。在用 Fdisk 把硬盘重新分区时，逻辑分区顺利地删除了，但扩展分区怎么也删不掉，于是请来了班级的"维修高手"李晓龙。

李晓龙用软盘启动电脑后，进入 Fdisk 发现该硬盘的容量为 160GB，扩展分区占了 120GB，逻辑分区已经被删除了。于是进行删除扩展分区的操作，然而提示计算机【Cannot delete Extended Dos partitionWhile logical drives exist】(逻辑分区存在，不能删除扩展分区)。这是怎么回事呢？

李晓龙突然想到，许多计算机厂商为了减轻用户重装系统的麻烦，将系统装好后做了备份，放到一个专门的分区里，并且将该分区隐藏。由于 Fdisk 本身不能查看隐藏分区，于是出现了前面的问题。知道了问题的原因后，解决就容易了，于是使用 PartitionMagic 软件查看该硬盘，果然有一个分区被隐藏了，取消隐藏分区后退出 PartitionMagic。再次进入 Fdisk，被隐藏逻辑分区就出现了，把它删掉后，扩展分区也就可以顺利地删除了。

11.4　分区与格式化的相关问题

1. 支持 NTFS 的操作系统

【问题描述】　什么样的操作系统能够支持 NTFS 文件系统？

【问题处理】　不同的操作系统会支持不同的文件系统。见表 11-1。

表 11-1　操作系统对文件系统的支持情况

文件系统	能够支持的操作系统
FAT16	DOS、Windows 95/98/Me/NT/2000/XP/2003/Vista、UNIX、Linux
FAT32	windows 95/98/Me/NT /2000/XP/2003/Vista
NTFS	Windows NT/2000/XP/2003/Vista

【问题引申】　虽然，NTFS 文件系统有很多优势，但从计算机维护的角度，最好不要将 C 盘设置为 NTFS 系统。这主要是因为，只有 Windows NT/2000/XP/2003 才能识别 NTFS 系统，而 DOS 不支持 NTFS 系统，为了在系统崩溃后便于在 DOS 下修复。

2. FAT 与 NTFS 的转换

【问题描述】　如何将某一分区的 FAT 文件系统转换为 NTFS 文件系统？

【问题处理】　如果这个分区上的数据不需要保留，可以直接用 Windows 中的格式化操作，选择需要的文件系统进行格式化，文件系统也就自然可以转换完成。如果这个分区上还有需要保留的数据，则可以利用 Windows 提供的 Convert 转换工具进行文件系统的转换。具体方法是，先在 Windows 环境下启动 DOS 命令行窗口，在提示符下输入【Convert F: /FS:NTFS】(假设需要将 F 盘转换为 NTFS)，转换工作将在系统重新启动后自动完成。

【问题引申】　如果准备将 NTFS 转化为 FAT，可以在 Windows 中采用格式化的方式，但这种方式会将分区中的原有数据删除。要想保存原有分区的数据，则无法在 Windows 中实现，只能通过其他软件(例如 PartitionMagic)来实现。

3. NTFS 文件系统的优势

【问题描述】　为什么要用 NTFS 文件系统？与 FAT32 文件系统相比具有哪些优势？

【问题处理】　Microsoft 公司推出 NTFS 文件系统就是为了弥补 FAT 文件系统的一些不足，使其性能有了大幅度的改善。在容错性方面，NTFS 可以自动地修复磁盘错误而不会显示出错信息；在安全性方面，NTFS 有许多安全性能方面的选项，可以在本机上和通过远程的方法保护文件、目录，NTFS 还支持加密文件系统，可以阻止没有授权的用户访问文件；在文件压缩方面，NTFS 文件系统支持文件压缩功能，用户可以选择压缩单个文件或整个文件夹；在磁盘限额方面，允许系统管理员管理分配给各个用户的磁盘空间，合法用户只能访问属于自己的文件。此外，NTFS 支持单个大于 4GB 的文件，而 Fat32 却不能。

【问题引申】　由于 NTFS 的性能突出，很多人的主分区 C 盘，都格式化为 NTFS 文件系统，在 DOS 状态下不能进入 C 盘，当 C 盘上安装的 Windows 崩溃时该怎么办呢？实际上，可以使用 Windows 2000/XP 的安装光盘启动来修复 Windows，或者是制作 Windows 2000/XP 的安装启动应急盘。

4. 格式化后的数据恢复

【问题描述】 有时由于操作失误，把保存有重要数据的分区进行了格式化操作，导致了数据全部丢失。在这种情况下数据和文件是否可以恢复呢？

【问题处理】 硬盘的高级格式化操作就是清除硬盘上的数据、生成引导区信息、初始化 FAT 表、标注逻辑坏道等工作。当对硬盘进行格式化后，其实数据区的数据并未抹去，因此格式化恢复是非常可行的。但如果进行了低级格式化操作则是删除全部数据区，这时就无法进行数据恢复。对分区格式化后的恢复操作，一般可以使用 Recover4All Professional、EasyRecovery、Recover My Files 等软件实现。但恢复也只能够恢复 30%～90%的数据，并不能达到 100%。

【问题引申】 对于经过分区和高级格式化后的硬盘，虽然可以通过一些软件进行数据恢复，但为了保证恢复数据的完整性，一定要在硬盘格式化后还没有任何文件写入的情况下进行恢复操作。一般情况下，误删除的文件也可以通过这种方法进行恢复。

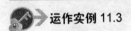 运作实例 11.3

硬盘"坏道"，计算机拒绝分区

小沈的计算机已经用 3 年了，最近进行磁盘检测时，发现硬盘有了少数"坏道"，但不影响使用。昨天，他准备对硬盘进行分区时，却不能通过硬盘检测，导致无法正常分区。

实际上，只是硬盘坏了一点点，却使整个硬盘无法使用，造成资源浪费。小沈经过一番资料的查找，终于找到了解决办法。输入 Fdisk /actok 命令后，就能顺利地进入 Fdisk 主界面和进行分区了。Fdisk/actok 命令参数的功能是跳过检测磁盘直接进行分区。

Fdisk 还有其他的参数，例如用户每次分区后，都必须重新启动计算机，非常不方便，可以通过参数 q 实现在每次分区结束后不用重新启动计算机，而直接格式化硬盘和安装操作系统。

11.5 实训——硬盘的分区与格式化

一、实训目的

通过实训，使学生掌握多种分区与格式化的方法。

二、实训内容

(1) 利用 Fdisk 进行分区。
(2) 利用 Format 进行格式化。
(3) 采用 DM 万用版进行分区和格式化。

第 11 章 硬盘分区与格式化

(4) 采用 PartitionMagic 进行分区和格式化。

三、实训过程

1. 利用 Fdisk 进行分区

分析

掌握 Fdisk 的各项功能及各种参数。

实训要求

正确地使用 Fdisk，要求学生要反复地进行分区操作，包括建立分区、删除分区、查看分区、建立活动分区，直到非常熟练为止。

实训步骤

(1) 删除原有分区。
(2) 建立新分区。
(3) 建立活动分区。
(4) 查看分区。
(5) 如果有多个硬盘，如何选择不同的硬盘进行分区。

2. 利用 Format 进行格式化

分析

掌握 Format 用法及相关参数。

实训要求

正确地使用 Format 命令，要求学生反复地练习，尝试不同的参数，直到非常熟练为止。

实训步骤

(1) 用 Format 格式化硬盘。
(2) 尝试采用不同参数。

3. 采用 DM 万用版进行分区与格式化

分析

DM 是应用十分广泛的分区与格式化软件，通过它练习对硬盘的低级格式化、分区、高级格式化等操作，比较它与 Fdisk、Format 之间在速度方面的差异。

实训要求

利用 DM 进行练习，细心体会，反复揣摩。

实训步骤

(1) 利用 DM 进行低级格式化。
(2) 利用 DM 进行硬盘分区。
(3) 利用 DM 进行高级格式化。

4. 采用 PartitionMagic 进行分区与格式化

分析

PartitionMagic 是应用十分广泛的分区与格式化软件，通过它练习建立分区、调整分区、隐藏/显示分区、格式化等操作，比较它与 DM 在操作方面的差异。

实训要求

利用 PartitionMagic 进行练习，细心体会，反复揣摩。

实训步骤

(1) 利用 PartitionMagic 建立、删除分区。

(2) 利用 PartitionMagic 调整分区。

(3) 利用 PartitionMagic 隐藏/显示分区。

(4) 利用 PartitionMagic 转换文件系统。

(5) 利用 PartitionMagic 格式化。

四、实训总结

通过本章的实训，学生应该能够熟练掌握硬盘的分区与格式化，可以针对硬盘分区、格式化相关的问题作出处理。

本 章 小 结

本章首先介绍了硬盘分区与格式化的基础知识；接着讲解了进行硬盘分区与格式化的最为常用的方法；然后介绍了一些常见的分区、格式化软件；最后描述了一些在硬盘分区、格式化过程中的问题和强化技能练习。

本章的重点是硬盘的分区与格式化操作。

本章的难点是 DM 与 PartitionMagic 软件的使用。

习　题

一、理论习题

1. 填空题

(1) 磁盘的常见文件系统有(　　)、(　　)、(　　)和(　　)。

(2) 计算硬盘容量的公式是(　　)。

(3) 对硬盘进行分区，一般要分为(　　)、(　　)和(　　)几个部分。

(4) 用 Format 命令进行格式化时，加参数(　　)可以实现快速格式化。

(5) (　　)文件系统可以进行磁盘配额管理。

2. 选择题

(1) 用 Format 命令进行格式化时，加参数(　　)可以制作启动盘。

　　A. /S　　　　B. /Q　　　　C. /R　　　　　　D. /A

(2) (　　)文件系统不能支持 2GB 以上的分区。

第 11 章 硬盘分区与格式化

    A．FAT16 B．FAT32 C．NTFS D．Linux Native

(3) 设置活动分区后,用 Fdisk 查看,其活动分区的标志是( )。

    A．K B．S C．A D．B

(4) 经过( )操作后,不能恢复数据。

    A．分区 B．低级格式化 C．高级格式化 D．文件删除

(5) 用( )工具可以查看隐藏分区。

    A．Format B．Fdisk C．PartitionMagic D．DM

3．判断题

(1) NTFS 文件系统比 FAT32 先进。 ( )
(2) UNIX 可以支持 FAT16 文件系统。 ( )
(3) FAT32 系统可以管理 40GB 以上的分区。 ( )
(4) 一块新硬盘可以不经过低级格式化操作,而直接进行分区操作。 ( )
(5) 在 Windows 中不能进行磁盘的快速格式化。 ( )

4．简答题

(1) 硬盘分区的作用有哪些?
(2) 简述 Format 命令中常见的参数和作用。
(3) NTFS 文件系统的功能有哪些?

二、实训习题

1．操作题

(1) 掌握 DM 万用版的使用方法。
(2) 掌握 PartitionMagic 的使用方法。
(3) 掌握 NTFS 文件系统的压缩、加密、安全访问、磁盘配额等操作。
(4) 掌握用 DM 万用版进行低级格式化方法。

2．综合题

(1) 某学生有一台计算机,硬盘容量是 200GB,分了 3 个分区,容量分别是 50GB、80GB、70GB。其中,E 盘的容量 70GB,已经存储了 20GB 的数据。现在想在不破坏已有数据的基础上,从 E 盘中划出一个 F 盘。这种想法是否可行?如果可行,用什么工具?具体操作方法如何进行?

(2) 使用 Windows XP 的安装盘,可以直接在没有进行分区和格式化的硬盘上安装系统。实际上,在操作系统安装完毕后,仍然可以在 Windows XP 中对硬盘分区进行调整,包括删除分区,重新调整分区的大小,甚至重新划分分区、更改盘符等。请按上述要求操作,看是否可行。

第 12 章 操作系统和驱动程序

教学提示：
- 常见操作系统的种类
- 常见 Windows 操作系统
- Windows 操作系统的安装
- 常见设备驱动程序的安装

教学要求：

知识要点	能力要求	相关及课外知识
操作系统的种类	了解常见的各种操作系统	常见操作系统的特点
Windows 版本	了解不同的 Windows 版本的特点	了解 Windows 的版本
Windows 安装	熟练掌握 Windows 系统的安装	了解其他操作系统的安装
驱动程序	掌握各种设备驱动程序的安装	常见驱动程序故障的处理

第 12 章 操作系统和驱动程序

 引例

请关注并体会以下与操作系统、设备驱动程序安装有关的现象：

(1) 小张的计算机由于经常安装各种软件，最近速度越来越慢。同学向他建议，重装操作系统，并借给他一张 Windows 的安装光盘。但他从来没有安装过 Windows，不知应该如何下手。

(2) 林丰是一个电脑游戏爱好者，自己的计算机已经用了 2 年了，一直没出现过问题，只是很多新游戏在自己的计算机上运行的效果并不是太好。究其原因，是因为计算机的显卡是主板集成的，有些落后了。昨天，他花了近千元，买了一块主流的中高档显卡。将显卡安装到计算机上，并启动 Windows XP，系统显示检测到新硬件，并要求插入驱动盘。但下一步他该怎样操作呢？

这样的例子还可以列出很多。

操作系统与设备驱动程序的安装是计算机组装与维护中的一个重要的环节，计算机硬件的性能是否能够完全发挥与操作系统、驱动程序有着十分密切的关系。

本章重点讨论计算机常用操作系统和设备驱动程序的安装。通过本章的学习，能够使学生选择合适的操作系统和设备驱动程序，并进行正确的安装与配置，在出现故障时也能够正确、迅速地排除。

12.1 操作系统的基础知识

操作系统是计算机系统中用来管理各种软、硬件资源，提供人机交互使用的软件，它是计算机中最为重要的软件。计算机能否完全发挥自身的性能，往往取决于操作系统。

1．操作系统分类

一般来说，按照功能来分可以把操作系统分为单机操作系统和网络操作系统。以前的 DOS 就是典型的单机操作系统；而现在所流行的操作系统基本上都是网络操作系统。

网络操作系统可实现单机操作系统的所有功能，并且能够对网络中的资源进行管理和共享。单机操作系统与网络操作系统的区别在于它们提供的服务，网络操作系统偏重于将与网络活动相关的特性加以优化，即经过网络来管理诸如共享数据文件等软件应用和外部设备之类的资源；而单机操作系统则偏重于优化用户与系统的接口以及在此之上运行的应用程序。目前应用较为广泛的网络操作系统有：Microsoft 公司的 Windows 系列，Novell 公司的 NetWare，UNIX 和 Linux 等。

2．UNIX 操作系统

UNIX 操作系统是目前功能最强、安全性和稳定性最高的网络操作系统，通常与硬件服务器产品一起捆绑销售。UNIX 是一个多用户、多任务的实时操作系统。

UNIX 出现于 1969 年，是利用 C 语言开发的操作系统，可移植性是其主要的设计目标，它成为世界上用途最广的通用操作系统。UNIX 的主要特点是技术成熟、可靠性高。许多版本的 UNIX 是开放系统的先驱和代表，它不受任何厂商的垄断和控制。UNIX 系统从一开始就为软件开发人员提供了丰富的开发工具，具有强大的支持数据库的能力和良好的开发环境，所有主要数据库厂商，包括 Oracle、Informix、Sybase、Progress 等，都把 UNIX 作为主要的数据库开发和运行平台。网络功能强大是 UNIX 的另一特点。作为 Internet 技术基础和异种机连接。重要手段的 TCP/IP 协议就是在 UNIX 上开发和发展起来的。TCP/IP 是所有 UNIX 系统不可分割的组成部分。

由于 UNIX 多数是以命令方式来进行操作的，不容易掌握，特别是初级用户。正因如此，小型局域网基本不使用 UNIX 作为网络操作系统，所以 UNIX 一般用于大型的网站或大型的企事业局域网中。UNIX 操作系统有多种不同的版本，例如，Sun 公司的 Solaris、IBM 公司的 AIX 等。UNIX 被广泛用在金融、银行、军事及大型企业网络上。

3. Linux 操作系统

Linux 是芬兰赫尔辛基大学的学生 Linus Torvalds 开发的，具有 UNIX 操作系统特征的网络操作系统。它是一个免费的、提供源代码的操作系统。目前，Linux 已经进入了成熟阶段，越来越多的人认识到它的价值，并将其广泛应用到从 Internet 服务器到用户的桌面、从图形工作站到 PDA 的各种领域。Linux 下有大量的系统工具、开发工具、网络应用、休闲娱乐、游戏等免费应用软件。Linux 操作系统的最大特征在于其源代码是向用户完全公开的，任何一个用户都可根据自己的需要修改 Linux 的内核，所以 Linux 操作系统的发展非常迅速。

就 Linux 的本质来说，它只是操作系统的核心，负责控制硬件、管理文件系统、程序进程等。Linux Kernel(内核)并不负责提供用户强大的应用程序，没有编译器、系统管理工具、网络工具、Office 套件、多媒体、绘图软件等，这样的系统也就无法发挥其强大功能，用户也无法利用这个系统工作，因此便提出以 Linux Kernel 为核心再集成搭配各式各样的系统程序或应用工具程序组成一套完整的操作系统，称为 Linux 发行版。很多公司开发了自己的版本，例如国外的 Red Hat、OpenLinux、SuSE、TurboLinux 和国内的红旗 Linux、中软 Linux。

4. NetWare 操作系统

Novell NetWare 是在 Internet 进入我国之前最为流行的一种网络操作系统。它一开始是为 DOS 网络设计的文件服务器操作系统。它能很好地处理从客户工作站发出的远程 I/O 请求。但是，由于 20 世纪 90 年代计算系统逐渐由大型变为小型，而且多数都转移到了客户机/服务器结构上，所以 NetWare 操作系统的市场占有率急速下降。但是，NetWare 操作系统仍以对网络硬件的要求较低而受到一些设备比较落后的中小型企业青睐。其版本主要有 3.11、3.12、4.10、4.11、5.0、6.0 等中英文版本。NetWare 服务器对无盘工作站和游戏的支持较好，常用于教学网等方面。

5. Mac 操作系统

Mac OS 是一套运行于苹果 Macintosh 系列计算机上的操作系统。Mac OS 产生于 1984 年，是第一个在商用领域成功的图形用户界面。其目前最新的版本是 Mac OS X Leopard。

Mac OS 的特点是兼容多平台模式，为安全和服务做准备，占用内存更少，多种开发工具。苹果机采用 Power PC 芯片作为 CPU，在运行图形软件时，Mac 的速度可以成倍提高，而某些特效渲染的性能更是提高了 10 倍。因而，苹果计算机在人们心中一向是图形图像专业应用的代名词，它所具备的浮点运算能力远远超过了普通计算机。从 2006 年 1 月开始，苹果机开始使用 Intel 的处理器，最新的 Mac Pro 内部采用了 Intel Xeon 四核处理器。Mac OS X 是基于 UNIX 的核心系统，增强了系统的稳定性、性能以及响应能力。

6. Windows 操作系统

Windows 系列操作系统是 Microsoft 公司开发的一种界面友好、操作简便的操作系统。从 1985 年 Windows 1.0 开始，至今已经推出了十几个版本。Windows 操作系统支持即插即用、多任务、对称多处理和群集等一系列功能。它不仅在个人操作系统中占有绝对优势，在网络操作系统中也毫不逊色，特别是在中小型局域网配置中最常见。

从 Windows 1.0 开始，单机版的 Windows 经历了 Windows 2.0/3.0/95/98/Me 等操作系统。其中 Windows Me 如图 12.1 所示。它是 Windows 系列的最后一个单机操作系统，在此之后推出的都是网络操作系统。

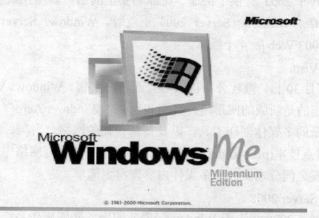

图 12.1　Windows Me 启动界面

Windows 的网络操作系统版本包括 Windows NT、Windows 2000、Windows XP、Windows Server 2003、Windows Vista、Windows Server 2008 等。其中 Windows NT Workstation、Windows 2000 Professional 和 Windows XP、Windows Vista 都是属于客户端操作系统。而 Windows NT Server、Windows 2000 Server、Windows Server 2003 和 Windows Server 2008(如图 12.2 所示)等都属于服务器操作系统。

1) Windows XP

Windows XP 发布于 2001 年 10 月 25 日。它最初发行了两个版本，即家庭版(Home)和专业版(Professional)。家庭版的消费对象是家庭用户，专业版则在家庭版的基础上添加了新的为面向商业的设计的网络认证、双处理器等特性。

图 12.2 Windows Server 2008 界面

2) Windows Server 2003

Windows Server 2003 提供了快速、可靠和安全的服务器操作系统。它包括 Windows Server 2003 标准版、Windows Server 2003 企业版、Windows Server 2003 数据中心版、Windows Server 2003 Web 版 4 个版本。

3) Windows Vista

在 2007 年 1 月 30 日，微软公司正式对普通用户出售。Windows Vista 包含了上百种新功能；其中较特别的是新版的图形用户界面和称为"Windows Aero"的全新界面风格、加强的搜寻功能、新的多媒体创作工具，以及重新设计的网络、音频、输出和显示子系统。Vista 也使用点对点技术(peer-to-peer)提升了计算机系统在家庭网络中的通信能力，将让在不同计算机或装置之间分享文件与多媒体内容变得更简单。

4) Windows Server 2008

Windows Server 2008 相当于 Windows Vista 的服务器端操作系统，二者拥有很多相同功能。Windows Server 2008 也有多个版本，其中有几个版本与 Windows Server 2003 如出一辙，即标准企业版、数据中心版、网络服务器版。除此之外，还有一些其他的版本。

12.2 Windows 的安装

由于 Windows 在个人计算机的操作系统中占有很高的比例，其中又以 Windows XP 的用户最多。所以，这里就以 Windows XP 为例，详细讲解操作系统的安装。稍后再对 Windows Vista 的安装和操作系统的克隆进行简单的介绍。

12.2.1 Windows XP 的安装

Windows XP 的安装方式有多种，例如，可以用光盘启动直接进入安装程序；也可以在

第 12 章　操作系统和驱动程序

DOS 模式下，进入安装光盘的 I386 文件夹，再运行 Winnt32.exe 进行安装；还可以在已有的操作 Windows 操作系统中进行全新安装或升级安装。

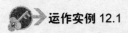运作实例 12.1

Windows XP 的升级安装

　　某单位有两台安装了 Windows 2000 操作系统的计算机，由于工作需要，现在安装 Windows XP 操作系统。小赵取来了安装光盘，放入第一台计算机时(Windows 2000 已启动)，自动弹出安装画面，有"升级安装"和"全新安装"两个选项。小赵选择了升级安装，一切顺利，很快就升级到了 Windows XP。

　　当小赵把安装光盘放入另一台计算机的光驱中时，也自动弹出了安装画面，但却没有"升级安装"选项，只有"全新安装"。小赵想不明白，为什么没有"升级安装"项呢？是不是这台计算机的 Windows 2000 操作系统有问题了呢？

　　实际上，第二台计算并没有任何问题。这是因为 Windows 2000 共有 4 个版本，最常用的是 Professional 和 Server 两个版本。Professional 属于客户机版本，Server 是属于服务器版本。而 Windows XP 没有服务器版本，它的 Home 和 Professional 两个版本都是客户机版本。所以，从对应关系上来说，安装 Windows 2000 Professional 版本的计算机可以升级到 Windows XP 或 Windows Vista；安装 Windows 2000 Server 版本的计算机可以升级到 Windows Server 2003 或 Windows Server 2008。但是，"全新安装"却不受限制上面规则所限制。毫无疑问，虽然两台计算机都安装的是 Windows 2000，但第一台计算机安装的是 Professional 版本，而第二台计算机安装的却是 Server 版本，所以没有"升级安装"的选项。

　　安装 Windows XP 虽然有不同的方式，但安装过程却是大同小异，既可以先用其他软件进行分区、格式化，再安装操作系统；也可以直接启动 Windows XP 安装程序，在安装过程中进行分区和格式化。

　　1．启动计算机

　　将 Windows XP 安装光盘放入光驱，重新启动计算机进入 BIOS 设置，确保系统采用光盘启动。保存并退出 BIOS 并再次重新启动计算机，当系统提示【Press any key to boot from CD......】时。按 Enter 键，即可启动 Windows XP 安装程序。

　　2．继续安装与修复

　　进入 Windows XP 安装程序后，经过安装程序的自检，出现如图 12.3 所示的欢迎画面。
　　此时，按 Enter 键，即可继续 Windows XP 安装；如果已经安装 Windows XP 并出现问题，则按【R】键进行修复；按【F3】键则退出安装程序。
　　而后出现 Microsoft 的软件最终用户许可协议，按【F8】键表示接受，并继续安装；否则退出安装程序。

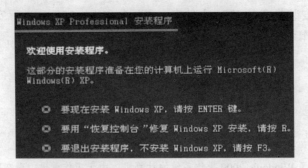

图 12.3 Windows XP 欢迎画面

3. 分区与格式化

接着进入如图 12.4 所示的界面。通过【↑】、【↓】键选择不同的分区，然后按 Enter 键继续安装；如果按【D】键则删除已选择的分区；按【C】键则在空闲的空间创建新分区；并且随时可以按【F3】键退出安装程序。

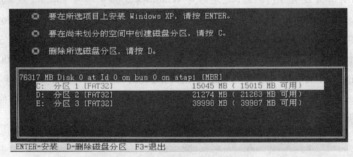

图 12.4 分区的创建与删除

选择分区后，按 Enter 键，接着要求进行格式化，如图 12.5 所示。格式化时也有多种文件系统可以选择。

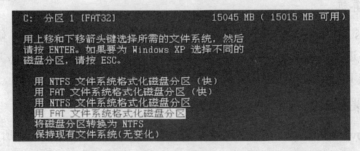

图 12.5 格式化

不论分区，还是格式化，安装程序都会有进一步的提示，随时可以继续或返回，如图 12.6、图 12.7 所示。

第 12 章 操作系统和驱动程序

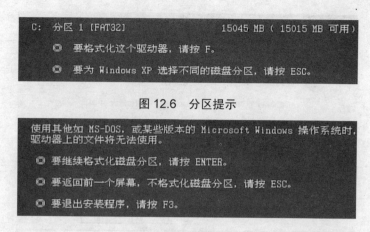

图 12.6 分区提示

图 12.7 格式化提示

4. Windows XP 的复制与安装

分区与格式化完成后，接着进入 Windows XP 的复制与安装阶段，如图 12.8、图 12.9 所示。这个阶段由于计算机速度的不同，耗费时间也有很大差异，一般在 5～30 分钟左右。

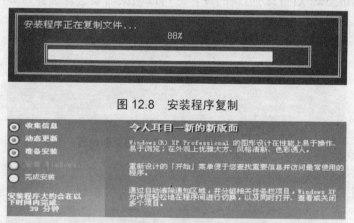

图 12.8 安装程序复制

图 12.9 Windows XP 安装

5. Windows XP 的设置

安装程序的复制与安装结束后，会重新启动计算机，接着是 Windows XP 的设置过程。

首先打开的是【区域和语言选项】对话框。如果安装英文版 Windows XP，又想让它支持中文时，这个画面的选项比较重要。可以通过【自定义】方式设置【标准和格式】、【位置】等内容。通过【文字输入语言】设置文本输入的默认语言，选择【详细信息】可以查看或改变当前系统所支持语言，如图 12.10 所示。

单击【下一步】按钮，打开【输入名字和公司/组织名】对话框，当以后进行注册时，需要这些信息。系统安装成功后，右击【我的电脑】图标，并选择【属性】时可以看到这些信息。

接着需要输入安装程序的序列号，这是由 5 组、共 25 位数据组成。

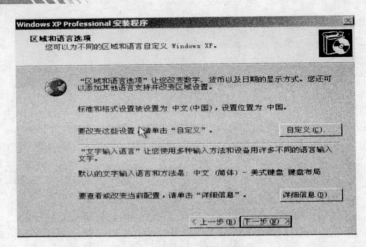

图 12.10 区域和语言选项

下一步需要输入【计算机名】和【系统管理员密码】。

再下一步进行【日期和时间】以及【时区】的设置。

然后进行 Windows XP 自动更新的设置，可以根据需要进行选择，如图 12.11 所示。

图 12.11 Windows XP 自动更新设置

最后进行【用户账户】的设置，根据需要设置不同的账户，设置各种的密码，赋予不同的权限，如图 12.12 所示。也可以不进行设置，只使用系统管理员账户。

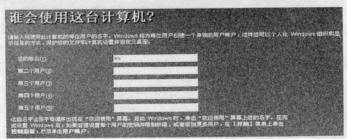

图 12.12 用户账户设置

最终单击【完成】按钮，完成 Windows XP 的安装，并进入 Windows XP 的桌面。

12.2.2 Windows Vista 的安装

Windows Vista 是 Windows 家族中一个较新的操作系统，它于 2007 年正式发布，是 Microsoft 公司所开发的有史以来包含功能最为全面的操作系统之一，它的 3D Aero 玻璃图像化功能带给了人们很好的视觉享受，但它对硬件资源的需求也超过了之前任何一款 Windows 操作系统的需求。

1. Windows Vista 的简介

Windows Vista 分为家庭版和企业版两大类。其中，家庭版按功能从低到高分为 Starter、Home Basic、Home Premium、Ultimate 四个版本，Ultimate 版本功能最强，称为旗舰版；企业版包括 Business、Enterprise 两个版本，Enterprise 称为商用高级版。

Windows Vista 对计算机最低硬件配置需求是，CPU 频率不少于 800MHz；物理内存不少于 512MB；硬盘剩余空间不小于 15GB；显卡的显存最少为 64MB。Windows Vista 对计算机标准硬件配置需求是，CPU 频率为 2G 以上；物理内存在 1G 以上；硬盘剩余空间不小于 15GB；显卡的显存为 128MB 或以上，并完全支持 DX9.0。

2. Windows Vista 的安装

Windows Vista 提供了三种安装方法，一是用安装光盘引导启动安装；二是从现有操作系统上全新安装；三是从 Windows XP 上升级安装。这里只介绍用安装光盘引导启动安装的操作。

首先设置当前计算机的启动方式为光盘启动；经过安装程序的启动和加载后，出现对话框，要求选择语言类型、时间、键盘和输入方式等内容，如图 12.13 所示。

图 12.13　选择 Windows Vista 语言

接着开始安装系统；然后，还需要输入【产品密钥】，确认【许可协议】，选择 Windows Vista 版本等，如图 12.14 所示。

然后下面就可以设置安装分区了，这里包括删除、新建分区，格式化分区等；接下去就是收集计算机信息、复制文件、系统设置等内容；最后安装完成，进入 Windows Vista，如图 12.15 所示。从安装的过程来说，Windows Vista 和 Windows XP 还是十分相似的。

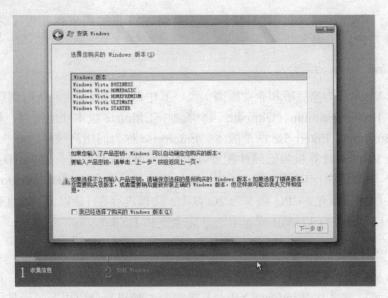

图 12.14 选择 Windows Vista 版本

图 12.15 Windows Vista 欢迎界面

12.2.3 Windows XP 的克隆安装

对于一台计算机,安装 Windows XP 需要 30~60 分钟的时间,而要把各种常用的软件都安装完毕,则需要更长的时间。如果一旦计算机系统崩溃,往往需要重新格式化磁盘,并重新进行操作系统和常用软件的安装,这往往让计算机用户十分头痛。那么是否有简便的办法呢?实际上,可以利用 Ghost 这个软件进行操作系统和各种软件的快速安装,安装过程只需要几分钟就可以全部完成,这种方式被称为克隆安装。

第 12 章 操作系统和驱动程序

1. Ghost 的备份

用启动盘启动计算机进入 DOS 环境，在提示符下输入 Ghost 命令，然后按 Enter 键，就进入到 Ghost 界面中。选择【Local】|【Partition】|【To Image】命令，如图 12.16 所示，这个命令的作用是将一个分区的内容备份到一个镜像文件中去。在计算机维护中，常常将安装操作系统和常用软件的那个分区的内容备份成一个镜像文件并保存到其他的分区中。选择该项目后，打开如图 12.17 所示的对话框，需要选择将要备份的分区。这里选择了第一个分区，即 C 盘。单击【OK】按钮，打开如图 12.18 所示的对话框，在此选择在哪个路径下保存镜像文件，并输入文件名(注意，文件的扩展名为.gho)。这里选择在 E 盘的根目录下保存，文件名为 Winxp，然后单击【Save】按钮。接着出现提示，询问是否要压缩镜像文件。分别有 3 个选项，【No】(不压缩)；【Fast】按钮(快速压缩)；【High】(高压缩比压缩)。压缩比越低，备份过程中用时就越少，一般单击【Fast】按钮即可。然后 Ghost 开始自动备份，如图 12.19 所示，这个过程一般只需要几分钟。备份结束后弹出窗口，单击【Continue】即可。

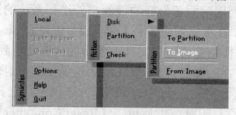

图 12.16　Partition 子菜单

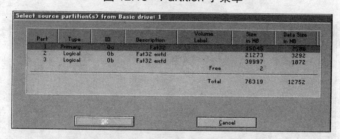

图 12.17　选择进行备份的分区

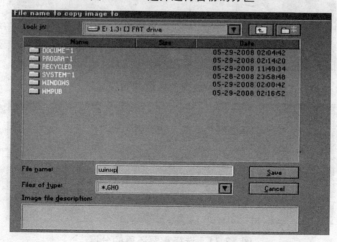

图 12.18　选择镜像文件的路径

图 12.19　Ghost 进行备份

2．Ghost 的还原

一旦当前计算机的系统出现问题，或者机房中的其他计算机(假设硬件配置相同)也要安装相同的软件，就可以利用前面备份好的镜像文件进行系统的还原。同样，用启动盘启动计算机，进入 DOS 环境，在提示符下输入【Ghost】。选择【Local】|【Partition】|【From Image】命令，这个项目的作用是将镜像文件中备份的内容还原到一个分区里。

接着，输入镜像文件所在的路径，选择要还原的镜像文件，如图 12.20 所示。单击【Open】按钮。然后，需要选择还原到哪个分区中，如图 12.21 所示。选择后，单击【OK】按钮，Ghost 自动进行分区的还原，还原结束后单击【Reset Computer】按钮，重新启动计算机即可。

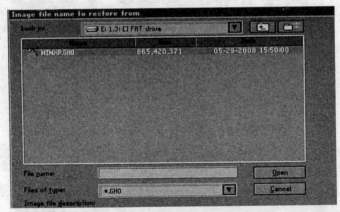

图 12.20　选择要还原的镜像文件

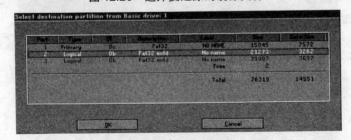

图 12.21　选择需要还原的分区

第 12 章　操作系统和驱动程序

12.3　设备驱动程序的安装

Windows XP 自带了大量的通用驱动程序，所以安装操作系统后，很多驱动程序已经被自动安装上，用户只需安装少量的驱动程序就能使用计算机了。一般需要用户手动安装的驱动程序有主板、显卡、声卡、网卡、打印机、扫描仪、摄像头等。

安装驱动程序前，首先应该确定硬件的型号。如果使用的是主板集成的声卡、网卡或显卡，只需要安装主板驱动盘中的驱动程序即可；如果使用的是独立设备，那么应该使用设备自带的驱动程序或从互联网上下载相关驱动程序。

12.3.1　"傻瓜化"安装

目前大多数主板的驱动程序都提供"傻瓜化"的安装方式，即在光盘中加入 Autorun 自动启动文件，只要将光盘放入已经启动的计算机的光驱中，光盘便会自动运行，如图 12.13 所示，此为主板驱动光盘自动运行显示的内容，由于主板集成了声卡和网卡，所以，可以通过这个光盘直接进行设备驱动程序的安装。第一项是安装所有驱动程序，第二项是安装主板芯片组驱动程序，第三项是安装声卡驱动程序，第四项是安装网卡驱动程序。首先选择一个项目，然后出现各种提示，可以直接单击【是】或【下一步】按钮即可(如果对一些提示不太清楚，可以选用默认设置)，安装成功后一般要求重新启动系统，设备才能正常的工作。

图 12.22　驱动程序光盘的自动运行

12.3.2　使用安装程序进行安装

如果没有安装光盘，也可以通过安装程序进行驱动程序的安装，这里以显卡为例。

使用驱动光盘中所带的程序，或者根据计算机中显卡的型号从网站上下载驱动程序，双击对应目录中的【Setup】文件，开始安装驱动程序，安装成功后，系统提示重新启动。如果驱动程序正确，重新启动系统后，就可以调节系统的显示属性，包括显示分辨率、色彩数和刷新频率等。

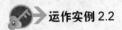 运作实例 2.2

显卡驱动程序的选择

选择驱动程序时应该注意，这个驱动程序适合于什么类型的、32 位还是 64 位的操作系统，什么时间发布的，是官方正式版还是测试版。如图 12.23 所示，第一个驱动程序显示为【多国语言版 For WinXP/XP-MCE】、【强烈推荐】，这说明此驱动程序是官方正式发布的，适合于 Windows XP/XP-MCE 版本的 32 位操作系统(一般支持 64 位的操作系统会有特别说明)。第二个驱动程序显示为【Beta 版 For Vista-64】、【值得试用】，这说明此驱动程序是测试版，适合于 Windows Vista 64 位操作系统。第二个驱动程序显示支持 NVIDIA GeForce6/7/8/9/GTX200 系列显卡，这说明此系列显卡都可以用这个驱动程序，但由于 NVIDIA GeForce6 推出较早，安装此驱动程序未必就一定会得到更好的显示效果。事实上，并不是最新的驱动一定是最好的。有的驱动程序虽然是最新的，但可能没有经过系统的测试，存在着某些缺陷；有的最新驱动程序没有缺陷，但适合于最新的设备，对于其他的设备也可以支持但可能不是最佳的。

图 12.23 显卡驱动程序的选择

12.3.3 使用设备管理器进行安装

设备管理器是操作系统对计算机硬件进行管理的一个图形化工具。在组装计算机中，驱动程序的安装更多是通过【设备管理器】来进行。因为在 Windows XP 安装完成后，很多驱动已经安装了，没有必要再按部就班的一个个安装，只需要将 Windows XP 没有识别的设备安装上即可。

Windows XP 安装成功后，右击桌面上【我的电脑】图标，选择【属性】命令、打开【系统属性】对话框切换到【硬件】选项卡、单击【设备管理器】按钮，对于没有安装驱动程序的设备在【其它设备】下有显示，如果安装驱动程序但还是不能正常工作时，显示为黄色"叹号"。如图 12.24 所示，在【其它设备】下有【PCI 调制解调器】、【多媒体音频控制器】和【视频控制器】三个设备前标记黄色"问号"；在【显示卡】下有一个带黄色"感叹号"的设备。这说明该计算机的调制解调器、声卡、显卡都还没有安装驱动程序或没有正确安装。

第 12 章　操作系统和驱动程序

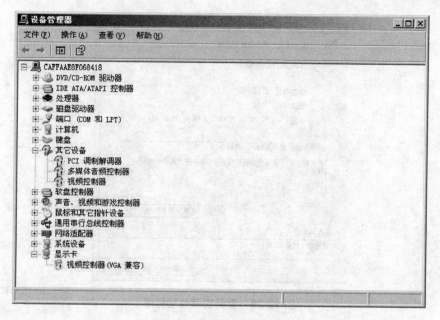

图 12.24　设备管理器

这里以声卡为例，介绍其安装和设置方法。

除了可以利用设备管理器查看声卡驱动程序是否安装之外，还有其他的方法。当声卡驱动程序安装正确后，在 Windows 的任务栏中会出现一个"喇叭"图标，说明驱动程序安装没有问题；如果没有这个图标，也可以依次打开【控制面板】、【声音和音频设备】来进行声音的设置和调整；如果在【声音和音频设备】中看不到声音设备，则说明驱动程序安装的不正确，如图 12.25 所示。

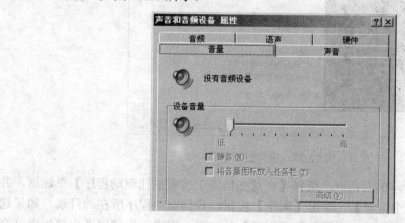

图 12.25　声卡安装前的声音和音频设置

在如图 12.24 所示设备管理器中，双击【多媒体音频控制器】，出现如图 12.26 所示的对话框，单击【重新安装驱动程序】按钮；或者选择【驱动程序】选项卡，单击【更新驱动程序】按钮。

计算机组装与维护案例教程

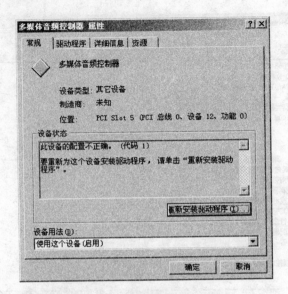

图 12.26　重新安装驱动程序

打开如图 12.27 的对话框，这时可以选择【自动安装软件(推荐)】，也可以选择【从列表或指定位置安装(高级)】。其中第一项是通过驱动程序光盘自动安装；第二项是指定驱动程序位置，然后进行安装。这里选择第二项，单击【下一步】按钮。

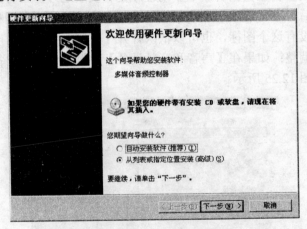

图 12.27　硬件更新向导

打开如图 12.28 所示的对话框，选择【在这些位置上搜索最佳驱动程序】单选框，并选中【在搜索中包括这个位置】，单击【浏览】按钮，找到驱动程序所在的目录。如果选择【不要搜索，我要自己选择要安装的驱动程序】单选框，则表示由使用者直接指定这个硬件的类型及驱动程序。

单击【下一步】按钮，如果指定的目录中有正确驱动程序，即开始复制文件，如图 12.29 所示。安装结束后，会提示重新启动计算机。

声卡安装成功后，在 Windows 任务栏出现一个"喇叭"图标，双击该图标可以进行声音调节；如果没有出现，也可以进入【声音和音频设备】中，进行设置，如图 12.30 所示。

第 12 章 操作系统和驱动程序

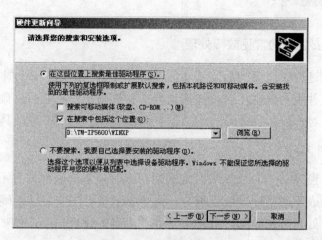

图 12.28 搜索驱动程序

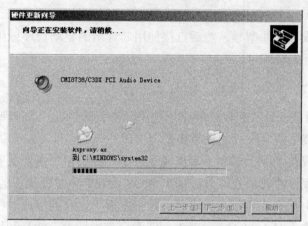

图 12.29 驱动程序安装过程

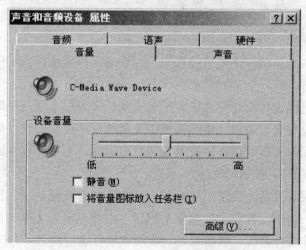

图 12.30 声卡安装后的声音和音频设置

12.3.4 驱动程序安装中的常见故障处理

安装驱动程序过程中出现的故障基本由以下几种原因造成：硬件本身出现故障；软件本身存在缺陷；软件版本选择不对；操作失误；软件与硬件不相符；硬件存在冲突；驱动程序安装不完全。对于前四种故障与本节没有太多关系，这里不进行具体分析。

1. 软件与硬件不符

【问题描述】 当 Windows XP 安装成功后，有时显示的硬件信息不完全准确，或者是信息显示笼统，造成驱动程序安装过程中，系统显示【无法安装这个硬件】。

【问题处理】 处理方法是通过其他办法找到准确的硬件信息，例如，使用测试软件检测，方法在下一章会具体介绍

【问题引申】 实际上，直接观察硬件本身也可以得到相关的信息。一般在硬件上都有主要芯片组的标记或者硬件型号。然后直接使用芯片组的驱动程序或生产厂商提供的对应产品的驱动程序进行安装即可。

2. 硬件存在冲突

【问题描述】 以前的计算机硬件经常出现资源冲突的情况，这种现象现在很少出现了。但如果计算机上安装了两个同样的设备还是有出现冲突的可能。

【问题处理】 现在主板上基本上都集成了声卡，如果由于需要又安装了一个独立的声卡，这样就会出现硬件冲突。处理方法是在 BIOS 设置中将主板集成的声卡关闭。

【问题引申】 由于安装了独立的设备，导致主板上原有的集成设备闲置。但现在出现了一种新的技术，称为 Hybrid CrossFireX，即混合交火技术，就是利用主板集成显卡和独立显卡进行联合工作，从而提升显示性能。

3. 驱动程序安装不完全

【问题描述】 由于驱动程序安装的不完全，有时操作系统根本不能识别该设备，往往显示为【未知设备】。

【问题处理】 出现这种问题常常让人无所适从，因为根本没有说明是什么设备。这时需要检查哪些设备没有安装成功，然后选择相关驱动程序进行安装；如果所有设备已经安装成功，则常常是因为主板驱动程序没有安装而出现的一些系统设备或总线控制器工作不正常，可以安装该主板的驱动程序。

【问题引申】 很多设备上除了主要功能，往往还具有其他功能，例如，调制解调器上也有声音控制芯片，由于没有完全安装驱动程序，也会显示为【未知设备】。所以出现这种情况时应该仔细的进行分析，或者通过一些测试软件进行检测。

12.4 实训——Windows XP 与驱动程序的安装

一、实训目的

本章通过实训，使学生掌握 WindowsXP 与驱动程序的安装。

二、实训内容

(1) Windows XP 的安装。
(2) 驱动程序的安装。
(3) 常见驱动程序的安装及故障处理。

三、实训过程

1. Windows XP 的安装

分析

安装 Windows XP 是计算机组装与维护中最基本的技能，必须熟练掌握。

实训要求

正确地安装 Windows XP，在安装过程中学会分区、格式化及文件系统的转换。

实训步骤

(1) 在安装过程中，通过 Windows XP 自带的功能进行删除分区、建立分区操作。
(2) 通过 Windows XP 自带的功能进行格式化、快速格式化和文件系统转换操作。
(3) 根据控制台进行 Windows XP 修复操作。
(4) 安装 Windows XP，并掌握在安装过程中常见的设置功能。
(5) 使用 Ghost 进行 Windows XP 的克隆安装。

2. 驱动程序的安装与卸载

分析

虽然驱动程序也是一种软件，但是其安装方式大致相同，并且其安装方法也有多种，可根据实际情况选择。

实训要求

熟练掌握驱动程序的多种安装方法。

实训步骤

(1) 通过驱动光盘自动运行直接安装驱动程序。
(2) 通过安装程序进行驱动程序的安装。
(3) 通过设备管理器进行驱动程序的安装。
(4) 驱动程序的卸载。

3. 驱动程序安装中常见故障的处理

分析

根据驱动程序常见案例，仔细分析，逐步确认，积累经验，同时保持创新的精神，不固守原有的思维习惯和方式，锻炼学生独立处理问题的能力。

实训要求

通过对不同配置的计算机进行安装操作，了解更多的故障处理方法。

实训步骤

(1) 仔细阅读本章的引例，提出自己的解决方案。
(2) 每组同学之间相互设置故障，由对方进行排除。
(3) 查看相关的资料，了解更多的故障现象及解决办法。

四、实训总结

通过本章的实训，学生应该熟练掌握 Windows XP 与常见驱动程序的安装，除了本章所提到的设备，尽可能多地练习各种设备的安装。最终达到融会贯通的目的。

本 章 小 结

本章首先介绍了常见的一些操作系统以及他们的功能和特点；然后介绍了 Windows XP 和 Windows Vista 的安装过程；接着讲解了设备驱动程序的安装及常见故障处理；最后安排了技能实训，以强化技能练习。

本章的重点、难点是驱动程序的安装及问题处理。

习 题

一、理论习题

1. 填空题

(1) 操作系统根据功能可以分为(　　)和(　　)。
(2) 现在被认为功能最强大的操作系统是(　　)。
(3) 常见的 Linux 版本有(　　)、(　　)、(　　)等。
(4) 最新的 Windows 服务器操作系统是(　　)。
(5) 如果 Windows 没有识别出某一设备，则可以用(　　)或(　　)，这两种办法解决这个问题。

2. 选择题

(1) (　　)是 Windows 发布的最后一个单机操作系统。
　　A．Windows 98　　　　　　　　B．Windows Me

第 12 章　操作系统和驱动程序

　　　C．Windows XP　　　　　　D．DOS
(2) (　　)是一个免费的、提供源代码的操作系统。
　　　A．Windows　　B．Linux　　　C．UNIX　　　　D．DOS
(3) Windows XP 的安装程序放在(　　)文件夹下。
　　　A．Windows XP　　　　　　B．Setup
　　　C．Win　　　　　　　　　　D．I386
(4) 声卡如果安装成功，但在 Windows 任务栏没有显示图标，在(　　)中调节。
　　　A．【管理工具】　　　　　　B．【声音和音频设备】
　　　C．【声卡】　　　　　　　　D．【系统】
(5) 事实上，Windows Vista 是(　　)升级版。
　　　A．Windows 2000　　　　　　B．Windows XP
　　　C．Windows Server 2003　　　D．Windows 98

3．判断题

(1) 操作系统主要功能是对网络中的资源进行管理和共享。　　　　　　(　　)
(2) DOS 对无盘工作站和游戏的支持较好，常用于教学网等方面。　　 (　　)
(3) 为了将硬件的功能发挥到极限，就应该不断采用最新的设备驱动程序。　(　　)
(4) 在设备管理器中带有黄色"感叹号"的设备表示，此设备可以使用，但不能把性能发挥到最大。　　　　　　　　　　　　　　　　　　　　　　　　　(　　)

4．简答题

(1) 简述 Windows XP 的安装过程。
(2) 如果硬件设备存在冲突，无法安装驱动程序，该如何解决？
(3) 简述硬件与驱动程序不符的故障如何排除。

二、实训习题

1．操作题

(1) 安装采用不同芯片组主板的设备驱动程序。
(2) 练习通过 Windows XP 建立分区、删除分区、格式化分区和转换文件系统类型。
(3) 练习本章没有涉及到的设备(例如打印机、扫描仪、摄像头等)驱动程序的安装。

2．综合题

(1) 在本章中提到了显卡的混合交火技术，请查阅资料了解混合交火技术的产生，适用的系统，采用该技术后系统性能提升效果，工作过程，如何搭建这种系统？除了显卡可以交火外，声卡是否可以采用混合交火技术？
(2) 由于篇幅的关系，本章只是介绍了 Windows XP 的安装，但是，除了 Windows XP 之外，现在较流行的操作系统还有 Windows Vista 和 Linux。尤其是 Linux 操作系统，由于它所具有的高性能、免费、源代码开发的特性，吸引了很多用户，请查阅资料自学，并找一个 Linux 安装程序，试着安装，谈谈自己的感想。

第13章 常用软件的安装

教学提示：
- 常用工具软件的安装
- 常用办公软件的安装
- 常用工具软件的使用

教学要求：

知识要点	能力要求	相关及课外知识
常用工具软件安装	各种工具软件的安装方法	软件的卸载
办公软件安装	熟练掌握办公软件安装	典型与自定义安装
常用工具软件使用	通过工具软件解决常见问题	工具软件的选择

第 13 章 常用软件的安装

 引例

单位有一台用了好多年的计算机,在硬件方面没有任何问题,只是系统越来越慢。昨天被小王重装系统后,使用正常,只是今天才发现没有声音,毫无疑问是因为声卡驱动程序没有安装。但是小王发现 Windows XP 只是识别为 AC97 声卡,其他没有任何提示。打开机箱后发现声卡芯片的标记已经模糊不清,而当时购买计算机时的说明书及驱动程序光盘已经丢失。小王在网上下载了许多声卡驱动程序都不符合要求,真是一筹莫展,难道这台计算机注定就没有声音了吗?

请关注并体会以下工具软件的作用。

(1) 如果找不到驱动程序,是否有办法在操作系统没有重新安装之前就将各种驱动程序备份出来?

(2) 虽然从主板看不到声卡芯片的型号,而且 Windows XP 也不能识别这个声卡,但是否有其他的软件可以识别呢?

(3) 计算机使用久了,系统越来越慢,这时很多人选择格式化硬盘,然后重装操作系统。但是,如果在不能随意重装系统的情况下,难道就束手无策了吗?有没有使操作系统运行速度变快的工具软件?

计算机的维护不单是从硬件方面进行维护,软件维护也是一个重要的组成部分。随着计算机生产工艺的发展,真正需要打开机箱,更换硬件的维护将会越来越少。所以,软件维护在计算机维护中占有十分重要的地位。

本章重点讨论计算机中常用的系统维护软件、办公软件、工具软件的安装、卸载和简单的使用,通过本章的学习,使学生掌握最基本的软件安装和使用方法,起到抛砖引玉的效果。

13.1 常用工具软件的安装

随着计算机制造工艺的发展,计算机硬件的价格越来越低,其发生故障的概率也越来越小。因此,计算机软件的重要性就更加凸显出来了。计算机软件工作的情况决定着计算机性能的发挥,而软件正常使用的前提是软件顺利、正确地安装。

1. 软件的安装

一般来说软件的安装较为简单,只要按照安装过程中的提示,一步步进行下去即可。

下面以压缩软件 WinRAR 的安装为例,介绍软件安装的基本方法。

(1) 打开文件夹,如图 13.1 所示,共有 3 个文件,其中,第一个为可执行文件,第二个为图片文件,第三为文本文件。

图 13.1 WinRAR 文件夹

(2) 直接单击可执行文件,如图 13.2 所示,打开【目标文件夹】选择界面,可根据需要直接输入或单击【浏览】按钮进行选择。

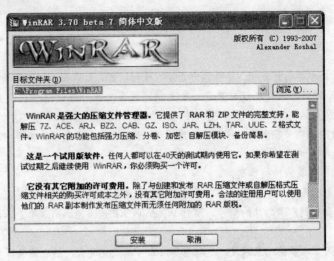

图 13.2 选择目标文件夹

(3) 单击【安装】按钮开始复制文件，安装结束后，打开如图 13.3 所示的对话框。其中，【WinRAR 关联文件】表示 WinRAR 默认可以对哪种类型的文件进行压缩与解压缩；【界面】表示在 Windows 的什么位置建立快捷方式；【外壳整合设置】表示用什么方式可以快速利用 WinRAR 进行压缩与解压缩。

(4) 可根据需要进行选择，然后单击【确定】按钮，结束安装。

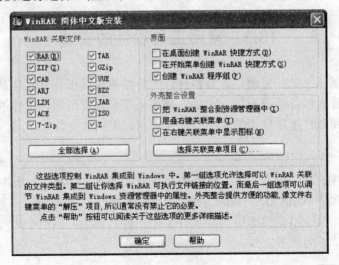

图 13.3 相关选项

一般软件的安装过程基本与 WinRAR 安装类似，但是如果软件功能越强大，相关的选项设置就越复杂。

2. 软件的卸载

如果软件不符合用户要求，可以对其进行卸载。但是，软件如果直接进行手动删除，往往不能完全删除，因为在 Windows 注册表中还有它的相关信息，因此应该采用软件卸载

第 13 章 常用软件的安装

的方法。软件的卸载主要有两种方式，一是利用软件自带的卸载功能；二是利用【Windows 控制面板】中的【添加或删除程序】。第一种方式是利用第三方工具软件进行卸载，例如完美卸载、Windows 优化大师等都具有软件智能卸载功能，如图 13.4 所示。

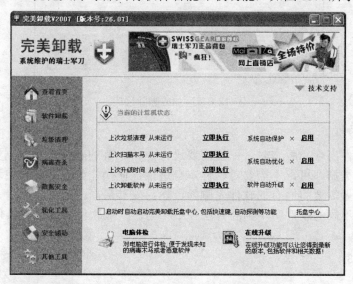

图 13.4 第三方软件提供的卸载功能

1) 软件自带卸载功能

大部分软件安装后都自带有卸载功能，如图 13.5 所示，直接在其程序组中选择卸载命令即可启动卸载程序。在卸载过程中有时会有一些提示，可以根据需要进行选择。还有一些软件卸载后还存在着残留文件，需要手动删除。

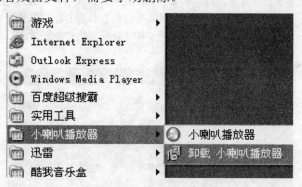

图 13.5 软件的卸载功能

2) 使用【添加或删除程序】卸载

如果软件没有提供卸载功能，也可以通过【Windows 控制面板】中的【添加或删除程序】进行软件的删除。如图 13.6 所示，选择需要卸载的项目，单击【删除】按钮图标可启动卸载程序。与软件自带的卸载功能一样，在卸载中会有相关的提示，需要进行选择。对于 Windows 自带组件的删除可以选择【添加/删除 Windows 组件】选项卡进行卸载。

计算机组装与维护案例教程

图 13.6　添加或删除程序

3. 软件的更新

当使用的软件出现新版本时，往往需要进行更新。有的软件只是数据更新，即使用新的数据替换原有数据即可，不需要对软件本身进行任何操作。有的软件更新是全部内容的更新，这时，或者需要将原有的软件先删除，然后安装最新的版本；或者是在原有软件基础上直接更新。不同的软件所用到的方法并不相同，一般软件本身会有具体说明。

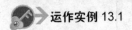运作实例 13.1

"捆绑软件"的安装

现在很多软件中会"捆绑"其他的软件。这些"捆绑软件"中，有的是免费工具软件，有的是"木马"或流氓软件。因此，在安装软件前，一定要知道这个软件的来源，如果软件被"捆绑"了"木马"，在软件安装过程中"木马"就会自动安装到系统中，黑客就可以轻易地对用户的计算机进行破坏。有的"捆绑软件"在软件安装过程中没有出现相关的提示，也会被自动安装，而且一旦安装很难卸载，这就是常说的"流氓软件"。这种软件虽然对计算机没有危害，但如果安装太多就会大大降低计算机的运行速度。还有一些"捆绑软件"在安装过程中会出现提示，询问是否进行安装，这时可以根据自己的需要进行选择。所以，安装软件时一定要详细查看提示，如图 13.7 所示，就是在安装软件过程中的"捆绑软件"，可以根据需要选择是否安装。

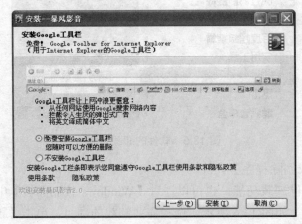

图 13.7　"捆绑软件"的安装

第 13 章 常用软件的安装

13.2 办公软件的安装

办公软件实际上也是一种常用工具软件，其安装方法也与前面介绍的方法基本相同。但是由于办公软件功能较为强大，因此安装方法也相对复杂。

1. Microsoft Office 的安装

Microsoft Office 是目前最常用的办公软件，它包含了 Word、Excel、Access 等多种应用程序，每一个应用程序中还包括大量的工具，因此安装较为复杂。

(1) 插入安装光盘，自动运行安装程序或单击光盘中的【Setup】文件，启动其安装程序如图 13.8 所示。【典型安装】表示安装最主要的功能；【完全安装】表示安装所有的功能，占用的磁盘空间是最大的；【最小安装】表示只安装最基本的功能，所占用的磁盘空间也是最小的；【自定义安装】表示根据个人需要有选择地进行安装，这是安装中的较为高级的形式。通过【安装位置】可以选择不同的文件夹进行安装。

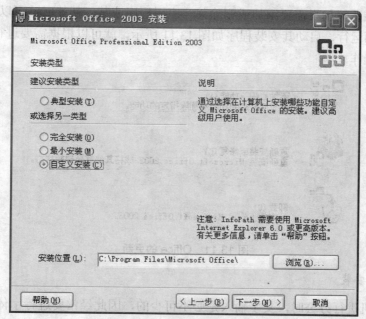

图 13.8　安装类型的选择

(2) 这里选用【自定义安装】，单击【下一步】按钮，打开如图 13.9 所示的界面，在这里，可以根据需要选择应用程序的安装。

(3) 在安装的每一个应用程序中，包含了该应用程序的主要功能，如果勾选【选择应用程序的高级自定义】，则可以由用户选择是否安装其他的功能。如图 13.10 所示，单击【公式编辑器】，弹出一个菜单，选择相应的项目。

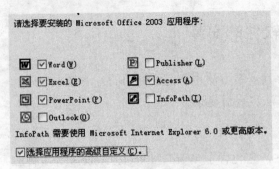
图 13.9　应用程序的选择

图 13.10　功能的选择

(4) 单击【下一步】按钮，接着还需要填写【用户名】、【单位名】、【序列号】等内容，还需要单击【接受】【最终用户许可协议】才能继续安装下去。然后，只需要一步步地按照提示进行操作即可完成安装。

2. Microsoft Office 的修改与卸载

Office 安装后，如果需要添加或删除某一应用程序或某一功能时，可以再次插入安装光盘，光盘自动运行，启动其安装程序如图 13.11 所示，就可以根据需要进行添加或删除、修复或卸载的操作。

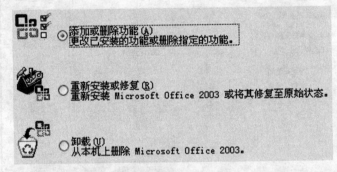
图 13.11　Office 的更新

3. 字体的安装

使用计算机进行办公时，文字输入是必不可少的，因此经常要进行字体的选择。如果 Windows XP 自带的字体不能满足要求，就需要在系统中安装需要的字体。

安装字体的方法是，打开【控制面板】中【字体】窗口，选择【文件】菜单，单击【安装新字体】命令，打开"添加字体"对话框，如图 13.12 所示。选择字库所在的驱动器和文件夹后，Windows XP 会自动搜索字体，在【字体列表】中显示所有可以安装的字体，选择并单击【确定】按钮，即可安装所选择的字体。

此外，安装字体还有一种更直接的方法，就是把字体文件直接复制到字体文件夹中。

第 13 章 常用软件的安装

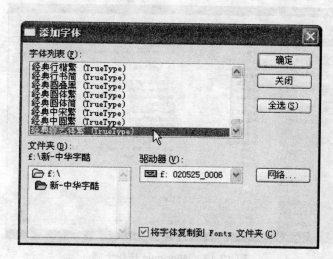

图 13.12　安装新字体

13.3　常用工具软件的使用

在使用计算机的过程中，合理地利用各种工具软件既可以使计算机达到最佳的状态，又可以使工作效率成倍地增加，因此各种工具软件是不可缺少的。

通过软件对系统进行维护是现在最常用、最方便有效的一种计算机维护方法。系统维护软件的种类很多，正确地使用它们可以有效地提高计算机的性能。

1. 常用系统维护、系统增强软件的使用

系统维护软件的种类很多，它们除了具有系统维护的功能外，有的也带有系统增强功能，它可以使当前的计算机系统发挥更大的作用，例如下面讲解的 Windows 优化大师就是这样一种软件。

1) Windows 优化大师

Windows 优化大师是一个功能强大的系统优化软件，它提供了系统检测、系统优化、系统清理、系统维护四大功能模块及多个附加的工具软件。能够有效地测试的计算机软硬件信息；简化操作系统设置步骤；提升计算机运行效率；清理系统运行时产生的垃圾；修复系统故障及安全漏洞；维护系统的正常运转，如图 13.13 所示，本章开头引例(1)中的问题可以通过它来解决。

2) HWiNFO32

如图 13.14 所示，这是一个较为全面的系统测试软件，无论系统中驱动程序是否正确安装，都可以较准确地检测出当前计算机中各种硬件的型号。利用 HWiNFO32 就可以解决引例(2)中的问题。

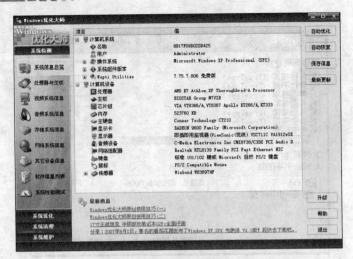

图 13.13　Windows 优化大师

图 13.14　HWiNFO32

3) 驱动精灵

在引例(1)中，对于已经安装的设备驱动程序，可以采用驱动精灵进行备份，如图 13.15 所示。它可以快速准确地备份驱动程序，并在重新安装操作系统后快速恢复。

图 13.15　驱动精灵

第 13 章 常用软件的安装

4) ATITool

如图 13.16 所示，这是一个针对 ATI 芯片的显卡测试、显卡超频软件，通过它可以调节显卡的核心频率和显存的工作频率，将显卡的性能发挥到最大，这属于系统增强类软件。针对 NVIDIA 芯片的显卡，也有类似的软件，例如 nTune。

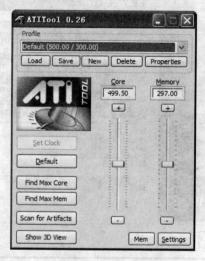

图 13.16　ATITool

5) Vopt XP

如果经常地安装软件或者删除文件，就会使磁盘中的文件变得混乱，这样不仅存取资料速度变慢，而且也会影响系统效率。Vopt XP 可以将存放在硬盘上不同扇区的文件进行重新整理，这样可以提高系统的运行效率和节约磁盘空间。如图 13.17 所示。

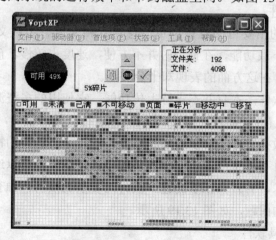

图 13.17　Vopt XP

6) 一键还原精灵

一键还原精灵是采用 Ghost 为系统内核，实现系统备份和还原的一款软件，主要适用于普通的计算机用户。用户可以不必掌握 Ghost 软件的使用，直接通过热键实现"一键傻

247

瓜式"操作。主要功能包括一键备份分区，一键恢复分区，全自动无人值守操作；自动选择备份分区；独立运行于 DOS 系统下，不占用系统资源；支持多个分区备份还原及设置永久还原点等，如图 13.18 所示。常见的一键 Ghost 也属于此类软件。

图 13.18　一键还原精灵

2．提高工作效率的常用工具软件的使用

现在，随着互联网的发展，人们可以从网上十分方便地下载各种工具软件，很多工具软件的作用就是可以提高工作的效率。现在就对这类工具软件进行简单的讲解。

1）下载类工具软件

现在，人们上网的主要目的就是浏览信息、互相交流、下载文件、家庭娱乐等。而 Windows 自带的文件下载功能，在使用时并不方便，速度也较慢。而一些第三方的下载软件，例如迅雷、快车等在这方面的表现却十分突出。

迅雷是一款下载软件，本身并不支持上传功能。它使用的多资源超线程技术，基于网格原理，能够将网络上存在的服务器和计算机资源进行有效的整合，构成独特的迅雷网络。通过迅雷网络，各种数据文件能够以最快的速度进行传递。迅雷的特点是，全新的多资源超线程技术，显著提升下载速度；功能强大的任务管理功能，可以选择不同的任务管理模式；智能磁盘缓存技术，有效防止了高速下载时对硬盘的损伤；独有的错误诊断功能，帮助用户解决下载失败的问题，如图 13.19 所示。

2）电子邮件类工具软件

收发电子邮件是人们常用的一种功能，而使用电子邮件类工具软件可以使这些工作达到事半功倍的效果。常见的电子邮件软件有 Foxmail，KooMail 等。

其中，Foxmail 是一款电子邮件客户端软件，它支持全部 Internet 电子邮件功能，使用方便，提供全面而强大的邮件处理功能，运行效率很高。Foxmail 主要的功能是，多账户支

第 13 章　常用软件的安装

持；用过滤器对邮件进行分类存放；辨识和处理垃圾邮件；远程邮箱管理；优化资源占用情况；强大的邮箱管理功能等，如图 13.20 所示。

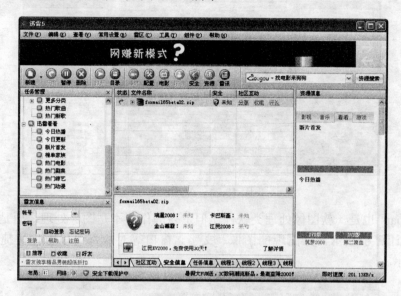

图 13.19　迅雷

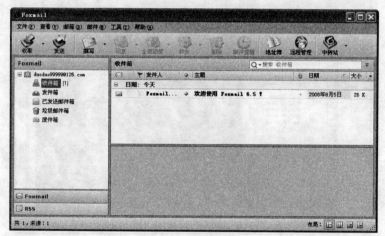

图 13.20　Foxmail

3) 图像处理类

人们现在常常需要用计算机进行照片处理等工作，因此图像处理软件在计算机系统中是不可缺少的。这类软件中最著名的就是 Photoshop，但掌握它的使用可能需要较长的时间，并不适合普通计算机用户。而 ACDSee、光影魔术手、Picasaweb 等图像处理软件可以使人们很轻松对图片进行管理和简单处理。

ACDSee 是一款非常出色的图片管理软件，它可以识别常见的各种图片格式，并且进行有效的管理，轻松快捷地整理以及查看、修正和共享这些图片，如图 13.21 所示。

249

计算机组装与维护案例教程

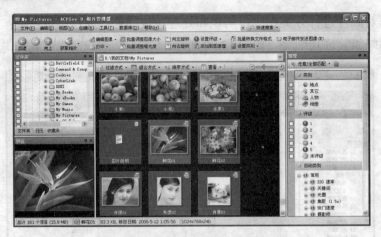

图 13.21 ACDSee

HyperSnap 也是一款图像处理类软件,但主要的作用不是图像处理,而是屏幕抓图。利用它对于计算机显示器上出现的图像、文字、窗口等对象都可以方便快捷地截取,如图 13.22 所示。

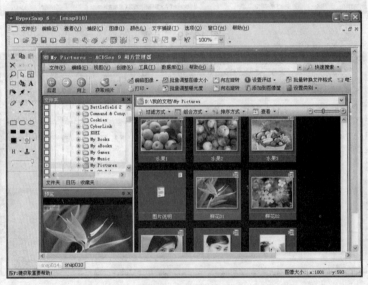

图 13.22 HyperSnap

4) 光盘工具类

一般光盘工具类软件分为光盘刻录软件(例如 Nero 等)和虚拟光驱软件(例如 DAEMON Tools 等)。

Nero 是一款光盘刻录软件,它支持中文长文件名刻录,也支持 ATAPI 的光盘刻录机,可以刻录多种类型的光盘。使用 Nero 可以轻松快速地制作 CD 和 DVD。不论用户需要刻录的是数据光盘、CD 光盘、Video CD、Super Video CD 还是 DVD,所有的使用过程都是十分方便快捷,如图 13.23 所示。这里需要说明,利用光盘刻录软件的前提是计算机上已经安装有刻录机。

第 13 章 常用软件的安装

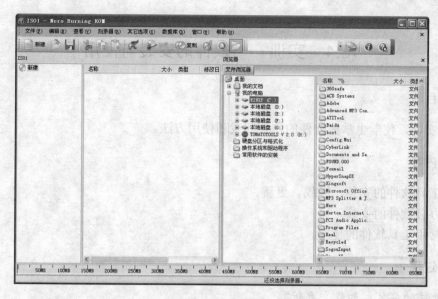

图 13.23　Nero

DAEMON Tools 是一款较为流行的虚拟光驱软件，它支持加密光盘，是一个先进的模拟备份并且合并保护盘的软件，可以备份 SafeDisc 保护的软件，可以打开 CUE、ISO、CCD 等这些虚拟光驱的镜像文件。安装 DAEMON Tools 后，在 Windows 任务栏会出现软件的图标，右击该图标出现如图 13.24 所示菜单。请比较图 13.25 与图 13.26 的区别，在图 13.26 中增加的【DVD 驱动器(I:)】就是安装这个软件后虚拟出来的光驱。

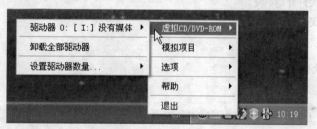

图 13.24　DAEMON Tools 菜单

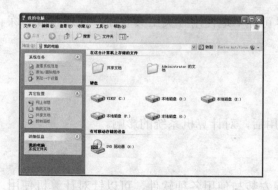

图 13.25　安装 DAEMON Tools 前

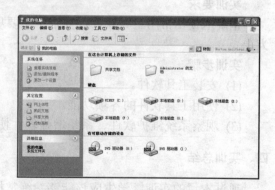

图 13.26　安装 DAEMON Tools 后

13.4 实训——软件的安装与使用

一、实训目的

通过实训，使学生掌握软件的安装卸载和使用方法。

二、实训内容

(1) 工具软件的安装、卸载、更新。
(2) 办公软件的安装。
(3) 常用工具软件的使用。

三、实训过程

1. 软件的安装、卸载、更新

分析
正确地进行软件的安装、卸载、更新是熟练使用计算机必不可少的技能。

实训要求
从互联网上下载各种软件进行安装操作，进而熟练掌握各种的安装方法。

实训步骤
(1) 各种工具软件的安装。
(2) 各种工具软件的更新。
(3) 各种工具软件的卸载。

2. 常用工具软件的使用

分析
实际操作各种工具软件，掌握它们的主要功能，通过这些软件排除常见的系统故障，增强系统的性能及提高工作效率。

实训要求
正确地使用常用工具软件，要求学生要尽可能多地使用各类工具软件，直到非常熟练为止。

实训步骤
(1) 安装工具软件。
(2) 使用工具软件的各项功能。
(3) 观察系统维护软件、系统增强软件使用后，对计算机系统的影响。

四、实训总结

通过本章的实训，学生应该能够熟练掌握安装与使用各种软件，可以针对计算机使用过程中出现的各种问题选用不同功能的工具软件进行处理。

第 13 章 常用软件的安装

本 章 小 结

本章主要介绍了常用工具软件和办公软件的安装、卸载、更新的方法；初步讲解了一些常用工具软件的功能；最后安排了技能实训，以强化技能练习。

本章的重点是软件的安装、卸载、更新。

本章的难点是常用工具软件的使用。

习 题

一、理论习题

1. 填空题

(1) 安装软件过程中，一般应该单击(　　)文件进行安装。

(2) 在 WinRAR 安装过程中，选择(　　)表示右击鼠标可以快速利用进行压缩与解压缩。

(3) 软件的卸载一般有(　　)和(　　)等方法。

(4) 对于 Windows 自带组件的删除可以选择(　　)选项卡。

(5) 在安装 Office 过程中，某一个项目前出现标记"1"，这说明(　　)。

2. 选择题

(1) (　　)是安装软件的主要功能。

　　A．典型安装　　B．完全安装　　C．最小安装　　D．最大安装

(2) 安装字库时，应该使用【控制面板】中的(　　)。

　　A．【字体】　　B．【字库】　　C．【语言】　　D．【输入法】

(3) (　　)可以对显卡进行超频。

　　A．Windows 优化大师　　　　B．HWiNFO32

　　C．ATITool　　　　　　　　D．Vopt XP

(4) (　　)可以对硬盘空间进行整理。

　　A．驱动精灵　　B．HWiNFO32　　C．ATITool　　D．Vopt XP

(5) (　　)与设备驱动程序操作无关。

　　A．驱动精灵　　B．HWiNFO32　　C．ATITool　　D．Windows 优化大师

3. 判断题

(1) WinRAR 可以解压缩多种压缩格式。　　　　　　　　　　　　　　　(　　)

(2) 采用正确的方法卸载软件后，就不会存在残留文件。　　　　　　　　(　　)

(3) 对软件本身进行更新时，必须将原有的软件先完全删除，才能继续进行。(　　)

(4) 软件的【自定义安装】一定比【典型安装】所占用的硬盘空间大。　　　　（　）
(5) Windows 优化大师中有系统测试功能。　　　　　　　　　　　　　　　（　）

4. 简答题

(1) 软件卸载的方法有哪些，应该如何进行？
(2) 简述显卡的超频过程。
(3) 简述 Windows 优化大师的作用。

二、实训习题

1. 操作题

(1) 练习字库安装过程。
(2) 熟练操作 Office 的安装与更新。
(3) 使用 HWiNFO32，查看硬件信息，并与 Windows XP 自带的【设备管理器】所显示的信息进行比较，找出它们之间的差异。

2. 综合题

(1) 小李在安装软件时，无意中安装了很多"捆绑软件"。有的"捆绑软件"可以卸载，但有的十分顽固，难以完全删除，查找资料，学习怎样清除各种"捆绑软件"。
(2) 小林的计算机刚开始使用时，运行速度很快。但随着时间的推移，计算机的速度越来越慢，使用最新的杀毒软件扫描计算机，也没有发现病毒。同学王刚准备帮助他利用软件对计算机进行维护，在不重装操作系统的情况下，应该采用哪些软件进行维护？应该对当前系统进行哪些方面的维护？具体过程是怎样的？

第14章 计算机病毒及防范

教学提示：
- 了解病毒的概念、特征、分类与发展
- 掌握蠕虫病毒的特征、分类、感染症状和处理方法
- 了解木马的危害并掌握木马程序的清除
- 掌握常用杀毒工具的使用方法和技巧

教学要求：

知 识 要 点	能 力 要 求	相关及课外知识
病毒的基本知识	了解病毒的概念分类和发展	病毒命名规则
蠕虫病毒的特征	掌握蠕虫的检测与防范	蠕虫病毒的工作过程
木马的基本知识	掌握常见木马的检测与防范	木马的类型
常用的杀毒软件	掌握常见的杀毒软件的使用	病毒库的升级

引例

请关注以下信息并体会计算机病毒所造成的严重危害。

(1) 1989年9月,"耶路撒冷"病毒使荷兰10万台电脑失灵。

(2) 1988年11月2日,美国康奈尔大学的学生莫里斯将自己设计的电脑病毒侵入美军电脑系统,使6000多台电脑瘫痪24小时,损失1亿多美元。

(3) 由中国台湾的陈盈豪编写的CIH病毒各个变种于每年的4月26号发作,到后来又经过多次变种,改为每月的26号发作,致使全世界至少6 000万台计算机遭受到感染,造成超过10亿美元的直接损失,间接损失无法估计。

(4) 2007年2月,破坏国内上百万个人用户、网吧及企业局域网用户的"熊猫烧香"病毒案告破,这是我国破获的国内首例制作计算机病毒的大案。而让人颇感意外的是,传说中的"毒王"——"熊猫烧香"病毒编写者李俊只是名普通的25岁男孩,最高学历仅为职业技术学校毕业。

有关计算机病毒的例子真的是不胜枚举。传统的网络病毒定义是指利用网络进行传播的一类病毒的总称。而现在网络时代的网络病毒,已经不是如此单纯的一个概念了,它被溶进了更多的东西。可以这样说,如今的网络病毒是指以网络为平台,对计算机产生安全威胁的所有程序的总和。

本章重点讨论与计算机病毒的基础知识及有关计算机病毒的防范和清除方法,通过本章的学习,了解病毒的基本情况,掌握计算机病毒感染的机理,提高安全意识,最大限度地保护用户的计算机不受病毒的侵扰。

14.1 病毒的基础知识

计算机病毒是一个程序,一段可执行码。就像生物病毒一样,计算机病毒有独特的复制能力。计算机病毒可以很快地蔓延,又常常难以根除。它们能把自身附着在各种类型的文件上。当文件被复制或从一个用户传送到另一个用户时,它们就随同文件一起蔓延开来。

14.1.1 病毒的定义与分类

可以从不同角度给计算机病毒进行定义。一种定义是通过磁盘、磁带和网络等作为媒介传播扩散,能"传染"其他程序的程序。另一种是能够实现自身复制且借助一定的载体存在的具有潜伏性、传染性和破坏性的程序。还有的定义是一种人为制造的程序,它通过不同的途径潜伏或寄生在存储媒体(如磁盘、内存)或程序里,当某种条件或时机成熟时,它会自生复制并传播,使计算机的资源受到不同程序的破坏。所以,计算机病毒就是能够通过某种途径潜伏在计算机存储介质(或程序)里,当达到某种条件时即被激活的具有对计算机资源进行破坏作用的一组程序或指令集合。

从第一个病毒出世以来,究竟世界上有多少种病毒,说法不一。无论多少种,病毒的数量仍在不断增加。据国外统计,计算机病毒以10种/周的速度递增,另据我国公安部统计,国内以4~6种/月的速度递增。

第 14 章　计算机病毒及防范

按照计算机病毒的特点及特性，计算机病毒的分类方法有许多种。因此，同一种病毒可能有多种不同的分法。

1. 按照计算机病毒攻击的系统分

1) 攻击 DOS 系统的病毒

这类病毒出现最早、最多，变种也最多，目前我国出现的计算机病毒基本上都是这类病毒，此类病毒占病毒总数的 99%。

2) 攻击 Windows 系统的病毒

由于 Windows 的图形用户界面(GUI)和多任务操作系统深受用户的欢迎，从而成为病毒攻击的主要对象。首例破坏计算机硬件的 CIH 病毒就是一个 Windows 病毒。

3) 攻击 UNIX 系统的病毒

当前，UNIX 系统应用也非常广泛，并且许多大型的操作系统均采用 UNIX 作为其主要的操作系统，所以 UNIX 病毒的出现，对人类的信息处理也是一个严重的威胁。

4) 攻击 OS/2 系统的病毒

世界上已经发现第一个攻击 OS/2 系统的病毒，它虽然简单，但也是一个不祥之兆。

2. 按照病毒的攻击机型分

1) 攻击微型计算机的病毒。

这是世界上传染最为广泛的一种病毒。

2) 攻击小型机的计算机病毒。

小型机的应用范围是极为广泛的，它既可以作为网络的一个节点机，也可以作为小的计算机网络的主机。起初，人们认为计算机病毒只有在微型计算机上才能发生，而小型机则不会受到病毒的侵扰，但自 1988 年 11 月 Internet 网络受到 Worm 程序的攻击后，使得人们认识到小型机也同样不能免遭计算机病毒的攻击。

3) 攻击工作站的计算机病毒。

近几年，计算机工作站有了较大的进展，并且应用范围也有了较大的发展，所以我们不难想象，攻击计算机工作站的病毒的出现也是对信息系统的一大威胁。

3. 按照计算机病毒的链结方式分

由于计算机病毒本身必须有一个攻击对象以实现对计算机系统的攻击，计算机病毒所攻击的对象是计算机系统可执行的部分。

1) 源码型病毒

该类病毒攻击高级语言编写的程序，即病毒在高级语言所编写的程序编译前插入到原程序中，经编译成为合法程序的一部分。

2) 嵌入型病毒

这种病毒是将自身嵌入到现有程序中，把计算机病毒的主体程序与其攻击的对象以插入的方式链接。这种计算机病毒是很难编写的，一旦侵入程序体后也较难消除。如果同时采用多态性病毒技术、超级病毒技术和隐蔽性病毒技术，将给当前的反病毒技术带来严峻的挑战。

3) 外壳型病毒

外壳型病毒将其自身包围在主程序的四周，对原来的程序不作修改。这种病毒最为常见，易于编写，也易于发现，一般测试文件的大小即可知。

4) 操作系统型病毒

这种病毒用它自己的程序意图加入或取代部分操作系统进行工作，具有很强的破坏力，可以导致整个系统的瘫痪。"圆点"病毒和"大麻"病毒就是典型的操作系统型病毒。

这种病毒在运行时，用自己的逻辑部分取代操作系统的合法程序模块，根据病毒自身的特点和被替代的操作系统中合法程序模块在操作系统中运行的地位与作用以及病毒取代操作系统的取代方式等，对操作系统进行破坏。

4. 按照计算机病毒的破坏情况分

按照计算机病毒的破坏情况可分两类：

1) 良性计算机病毒

良性病毒是指其不包含有立即对计算机系统产生直接破坏作用的代码。这类病毒为了表现其存在，只是不停地进行扩散，从一台计算机传染到另一台，并不破坏计算机内的数据。

2) 恶性计算机病毒

恶性病毒就是指在其代码中包含有损伤和破坏计算机系统的操作，在其传染或发作时会对系统产生直接的破坏作用。这类病毒是很多的，如"米开朗基罗"病毒。当米氏病毒发作时，硬盘的前17个扇区将被彻底破坏，使整个硬盘上的数据无法恢复，造成的损失是无法挽回的。有的病毒还会对硬盘做格式化等破坏操作。这些操作代码都是刻意编写进病毒的，这是其本性之一。因此这类恶性病毒是很危险的，应当注意防范。

5. 按照计算机病毒的寄生部位或传染对象分

传染性是计算机病毒的本质属性，根据寄生部位或传染对象分类，也即根据计算机病毒传染方式进行分类，有以下几种：

1) 磁盘引导区传染的计算机病毒

磁盘引导区传染的病毒主要是用病毒的全部或部分逻辑取代正常的引导记录，而将正常的引导记录隐藏在磁盘的其他地方。由于引导区是磁盘能正常使用的先决条件，因此，这种病毒在运行的一开始(如系统启动)就能获得控制权，其传染性较大。例如，"大麻"和"小球"病毒就是这类病毒。

2) 操作系统传染的计算机病毒

操作系统是一个计算机系统得以运行的支持环境，它包括 COM、EXE 等许多可执行程序及程序模块。操作系统传染的计算机病毒就是利用操作系统中所提供的一些程序及程序模块寄生并传染的。操作系统传染的病毒目前已广泛存在，例如，"黑色星期五"即为此类病毒。

3) 可执行程序传染的计算机病毒

可执行程序传染的病毒通常寄生在可执行程序中，一旦程序被执行，病毒也就被激活，病毒程序首先被执行，并将自身驻留内存，然后设置触发条件，进行传染。

第 14 章 计算机病毒及防范

6. 按照计算机病毒激活的时间分

按照计算机病毒激活的时间可分为定时的和随机的。定时病毒仅在某一特定时间才发作,而随机病毒一般不是由时钟来激活的。

7. 按照传播媒介分

按照计算机病毒的传播媒介来分类,可分为单机病毒和网络病毒。
1) 单机病毒

单机病毒的载体是磁盘,常见的是病毒从软盘传入硬盘,感染系统,然后再传染其他软盘,软盘又传染其他系统。

2) 网络病毒

网络病毒的传播媒介不再是移动式载体,而是网络通道,这种病毒的传染能力更强,破坏力更大。

8. 按照寄生方式和传染途径分

人们习惯将计算机病毒按寄生方式和传染途径来分类。计算机病毒按其寄生方式大致可分为两类,一是引导型病毒,二是文件型病毒;它们再按其传染途径又可分为驻留内存型和不驻留内存型,驻留内存型按其驻留内存方式又可细分。

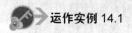 运作实例 14.1

憨态可掬的大熊猫也会烧香

1. 小江是一家网吧的网络管理员,2007 年元旦到春节期间,本来应该是他比较忙的一段时期,因为这段时间大家一般空闲的时间比较多,大多数市民会选择上网娱乐或者和远方的亲友通过互联网交流,但是他所在的网吧内空空荡荡,连一个顾客也没有,打开网吧的 40 多台电脑,屏幕上布满了"熊猫烧香"图标,如图 14.1 所示。系统无法运行,小江很烦恼。

图 14.1 可执行文件感染"熊猫烧香"病毒后的图标

2. 2007年1月9日这天早晨，在北京一家IT公司工作的刘先生上班后发现，公司近30台计算机全部感染"熊猫烧香"病毒，而病毒破坏了电脑内的程序文件，并删除了所有的备份文件，由他主导研发中的半成品软件的图标全部变成了憨态可掬的熊猫，研发的软件一时间完全报废，令刘先生十分难过。

3. 2007年1月10日，上海一家台资公司的员工张先生打开电脑，迎接他的是一排排拱手举香的熊猫。环顾四周，他发现同事们脸上有同样的惊诧表情。整整一天，公司业务完全陷于瘫痪。由此造成的损失非常惨重。

4. 2007年1月22日，国家计算机病毒应急处理中心再次发出警报，在全国范围内通缉"熊猫烧香"。

5. 2007年熊猫烧香的制作者李俊在武汉市洪山区一幢四层楼二楼左边的出租屋内被公安机关抓获。但"熊猫烧香"的病毒在此之后持续了好长一段时间才基本上消失。

14.1.2 蠕虫病毒的特征

要想全面地了解蠕虫病毒不能只看其表面，还必须了解其特征。

本文引例中的"熊猫烧香"病毒是一种十分典型的蠕虫病毒，该病毒具有蠕虫病毒的一切特征，例如传播时间短，危害巨大等。

1. 蠕虫病毒的特征

蠕虫病毒是一种常见的计算机病毒。它的传染机理是利用网络进行复制和传播，传染途径是通过网络和电子邮件。这一病毒利用了Windows操作系统的漏洞，当计算机感染这一病毒后，会不断自动拨号上网，并利用文件中的地址信息或者网络共享进行传播，最终破坏用户的大部分重要数据。

2. 蠕虫病毒的一般防治方法

蠕虫病毒的一般防治方法是使用具有实时监控功能的杀毒软件，并且注意不要轻易打开不熟悉的邮件附件。

3. 蠕虫病毒的组成

"蠕虫"病毒由主程序和引导程序两部分组成。

(1) 主程序。主程序一旦在计算机中得到建立，就可以去收集与当前机器联网的其他机器的信息，能通过读取公共配置文件并检测当前机器的联网状态信息，尝试利用系统的缺陷在远程机器上建立引导程序。

(2) 引导程序。就是这个一般被称作是引导程序或类似于【钓鱼】的小程序，把"蠕虫"病毒带入了它所感染的每一台机器中。

4. 蠕虫病毒的新特性

在网络环境中，蠕虫病毒具有以下新的特性。

1) 传染方式多

蠕虫病毒入侵网络的主要途径是通过工作站传播到服务器硬盘中，再由服务器的共享目录传播到其他的工作站。但蠕虫病毒的传染方式比较复杂。

第14章 计算机病毒及防范

2) 传播速度快

在单机上，病毒只能通过软盘从一台计算机传染到另一台计算机，而在网络中则可以通过网络通信机制，借助高速电缆进行迅速扩散。

3) 清除难度大

在单机中，再顽固的病毒也可通过删除带毒文件、低级格式化硬盘等措施将病毒清除。而网络中只要有一台工作站未能杀毒干净就可能使整个网络重新全部被病毒感染，甚至刚刚完成杀毒工作的一台工作站马上就能被网上另一台工作站的带毒程序所传染，因此，仅对工作站进行病毒清除不能彻底解决网络蠕虫病毒的问题。

4) 破坏性强

网络中蠕虫病毒将直接影响网络的工作状态，轻则降低速度，影响工作效率；重则造成网络系统的瘫痪，破坏服务器系统资源，使多年的工作毁于一旦。

14.1.3 蠕虫病毒的分类及主要感染对象

蠕虫病毒的前缀是 Worm。这种病毒的公有特性是通过网络或者系统漏洞进行传播，大部分的蠕虫病毒都有向外发送带毒邮件或阻塞网络的特性。比如冲击波(阻塞网络)和小邮差(发带毒邮件)等。蠕虫病毒分为两类，一种是面向企业用户和局域网的，这种病毒利用系统漏洞，主动进行攻击，可以对整个互联网可造成瘫痪性的后果。以"红色代码"、"尼姆达"、以及"sql蠕虫王"为代表。另外一种是针对个人用户的、通过网络(主要是电子邮件，恶意网页形式)迅速传播的蠕虫病毒，以"爱虫"病毒、"求职信"病毒为代表。这两类病毒中，第一类具有很大的主动攻击性，而且爆发也有一定的突然性，但相对来说，查杀这种病毒并不是很难。第二种病毒的传播方式比较复杂和多样，少数利用了微软的应用程序的漏洞，更多的是利用社会工程学对用户进行欺骗和诱使，这样的病毒造成的损失是非常大的，同时也是很难根除的，比如"求职信"病毒就是如此。

蠕虫一般是复制自身在互联网环境下进行传播，蠕虫病毒的传染目标是互联网内的所有计算机。而局域网条件下的共享文件夹、电子邮件、网络中的恶意网页、存在着漏洞的服务器等都成为蠕虫传播的良好途径。

14.1.4 蠕虫病毒的危害及感染后的主要症状

蠕虫病毒感染后的主要症状除了可执行文件外观上的变换外，系统蓝屏、频繁重启、硬盘数据被破坏等现象均有发生，而且，中毒的机器系统运行异常缓慢，且很多应用软件无法使用，同时该病毒还能终止大量反病毒软件进程，大大降低用户系统的安全性。

其主要危害如下。

1) 自我繁殖

蠕虫在本质上已经演变为黑客入侵的自动化工具，当蠕虫被释放后，从搜索漏洞，到利用搜索结果攻击系统，到复制副本，整个流程全由蠕虫自身主动完成。就自主性而言，这一点有别于普通的病毒。

2) 利用软件漏洞

任何计算机系统都存在漏洞，这些就蠕虫利用系统的漏洞获得被攻击的计算机系统的相应权限，使之进行复制和传播过程成为可能。软件漏洞是各种各样的，有操作系统本身的问题，有的是应用服务程序的问题，有的是网络管理人员的配置问题。正是由于漏洞产生原因的复杂性，导致各种类型的蠕虫泛滥。

3) 造成网络拥塞

在扫描漏洞主机的过程中，蠕虫需要判断其他计算机是否存在；判断特定应用服务是否存在；判断漏洞是否存在等，这不可避免地会产生网络数据流量。同时蠕虫副本在不同机器之间传递，或者向随机目标的发出的攻击数据也会产生大量的网络数据流量。即使是不包含破坏系统正常工作的恶意代码的蠕虫，也会因为它产生了巨量的网络流量，导致整个网络瘫痪，造成经济损失。

4) 消耗系统资源

蠕虫入侵到计算机系统之后，会在被感染的计算机上产生自己的多个副本，每个副本启动搜索程序寻找新的攻击目标。大量的进程会耗费系统的资源，导致系统的性能下降。这对网络服务器的影响尤其明显。

5) 留下安全隐患

大部分蠕虫会搜集、扩散、暴露系统敏感信息(如用户信息等)，并在系统中留下后门。这些都会导致未来的安全隐患。

14.1.5 蠕虫病毒清除和防治

为了较好的防范蠕虫病毒，要求用户要有良好的上网习惯。

首先，要经常更新系统补丁程序，用于该类型病毒的防范。

其次，迅速升级杀毒软件到最新版本，然后打开个人防火墙，将安全等级设置为中、高级，封堵病毒对该端口的攻击。

另外，如果用户已经被该病毒感染，首先应该立刻断网，手工删除该病毒文件，然后上网下载补丁程序，并升级杀毒软件或者下载专杀工具。

防范网络蠕虫病毒需要注意以下几点。

1. 选购合适的杀毒软件

网络蠕虫病毒的发展已经使传统的杀毒软件的【文件级实时监控系统】落伍，杀毒软件必须向内存实时监控和邮件实时监控发展！另外，面对防不胜防的网页病毒，也使得用户对杀毒软件的要求越来越高！目前国内的杀毒软件也具有了相当高的水平，像瑞星杀毒软件对蠕虫兼木马程序有很大克制作用。

2. 经常升级病毒库

杀毒软件对病毒的查杀是以病毒的特征码为依据的，而病毒每天都层出不穷，尤其是在网络时代，蠕虫病毒的传播速度快、变种多，所以必须随时更新病毒库，以便能够查杀最新的病毒。

3. 提高防杀毒意识

不要轻易去点击陌生的站点，有可能里面就含有恶意代码。

当运行 Internet Explorer 时，单击【工具】|【Internet 选项】|【安全】|【Internet 区域的安全级别】，把安全级别由【中】改为【高】。因为这一类网页主要是含有恶意代码的 ActiveX 或 Applet、JavaScript 的网页文件，所以在 Internet Explorer 设置中将 ActiveX 插件和控件、Java 脚本等全部禁止，就可以大大减少被网页恶意代码感染的概率。

4. 不随意查看陌生邮件尤其是带有附件的邮件

由于有的病毒邮件能够利用 Internet Explorer 和 Outlook Express 的漏洞自动执行，所以计算机用户需要升级 Internet Explorer 和 Outlook Express 程序，及常用的其他应用程序。

如果能够按照上述的要求，加上养成良好的安全意识和习惯，就可以有效地防范和清除网络蠕虫病毒的侵犯。

14.2 木马的清除和防治实例

14.2.1 木马的清除和防治

1. 特洛伊木马的定义

特洛伊木马(Trojan Horse)，简称木马，是一种计算机网络病毒 它是隐藏在正常程序中的一段具有特殊功能的恶意代码。它利用自身所具有的植入功能，或依附其他具有传播能力的病毒，进驻目标机器，让攻击者获得远程访问和控制的权限，从而反客为主，在用户的计算机中修改文件、修改注册表、控制鼠标、监视键盘、窃取用户信息，甚至控制系统。

2. 特洛伊木马病毒的结构

木马病毒一般分为客户端(Client)和服务器端(Server)两部分，如图14.2所示。其中客户端是用于攻击者远程控制植入木马的机器，服务器端则是木马程序的寄宿体。

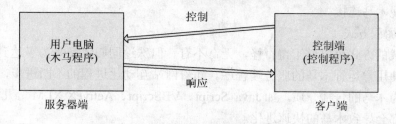

图 14.2 特洛伊木马的结构

木马程序驻留在用户的系统中(服务器端)后，木马病毒的制造者就可以通过网络中的其他计算机任意控制服务器端的计算机，并享有服务器端的大部分操作权限，利用客户端向服务器发出请求，服务器端收到请求后会根据请求执行相应的动作。

3. 木马的隐藏方式

1) 在任务栏里隐藏

这是最基本的隐藏方式。要实现在任务栏中隐藏用编程是很容易实现的。以 VB 为例，只要把 from 的 Visible 属性设置为 False，ShowInTaskBar 设为 False，程序就不会出现在任务栏里了。

2) 在任务管理器里隐藏

查看正在运行的进程最简单的方法是，按下 Ctrl+Alt+Del 组合键，打开任务管理器来查看。如果你在【任务管理器】窗口中可以看见一个木马程序在运行，那么这肯定不是什么高级木马。木马会千方百计地伪装自己，使其不出现在任务管理器里。木马发现把自己设为"系统服务"就可以不被发现。因此，希望通过按 Ctrl+Alt+Del 发现木马是不大现实的。

3) 端口

一台机器有 65 536 个端口，木马就很注意这些端口。如果稍微留意，不难发现，大多数木马使用的端口在 1 024 以上，而且呈越来越大的趋势；当然也有占用 1 024 以下端口的木马，但这些端口是常用端口，占用这些端口可能会造成系统不正常，木马就会很容易暴露，但现在的木马都有端口修改功能。

4) 隐藏通信

隐藏通信也是木马经常采用的手段之一。任何木马运行后都要和攻击者进行通信连接，或者通过即时连接，如攻击者通过客户端直接连接到被植入木马的主机，或者通过间接通信(如通过电子邮件的方式)把侵入主机的敏感信息送给攻击者。现在大部分木马一般在占领主机后会在 1024 以上不易发现的高端口上驻留；有一些木马会选择一些常用的端口，如 80、23，有一种非常先进的木马还可以做到在占领 80HTTP 端口后，收到正常的 HTTP 请求仍然把它交与 Web 服务器处理，只有收到一些特殊约定的数据包后，才调用木马程序。

目前大部分木马都是采用 TCP 连接的方式使攻击者控制主机，这样，通过简单的 netstat 命令或者监视数据包等方式即可以查出攻击者 IP。为了保护自己不被发现，木马开发者编制出了新的木马，可以通过 ICM 数据包进行通讯控制，这样，除非分析数据包里面的内容，否则很难发现木马连接。

5) 隐藏加载方式

木马加载的方式可以说千奇百怪，无奇不有。但殊途同归，都是为了达到一个共同的目的，即是使用户运行木马的服务端程序。随着网站互动化进程的不断进步，越来越多的东西可以成为木马的传播介质，如 Java Script、VBScript、ActiveX.XLM 等几乎 WWW 每一个新功能都会导致木马的快速进化。

6) 最新隐身技术

注册为系统进程不仅仅能在任务栏中看到，而且可以直接在 Services 中直接控制停止运行。使用隐藏窗体或控制台的方法也不能欺骗 Administrator (在 NT 下，Administrator 是可以看见所有进程的)。在研究了其他软件的长处之后，木马发现，Windows 下的中文汉化软件采用的陷阱技术非常适合木马的使用。

这是一种更新、更隐蔽的方法。通过修改虚拟设备驱动程序 (VXD)或修改动态链接库(DLL)来加载木马。这种方法与一般方法不同，它基本上摆脱了原有的木马模式——监听端口，而采用替代系统功能的方法(改写 vxd 或 DLL 文件)，木马会将修改后的 DLL 替换系统

第 14 章　计算机病毒及防范

已知的 DLL，并对所有的函数调用进行过滤。对于常用的调用，使用函数转发器直接转发给被替换的系统 DLL，对于一些事先约定好的特种情况，DLL 会执行一些相应的操作。实际上。这样的木马一般只是使用 DLL 进行监听，一旦发现控制端的请求就激活自身，绑在一个进程上进行正常的木马操作。这样做的好处是没有增加新的文件，不需要打开新的端口，没有新的进程，使用常规的方法监测不到它。在往常运行时，木马的控制端向被控制端发出特定的信息后，隐藏的程序就立即开始运作。

因为大量特洛伊 DLL 的使用实际上已经危害到了 Windows 操作系统的安全和稳定性，微软已经开始使用 DLL 数字签名、校验技术来加强系统的安全性，因此，特洛伊 DLL 的时代很快会结束。取代它的将会是强行嵌入代码技术 (插入 DLL，挂接 API，进程的动态替换等)，但是这种技术对于编写者的汇编功底要求很高。涉及大量硬编码的机器指令，并不是一般的木马编写者可以涉足的。

4. 系统中木马后的主要症状

响应命令速度的下降。例如，有时没有对计算机进行操作，而硬盘灯闪个不停，这说明黑客有可能正通过木马在用户的计算机上上传或下载文件；有的症状比较明显，例如，在浏览网页时，网页会自动关闭，软驱和光驱会在无盘的情况下读个不停。文件被移动，计算机被关闭重起。甚至有人和你匿名聊天。

5. 木马的防治方法

通过以下措施，能有效地防范木马病毒的攻击。

1) 关闭不用的端口

默认情况下 Windows 有很多端口是开放的，为了安全考虑应该封闭这些端口。例如 137 端口、138 端口、139 端口、445 端口都是为共享而开的，是 NetBios 协议的应用，你应该禁止别人共享你的机器，所以要把这些端口全部关闭。

2) 安装杀毒软件

安装杀毒软件(瑞星、江民、诺顿等)及其病毒库，并及时给系统打上安全补丁。上网时要注意，木马无处不在。不要随意下载来历不明的文件，应到官方网站下载使用的升级程序；不要接收陌生人的邮件，不要轻易打开附件，更不要执行附件中的可执行程序，注意病毒程序伪装的图标，不要轻信图标为【电子表格、文本文件、文件夹】的附件。

3) 使用反木马软件

使用专门的反木马软件，及时升级软件和病毒库，这是最简单的查杀木马的方法。目前反木马软件数量众多，著名的有金山木马专杀工具、诺顿安全特警、木马克星、TrojanHunter、Anti-Trojan Shield、The Cleaner Professional、木马清除大师和 Ewido 等。

4) 使用第三方防火墙

Windows XP 自带的防火墙和 ADSL Modem 的 NAT 机制，只能防止由外到内的连接，不能阻挡由内到外的连接，因此这类防火墙不能阻挡反弹型木马。防范反弹型木马，最好的方法是安装使用第三方防火墙。因为一般的防火墙都可以设置应用程序访问网络的权限，你可以把怀疑为木马的程序设置为不允许访问网络，这样就能阻挡木马从内到外的连接。建议安装使用诺顿等著名的防火墙软件。

265

5) 在线安全检测

按照上面的方法查杀木马后，如果仍不放心，可以在网上找个安全的测试网站，对系统当前安全情况进行检查，不过在线检测前，要先关闭防火墙。目前，这类测试网站都是免费的，主要有：(1)诺顿在线安全检测。诺顿的风险评估是非常及时和全面的。该网站提供了活动的木马程序扫描，利用木马常用的方法尝试与你的电脑进行 Internet 通信；他还可以扫描你的网络漏洞、NetBios 可用性，确定黑客是否能访问你机器中的信息。扫描完成后，会显示详细的分析结果。(2)金山木马专杀。金山公司提供在线木马专杀服务，可进行木马检测、端口扫描、信息泄露检查、系统安全性检查。检测时会出现倒计时，在倒数时间内，如果你的电脑出现蓝屏死机，则表示你的电脑不安全，你可以下载该网站提供的个人电脑网络安全软件，来修补目前的安全漏洞。(3)蓝盾安全在线。蓝盾在线安全检测系统，可以检查你的系统中是否有漏洞，可扫描你的端口，检查你的电脑中是否有木马和信息泄露。

6) 用 TCPView 软件观察连接情况

为了防范未知的木马，你可以经常使用 TCPView 软件检查连接情况，这样就能随时发现非法连接。

14.2.2 著名后门木马——灰鸽子

2007 年 3 月 14 日 22 点，一个灰鸽子木马团伙开始调动其掌控的上万台"肉鸡"(中毒电脑)构成的"僵尸网络"，对金山毒霸官方网站进行疯狂攻击，造成浏览金山毒霸官网的部分用户被挟持到幕后黑手指定的不法网站。3 小时后毒霸官网恢复正常。

据悉，金山毒霸工作人员在 14 日当晚截获分别来自河北廊坊、北京朝阳等众多地区 IP 的上万台计算机针对 www.duba.net 域名的攻击，发现这些 IP 都是被操纵的"肉鸡"，幕后黑手为防止被毒霸工作人员追踪，以秒为单位不停切换"肉鸡"，更换 IP 地址，并且在毒霸网站正在使用的一家镜像服务供应商的服务器中植入了变种木马。金山人员紧急调整服务器配置，3 小时后毒霸官网恢复正常。

被开发者称为"远程控制管理软件"的是一款采用 Delphi 编写的软件，但自 2001 年诞生以来就被反病毒专家定义为"极度危险的木马程序"，由于"需求者"众多，已经出现了多种形式的盗版。在最新的版本可以实现传播木马在用户系统中，使用"反弹端口"原理，在用户毫不知情的情况下，远程控制用户的计算机，实现修改注册表；上传下载文件；查看系统信息、进程、服务；查看操作窗口、记录键盘、修改共享、开启代理服务器、命令行操作、监视远程屏幕、操控远程语音视频设备、关闭、重启机器等操作。由于其功能强大，安全性好，被很多不法之徒用作网络犯罪的敛财工具。

配置出来的服务端文件文件名为 G_Server.exe(这是默认的，当然也可以改变)。然后黑客利用一切办法诱骗用户运行 G_Server.exe 程序。具体采用什么办法，读者可以充分发挥想象力，其灰鸽子的客户端如图 14.3 所示。

第 14 章　计算机病毒及防范

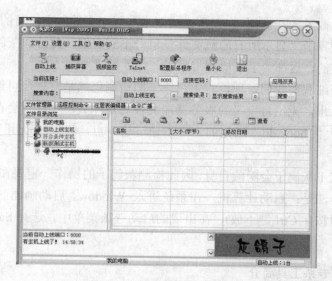

图 14.3　灰鸽子客户端主界面

G_Server.exe 第一次运行时自己复制到 Windows 目录下，并将它注册为服务(服务名称在上面已经配置好了)，然后从体内释放 2 个文件到 Windows 目录下：G_Server.dll，G_Server_Hook.dll(较新的灰鸽子版本会释放 3 个文件，多了一个 G_ServerKey.exe，主要用来记录键盘操作)。然后将 G_Server.dll，G_Server_Hook.dll 注入到 Explorer.exe、IExplorer.exe 或者所有进程中执行。然后 G_Server.exe 退出，两个动态库继续运行。由于病毒运行的时候没有独立进程，病毒隐藏性很好。以后每次开机时，Windows 目录下的 G_Server.exe 都会自动运行，激活动态库后退出，以免引起用户怀疑。

G_Server.dll 实现后门功能，与控制端进行通信。灰鸽子的强大功能主要体现在这里。黑客可以对中灰鸽子的机器进行的操作包括：文件管理、获取系统信息、剪贴板查看、进程管理、窗口管理、键盘记录、服务管理、共享管理、提供 MS-Dos shell、提供代理服务、注册表编辑、启动 telnet 服务、捕获屏幕、视频监控、音频监控、发送音频、卸载灰鸽子等，可以说，用户在本地能看到的信息，使用灰鸽子远程监控也能看到。尤其是屏幕监控和视频、音频监控比较危险。如果用户在电脑上进行网上银行交易，则远程屏幕监控容易暴露用户的帐号，再加上键盘监控，用户的密码也岌岌可危。而视频和音频监控则容易暴露用户自身的秘密，如"相貌"、"声音"等。

G_Server_Hook.dll 负责隐藏灰鸽子。通过截获进程的 API 调用隐藏灰鸽子的文件、服务的注册表项，甚至是进程中的模块名。截获的函数主要是用来遍历文件、遍历注册表项和遍历进程模块的一些函数。所以，有些时候用户感觉中了毒，但仔细检查却又发现不了什么异常。

灰鸽子的作者对于如何逃过杀毒软件的查杀花了很大力气。由于一些 API 函数被截获，正常模式下难以遍历到灰鸽子的文件和模块，造成查杀上的困难。要卸载灰鸽子动态库而且保证系统进程不崩溃也很麻烦，因此造成了灰鸽子在互联网上的大面积泛滥。

由于灰鸽子拦截了 API 调用,在正常模式下木马程序文件和它注册的服务项均被隐藏,也就是说你即使设置了"显示所有隐藏文件"也看不到它们。此外,灰鸽子服务端的文件名也是可以自定义的,这都给手工检测带来了一定的困难。

但是,通过仔细观察我们发现,对于灰鸽子的检测仍然是有规律可循的。从上面的运行原理分析可以看出,无论自定义的服务器端文件名是什么,一般都会在操作系统的安装目录下生成一个以"_hook.dll"结尾的文件。通过这一点,我们可以用手工检测出灰鸽子木马。

由于正常模式下灰鸽子会隐藏自身,因此检测灰鸽子的操作一定要在安全模式下进行。进入安全模式的方法是:启动计算机,在系统进入 Windows 启动画面前,按【F8】键(或者在启动计算机时按住 Ctrl 键不放),在出现的启动选项菜单中,选择 Safe Mode 或"安全模式"即可。

14.2.3 其他木马专杀工具简介

1. 机器狗/磁碟机/AV 终结者专杀工具

该工具可以清除机器狗/AV 终结者/8749 病毒、修复【映像劫持】、修复 Autorun.inf、修复安全模式。使用该专杀工具查杀后,最好再使用金山在线杀毒进行一次全面杀毒。

2. 金山 AUTO 木马群专杀工具

该工具可以清除 AUTO 木马群、修复【映像劫持】、修复 Appinit_Dlls、清除 msosXXX 病毒。使用该专杀工具查杀后,最好再使用金山毒霸进行一次全面杀毒。

3. AV 终结者木马专杀

AV 终结者不但可以劫持大量杀毒软件以及安全工具,而且还可禁止 Windows 的自更新和系统自带的防火墙,大大降低了用户系统的安全性,这也是近几年来对用户的系统安全破坏程度最大的一个病毒之一。把该工具下载到本地后双击运行即可。

该专杀还可以处理流氓软件 8749 造成的威胁。此恶意软件会将用户的 Internet Explorer 首页强制设置为 8749,同时可能破坏用户的操作系统及杀毒软件。

4. 征途木马病毒专杀工具

征途木马是盗取网络游戏【征途】游戏信息的木马,它能把得到的信息通过邮件发送到木马种植者的邮箱中。该免费专杀工具能查杀 967 个征途的木马。

5. 使用【奇虎 360 安全卫士】专杀木马

在这里将介绍 360 安全卫士的木马专杀功能。

定期进行木马查杀可以有效保护各种系统账户安全。在这里您可以进行系统区域位置快速扫描、全盘完整扫描、自定义区域扫描。选择读者需要的扫描方式,单击【开始扫描】按钮即开始按照读者所选择的方式进行扫描,如图 14.4 所示。

第 14 章 计算机病毒及防范

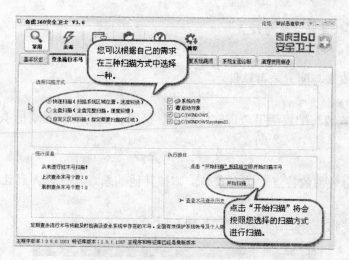

图 14.9 利用 360 安全卫士查杀流行木马

14.3 实训——瑞星防护软件的安装与设置

一、实训目的

通过实训，使学员掌握常用的病毒防护软件的安装与使用。

二、实训内容

(1) 瑞星杀毒软件的获取。
(2) 瑞星杀毒软件的安装与设置。
(3) 瑞星杀毒软件的定时升级设置。

三、实训过程

1. 瑞星杀毒软件的获取

分析

能够通过各种渠道获取瑞星杀毒软件。

实训要求

能够通过各种途径获取瑞星杀毒软件，要求学员要了解获取杀毒软件的各种渠道。

实训步骤

(1) 通过瑞星公司的主页网站下载瑞星的下载版或者免费版个人版。
(2) 通过国内各大软件下载网站如丁香鱼工作、霏凡工作站、华军软件园等获取并购买其序列号，或者免费试用版。
(3) 从各个购买点或者通过网络银行购买正版瑞星杀毒软件。

269

2. 瑞星杀毒软件的安装与设置

分析

能够正确的安装与配置杀毒软件。

实训要求

能够正确地安装与配置瑞星杀毒软件要求学员能够正确的配置瑞星杀毒软件,直到非常熟练为止。

实训步骤

(1) 由于杀毒软件的特点,请在安装前卸掉其他的杀毒软件,并且让你的防火墙解除阻止。

(2) 双击安装软件,进行安装,如图 14.5 所示。

图 14.5 启动瑞星杀毒软件安装程序

(3) 用安装一般软件的安装方法对瑞星杀毒软件进行安装。

(4) 对瑞星杀毒软件进行安全设置,设置后安检结果如图 14.6 所示。

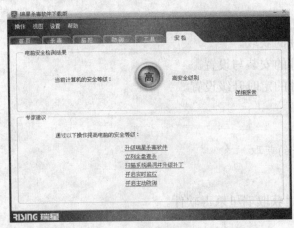

图 14.6 正确设置后的瑞星杀毒软件的安检结果

3. 利用瑞星杀毒软件查杀病毒

分析

能够正确准确的利用该款杀毒软件对计算机病毒进行查杀。

实训要求

能够利用正确安装与配置瑞星杀毒软件对病毒进行查杀。要求学员能够正确的利用瑞星杀毒软件对病毒进行查杀,反复练习,直到熟练为止。

第 14 章　计算机病毒及防范

实训步骤

(1) 双击任务栏上的瑞星杀毒软件的图标，启动已经安装配置好的该款软件，如图 14.7 所示。

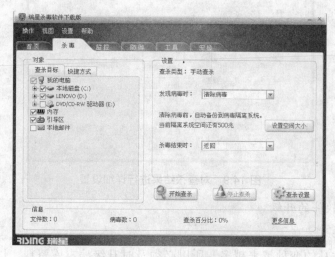

图 14.7　启动瑞星杀毒软件

(2) 然后单击【杀毒】选项卡。

(3) 在杀毒选项卡中，单击【开始查杀】按钮，就可以根据需要来查杀各种病毒，如图 14.8 所示。

图 14.8　利用瑞星查杀各种病毒

(4) 如果想暂停查杀，请单击【暂时查杀】按钮即可，如果确认病毒已经被查出，可以单击【停止查杀】按钮。

(5) 要对查杀出的病毒如何处理，可以单击【查杀设置】按钮，然后可以根据需要进行各种设置，以取得最有利于系统的效果，如图 14.9 所示。

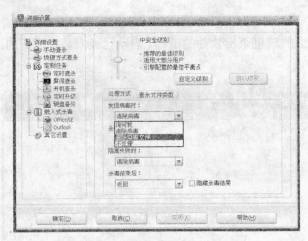

图 14.9 对查杀结果进行详细设置

4. 瑞星杀毒软件的升级

分析

由于病毒及木马的变种越来越多,所以必须及时升级病毒库资料,以确保计算机时刻都处于最高的安全保护状态。

实训要求

根据常见案例,细心体会,反复揣摩。

实训步骤

(1) 双击瑞星监控图标,调出实时监控程序。

(2) 单击【软件升级】按钮,打开【智能升级正在进行】对话框,如图 14.10 所示。

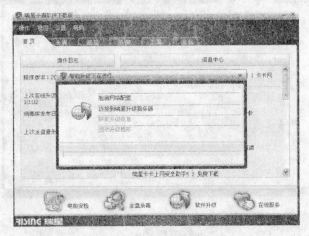

图 14.10 智能升级程序

四、实训总结

通过本章的实训,学员应该能够熟练掌握瑞星杀毒软件的安装与使用,可以针对计算机杀毒软件使用过程中出现的与杀毒软件相关的问题作出及时的处理。

第 14 章 计算机病毒及防范

本 章 小 结

本章首先介绍了病毒与系统备份的基础知识；然后研究了蠕虫病毒的特征和危害；并重点介绍了蠕虫病毒的清除；接着讲解了木马的发现与清除；最后安排了技能实训，以强化技能练习。

本章的重点和难点是蠕虫病毒的检测与防范和常用杀毒软件的使用。

习 题

一、理论习题

1. 填空题

(1) 计算机病毒是指能够侵入计算机系统并在计算机系统中潜伏、传播和破坏系统正常工作的一种具有繁殖能力的( )。

(2) CIHv1.4 病毒破坏微机的 BIOS，使微机无法启动。它是由日期条件来触发的，其发作的日期是( )

(3) 计算机病毒最重要的特点是( )。

(4) 熊猫烧香病毒的制作者名叫( )。

(5) 计算机病毒的传播媒介为( )和( )。

2. 选择题

(1) 计算机病毒是一种特殊的( )。

    A．软件   B．程序、指令 C．过程   D．文档

(2) 下列关于计算机病毒的叙述中，错误的一条是( )。

    A．计算机病毒具有潜伏性

    B．计算机病毒具有传染性

    C．感染过计算机病毒的计算机具有对该病毒的免疫性

    D．计算机病毒是一个特殊的寄生程序

(3) CIH 是一种蠕虫病毒，它破坏计算机的 BIOS，使计算机无法启动。它是由时间条件来触发的，其发作的时间是每月的 26 号，这主要说明病毒具有( )。

    A．可传染性   B．可触发性   C．破坏性   D．免疫性

(4) 下列关于计算机病毒的叙述中，正确的是( )。

    A．反病毒软件可以查、杀任何种类的病毒

    B．计算机病毒是一种被破坏了的程序

C. 反病毒软件必须随着新病毒的出现而升级，以提高查、杀病毒的能力。

D. 感染过计算机病毒的计算机具有对该病毒的免疫性。

(5) 熊猫烧香病毒是一种( )病毒。

  A. 蠕虫   B. 良性   C. 木马   D. 宏

3. 判断题

(1) 计算机病毒是可以预防和消除的。 ( )
(2) 计算机病毒会造成对计算机文件和数据的破坏。 ( )
(3) 反病毒软件可以查、杀任何种类的病毒。 ( )
(4) 感染过计算机病毒的计算机具有对该病毒的免疫性。 ( )
(5) 蠕虫病毒是一种通过自我复制进行传染的，破坏计算机程序和数据。( )

4. 简答题

(1) 发现自己的计算机感染上病毒以后应当如何处理？
(2) 减少计算机病毒造成的损失的常见措施有哪些？
(3) 计算机病毒的常见危害有哪些？

二、实训习题

1. 操作题

(1) 上网察看蠕虫病毒的危害案例。
(2) 练习安装防毒软件的安装与设置如瑞星、诺顿等。
(3) 练习通过奇虎360给系统打补丁。

2. 综合题

(1) 某单位的员工刘某购买了一台品牌笔记本电脑，厂家随机给刘某了一套正版的瑞星杀毒软件，请你帮刘某在安装完系统后，把他的杀毒软件给安装上，并且给出中级的设置，病毒库要定时升级。

(2) 在某单位上班的公司职员小张由于是非计算机专业毕业，对计算机的知识一知半解，这天他上班时发现系统非常缓慢，同事传给他一款奇虎360软件，请你帮他安装并且帮助其打上系统所需的各种补丁。

第15章 计算机系统备份

▶ **教学提示：**
- 了解常见系统备份工具
- 掌握 GHOST 软件的使用

▶ **教学要求：**

知 识 要 点	能 力 要 求	相关及课外知识
备份工具	了解常见系统备份工具	系统备份常用工具简介
系统备份	掌握系统的备份	了解系统的网络备份
系统还原	掌握系统的还原	了解系统的网络还原

引例

请关注以下信息并体会不备份重要信息所带来的尴尬。

(1) 某高职高专院校的李科长星期一一大早就来到了办公室，因为今天他需要根据领导的安排向院长汇报一个非常重要的事情，李科长不敢懈怠，他需要把所有的汇报再认真的熟悉一遍，可是当他按下机器电源开机时却傻了眼，Windows系统无法启动了，李科长顿时大汗淋漓，他的材料全在桌面上，昨晚弄到很晚没有来得及备份，于是赶紧打电话叫醒了对计算机比较懂行的小张老师，但是于事无补，他的系统需要重新安装，这就意味着桌面上所有材料都将丢失。最终李科长为此受到非常严厉的批评，所有的辛苦也化成了泡影，令他懊恼不已。

(2) 在某公司上班的杨小姐是该企业的会计，这天她来上班，启动计算机，进入Windows系统，却发现系统异常，好多的文件都没有办法打开，这时她明白肯定是受到了病毒的攻击，可是她的好多账单都在机器上，杨小姐吓得惊慌失措，这时她突然想起来上个月给自己修机器的网络管理员小王，赶紧把小王叫来后，只见小王把她的机器重新启动之后选择ghost还原，只用了几分钟，杨小姐机器的系统就恢复如初了，由于所有材料都不在系统C盘内，资料没有损失，杨小姐也没有耽误正常的工作。杨小姐不禁感叹，系统备份看起来可真是必不可少呀！

本章讨论系统备份与恢复知识，通过学习，了解系统备份的好处，以及一旦系统出现灾难性问题，又如何对系统进行恢复，尽可能的减少计算机用户的损失。

15.1 系统备份常用工具简介

目前有关系统备份的工具非常多，本章简要介绍几种常用的系统备份工具。

1. WinImage 的简介

WinImage是一个可将文件或是文件夹制成Image文件、然后完整复制至另一硬盘的工具，它与Ghost不同的是，它可直接将镜像文件分割成数快存储至A磁盘中。另外，程序还提供制作与还原程序，它容许用户从软盘上做磁盘镜像、从一个镜像中释放文件、创建一个空的镜像、通过在一空盘上放置镜像复制磁盘、在一镜像中注入文件与目录、转换镜像格式等。WinImage支持许多不同标准和非标准格式，包括微软的DMF格式。WinImage可以用于备份大部分微软的软件产品。

该软件的应用平台为：WinXP/Win2000/Win98，该软件的安装部分页面如图15.1所示。

第 15 章 计算机系统备份

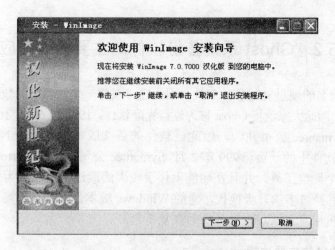

图 15.1 WinImage 部分安装图

2. DateExplore 数据恢复大师

本软件支持 FAT12、FAT16、FAT32、NTFS、EXT2 文件系统，能找出被删除、被格式化、完全格式化、删除分区、分区表被破坏后磁盘里文件。分区被删除或分区表被破坏的情况下，可以以虚拟卷方式加载，并以资源浏览器的方式进行管理，文件或文件夹可以拖放，被删除的文件以打红叉的方式加以标志。能组织磁盘扇区成文件，能显示文件信息和文件在磁盘中的位置。方便的磁盘扇区浏览功能，内置有文本、十六进制、图片和网页等多种视图(可打印)。可以在在未恢复出文件的情况下预览文件，可浏览网络硬盘，提供 JScript 脚本编辑和解析，有相应的 API 供脚本调用，并将脚本执行结果列表显示。通过脚本可以查找特殊的磁盘信息并存成文件，也可以用来搜索复杂的数据。所有操作均在内存中完成，不破坏源数据，加载分析的结果可以保存成文件。有远程恢复功能，只要在用户远程运行服务器，专业人员就可以远程恢复导出客户的数据文件。是很有实用价值的一款软件，是做数据恢复业务的好帮手。其安装初始界面如图 15.2 所示。

图 15.2 数据恢复大师

15.2 Ghost 系统备份软件的主要功能及应用

Ghost 是最著名的硬盘复制备份工具，因为它可以将一个硬盘中的数据完全相同地复制到另一个硬盘中，因此大家就将 Ghost 称为硬盘克隆软件。1998 年 6 月，出品 Ghost 的 Binary 公司被著名的 Symantec 公司并购，因此该软件的后续版本就改称为 Norton Ghost，成为 Norton 系列工具软件中的一员。1999 年 2 月，Symantec 公司发布了 Norton Ghost 的新版本，该版本包含了多个硬盘工具，并且在功能上作了较大的改进，使之成为了一个真正的商业软件。之后该软件经过多次升级换代，他的 Windows 版本也已经在市场上广泛使用了，目前已经成为计算机用户无法割舍的备份与恢复工具。

15.2.1 Ghost 软件的主要功能

1. 磁盘对磁盘复制

(1) 把磁盘上的所有内容备份成映像文件。
(2) 从备份的映像文件复原到磁盘。

2. 分区对分区复制

(1) 把分区内容备份成映像文件。
(2) 从备份的映像文件克隆到分区。
(3) 硬盘间直接克隆。
(4) 将映像文件克隆到硬盘。

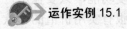
运作实例 15.1

Ghost 系统恢复选择错误带来了惨痛的代价

大专毕业的小田临时去了某学校担任机房管理员，管理着大约 150 台微型计算机，其中有一个机房是些设备比较老化的机器，由于学校第二天要搞一次培训，需要用小田的机房，由于小田晚上有个重要的约会，为了不耽误晚上的重要约会，于是小田就赶紧从机房找来了一台机器作为母机，进行全新的系统安装，小田费了一上午的工夫才安装好了所有的系统，下午就可以把所有机器用 Ghost 进行克隆，可是万万没有想到，在克隆系统时，由于疏忽，将本来为新装的系统源文件硬盘设置成了目标硬盘，将原机房的机器设置成了源文件硬盘，然后进行了全盘克隆，结果，克隆完毕后小田做的母机系统变成了和原系统一模一样，辛苦一上午的工作完全白废，为了完成任务，小田不得不又重新在费时费力重新做了一遍系统，害得晚上加班加点到凌晨才完成，重要的约会也耽误了，之后小田每每想到这件事都很难过。

15.2.2 Ghost 软件的应用

目前市面上有很多系统维护光盘和万能 Ghost 系统都集成了 Ghost 程序，因此，只需用此种光盘启动计算机就可以使用 Ghost 程序了。首先出现的是关于界面，如图 15.3 所示。

第 15 章 计算机系统备份

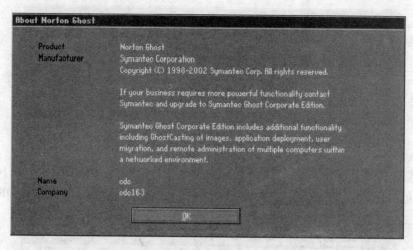

图 15.3 Ghost 启动界面

单击【OK】按钮，进入 Ghost 操作界面，出现 Ghost 菜单，主菜单共有 4 项，从下至上分别为 Quit(退出)、Options(选项)、Peer to Peer(点对点，主要用于网络中)、Local(本地)。一般情况下我们只用到 Local 菜单，其下有三个子菜单：Disk(硬盘备份与还原)、Partition(磁盘分区备份与还原)、Check(硬盘检测)，用得最多的是前两项功能，下面的操作讲解就是围绕这两项基本功能展开的。

1. 分区备份

1) Partition 菜单简介

Partition 菜单下有三个子菜单。

To Partion：将一个分区(称源分区)直接复制到另一个分区(目标分区)，注意操作时，目标分区空间不能小于源分区。

To Image：将一个分区备份为一个镜像文件，注意存放镜像文件的分区不能比源分区小。

From Image：从镜像文件中恢复分区(将备份的分区还原)。

2) 分区镜像文件的制作

(1) 运行 Ghost 后，选择 Local｜Disk｜Partition｜To Image 命令，如图 15.4 所示。

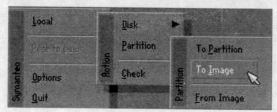

图 15.4 从分区到镜像

(2) 出现选择本地硬盘窗口，如图 15.5 所示，当前只有一个硬盘，直接按 Enter 键。

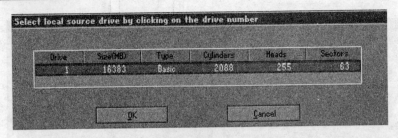

图 15.5 选择要备份分区的硬盘

(3) 出现选择源分区窗口(源分区就是你要把它制作成镜像文件的那个分区),选择要制作镜像文件的分区,按 Enter 键确认,按 Tab 键将光标定位到 OK 键上(此时 OK 键变为白色),如图 15.6 所示,再按 Enter 键。

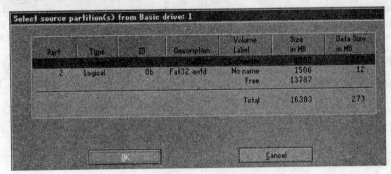

图 15.6 选择要制作镜像文件的分区

(4) 接着要求指定镜像文件的存储目录,默认存储目录是 Ghost 文件所在的目录,在 File name 处输入镜像文件的文件名,也可带路径输入文件名,如图 15.7 所示,输好文件名后,再按 Enter 键。

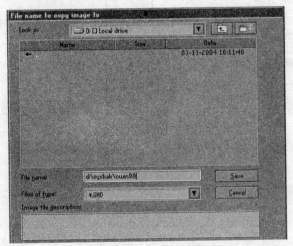

图 15.7 选择存放位置

(5) 接着出现【是否要压缩镜像文件】对话框，如图 15.8 所示，有【No(不压缩)、Fast(快速压缩)、High(高压缩比压缩)】三种选择，压缩比越低，保存速度越快。一般选 Fast 即可，然后按 Enter 键。

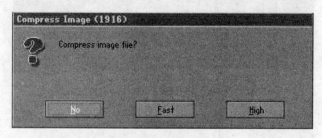

图 15.8　压缩选项

(6) 接着会出现一个压缩提示窗口，如图 15.9 所示，选择【Yes】按钮，按 Enter 键确定。

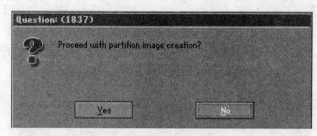

图 15.9　压缩提示窗口

(7) Ghost 开始制作镜像文件，如图 15.10 所示。

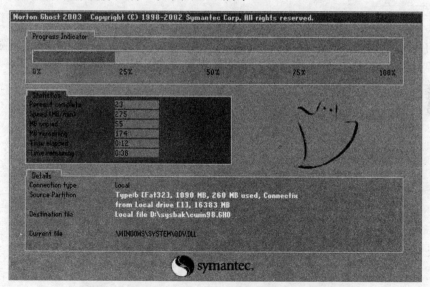

图 15.10　正在制作镜像像文件

(8) 建立镜像文件成功后，会出现提示创建成功窗口，如图 15.11 所示。

图 15.11 镜像制作成功

按 Enter 键即可回到 Ghost 界面。

2. 从镜像文件还原分区

制作好镜像文件，就可以在系统崩溃后还原，这样又能恢复到制作镜像文件时的系统状态。下面介绍镜像文件的还原。

(1) 在 DOS 状态下，进入 Ghost 所在目录，输入 Ghost 命令，按 Enter 键，即可运行 Ghost 程序。

(2) 在 Ghost 主菜单中，选择 Local│Partition│From Image 命令，如图 15.12 所示。

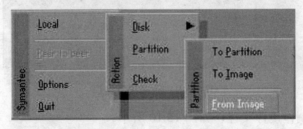

图 15.12 选择 Local│Partition│From Image 命令

(3) 打开【镜像文件还原位置】对话框，如图 15.13 所示，在 File name 处输入镜像文件的完整路径及文件名或用鼠标选择镜像文件所在路径，然后按 Enter 键。

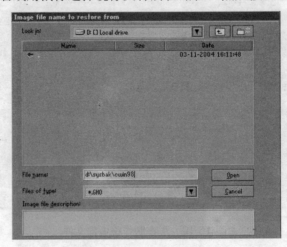

图 15.13 选择镜像文件

第 15 章　计算机系统备份

(4) 出现从镜像文件中选择源分区窗口，直接按 Enter 键。
(5) 又出现选择本地硬盘窗口，如图 15.14 所示，再按 Enter 键。

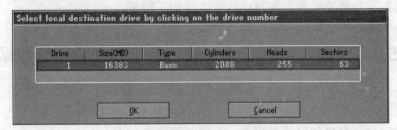

图 15.14　选择本地硬盘

(6) 出现选择从硬盘选择目标分区窗口，用光标键选择目标分区(即要还原到哪个分区)，按 Enter 键。
(7) 出现提问窗口，如图 15.15 所示，选择【Yes】按钮，按 Enter 键确定，程序开始还原分区。

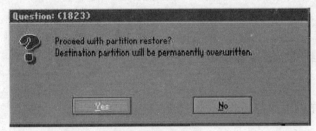

图 15.15　询问窗口

(8) 还原完毕后，出现还原完毕对话框，如图 15.16 所示，选择 Reset Computer 按钮，然后按 Enter 键重启计算机即可。

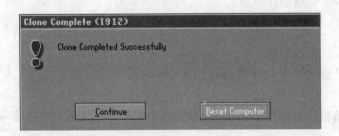

图 15.16　还原完毕

注意：选择目标分区时一定要注意选对，否则目标分区原来的数据将全部消失。

3．硬盘的备份及还原

在 Ghost 的 Disk 菜单的子菜单项中，可以实现硬盘到硬盘的直接对拷(Disk→To Disk)、硬盘到镜像文件(Disk→To Image)、从镜像文件还原硬盘内容(Disk→From Image)的操作。

在多台电脑的配置完全相同的情况下，可以先在一台电脑上安装好操作系统及软件，然后用 Ghost 的硬盘对拷功能将系统完整地"克隆"到其他计算机中，本文中的引例，小田就是这样做的，这样装操作系统可比传统方法快了很多。

15.3 实训——用 Ghost 软件备份和还原系统数据

一、实训目的

通过实训，使学员能够熟练掌握 Ghost 软件的使用方法。

二、实训内容

(1) 了解 Ghost 软件的使用。
(2) 掌握 Ghost 软件备份系统的全部过程。
(3) 用制作的备份给系统还原，并测试其效果。

三、实训过程

1. 利用 Ghost 软件给系统备份

分析

在实训室的计算机上反复备份系统。

实训要求

正确地制作备份，要求学员要反复地练习系统备份，直到非常熟练为止。

实训步骤

(1) 启动 Ghost 软件。
(2) 为计算机的 C 盘制作备份。

2. 还原备份

分析

在实训室的计算机上反复还原备份。

实训要求

正确地还原备份，要求学员要反复地练习还原备份，直到非常熟练为止。

实训步骤

(1) 启动 Ghost 软件。
(2) 还原备份。

四、实训总结

通过本章的实训，学员应该能够熟练掌握利用 Ghost 备份系统的方法，可以针对计算机备份过程中出现的相关的问题作出处理。

第 15 章 计算机系统备份

本 章 小 结

> 本章主要讲述了系统备份和系统的恢复问题；讲述了常用系统备份和恢复的软件 Ghost 的用法，接着是结合实例研究了 Ghost 备份和 Ghost 还原的用法；最后安排了技能实训，以强化技能练习。
> 本章的重点和难点是 Ghost 软件备份和还原的具体实际应用。

习 题

一、理论习题

1. 填空题

(1) DataExplore 数据恢复大师支持(　)、(　)、(　)、(　)、(　)等文件系统。

(2) DataExplore 数据恢复大师的最新功能有(　)、(　)、(　)。

(3) 1998 年 6 月出品 Ghost 的 Binary 公司被(　)合并。

(4) 利用 Ghost 备份系统时，单个的备份文件的大小最好不要超过(　)GB。

(5) 利用 Ghost 选择压缩时，我们一般不选择(　)，因为其非常耗时，而且压缩率又没有太大的提高。

2. 选择题

(1) 下列哪些软件不适合做系统的备份工具(　)。

　　A．Ghost　　　B．DataExplore　　C．WinImage　　　D．奇虎 360 卫士

(2) 小王为了防止系统丢失，准备利用 Ghost 做一个备份，那么他在选择的源目标和目的目标时，正确的选择是(　)。

　　A．Disk→to Image　　　　　　B．Partition→to partition
　　C．Disk→from Image　　　　　D．Partition→to partiton

(3) 利用 Ghost 软件进行备份，到了压缩选项时，我们一般应选择(　)。

　　A．NO　　　　B．Fast　　　　C．High　　　　D．默认

(4) 小刘将十分重要的资料放在了计算机的桌面上，那么系统恢复后，将出现(　)。

　　A．不会损失　　　　　　　　　B．有可能部分损失
　　C．全部损失　　　　　　　　　D．说不清

(5) 小张的系统由三个逻辑盘，C 盘、D 盘、E 盘，但是他在系统还原时发现，整个系统就剩了一个系统 C 盘了，所有的资料全部丢失。请问是下列哪种情况导致的(　)。

　　A．恢复时选择了 Disk→From Image
　　B．恢复时选择了 Partition→from Image

C. 恢复时选择了 Disk→to Image
　　D. 恢复时选择了 Partition→to Image

3. 判断题

(1) Ghost 软件到目前为止，还没有出现 Windows 版本，这不能不说是一种遗憾。
　　　　　　　　　　　　　　　　　　　　　　　　　　　　　　　　（　　）
(2) 用 Ghost 软件做的系统得到的文件扩展名为.gho。　　　　　　　　（　　）
(3) 小张想把整个系统做一个备份，他应该选择 Disk→To Image。　　（　　）
(4) 从镜像文件还原分区。应该选择 Local→Disk→from Image。　　　（　　）
(5) DataExplore 数据恢复大师仅能够支持有分区的数据恢复。　　　　（　　）

4. 简答题

(1) 常见的数据系统备份工具有哪些？
(2) 简述系统备份所带来的好处。
(3) DataExplore 主要功能有哪些？

二、实训习题

1. 操作题

(1) 下载并安装 WinImage 并且尝试备份一个文件夹数据。
(2) 上网查询目前比较好用的系统备份工具，并比较其优劣。
(3) 在机房用 Ghost 备份一个系统，并将其命名为【我的第一个备份.gho】。

2. 综合题

(1) 小刘对电脑知识一知半解，最近新买了一台笔记本电脑，并且安装了操作系统，他打算将系统做一个备份，请你帮助他对系统进行备份。

(2) 某天早晨，在公司上班的小张，上班时发现系统无法启动，幸好他用 Ghost 做了备份，放在 D 盘的根目录下。请重新恢复该系统。

第三部分

笔记本电脑维护

第三部分

汉语本身的发展

第 16 章 散热系统的维护

教学提示:
- 了解笔记本电脑散热的原理
- 掌握笔记本电脑的散热技术
- 掌握笔记本电脑的散热技巧
- 掌握常见笔记本电脑散热故障的处理

教学要求:

知 识 要 点	能 力 要 求	相关及课外知识
笔记本电脑散热的原理	了解笔记本电脑散热的原理	笔记本电脑散热的原理
笔记本电脑的散热技术	掌握笔记本电脑的散热技术	了解笔记本电脑的散热产品
常见笔记本电脑散热故障的处理	掌握常见笔记本电脑散热故障的处理	常见笔记本电脑散热故障的处理

引例

请关注并体会以下与笔记本电脑散热有关的现象：

(1) 某单位的职员小王的笔记本电脑昨天使用完全正常，可是今天使用时，刚刚打开大约半个小时，正在做着工作，笔记本电脑突然自动关机了。起初他还以为是停电了，问其他同事说没有停电，后来一想不对啊，笔记本有电池，不应该自动关机。只好又打开笔记本，可是这次用的时间更短，又自动关机了。反复几次后吓得他再也不敢开机了。

(2) 某企业的老总在上班时，正在使用笔记本上网查阅资料，突然鼠标不动了，键盘的各个键也没有反应。打厂家的售后服务电话，让他重新启动计算机。重新启动后鼠标能动了，键盘也有反应了，可是用不了多长时间，毛病又犯了。老总感到很生气，他这个笔记本可是花了1万多元，是当时专卖店最贵的电脑了，服务员说这是当时最高档的产品，最好的产品怎么还出毛病呢？

这样的例子还可以列出很多。

随着笔记本电脑的流行，许多商务人员开始使用笔记本电脑来代替台式机办公，笔记本电脑在长时间使用后，可能会出现各种各样的问题，其表现出来的形式也可能是各种各样，但其本质都是散热不良或者说散热系统出现了故障。

本章重点讨论笔记本电脑的散热系统，阐述散热系统的原理和技术，使学员掌握笔记本电脑散热的技巧，并针对笔记本电脑使用过程中出现的与散热相关的问题作出及时的处理。

16.1 散热的基础知识

散热一直是笔记本电脑最大的技术问题，因为散热技术的好坏直接关系到笔记本电脑的稳定性，有许多不明原因的死机状况其实都是因为散热问题无法解决而产生的。假如散热状况不理想，会使处理器产生的高温留在机器里，开机时间过长，甚至会影响到机器的性能。因此，在选择笔记本电脑时，一定要考虑到笔记本电脑所运用到的散热方法。

16.1.1 散热原理

不同的笔记本采用的散热方式有一定的差异，然而原理是一致的，都是由导热管引导到机器边缘的散热片，并用辐射型的风扇对散热片进行冷却，如图16.1所示。

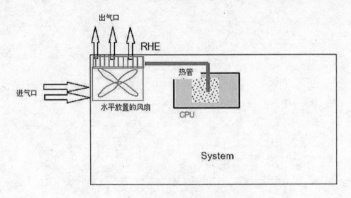

图16.1 笔记本电脑散热技术原理图

第 16 章 散热系统的维护

当然现在也有高档的笔记本为了追求更好的机械强度而使用铝镁合金的,可以利用铝镁合金的高导热率的特性辅助散热。

16.1.2 笔记本电脑的散热技术

不同的散热方式有不同的散热效果,笔记本流行的散热方式有:风扇散热、热管散热、散板散热和整体散热等几种。现在的 CPU 发展非常的迅速,但是发热量的"发展"也很迅速,这是个比较严重的问题,也促使厂家们发明更为先进的散热系统,但是要根本解决 CPU 的散热问题还是从 CPU 上做起,采用先进的制程技术和更先进的封装形式能有效地降低是 CPU 的发热量。

1. 风扇散热

风扇散热是笔记本电脑所采用的基本散热方式,由于其成本比较低,因此绝大多数的厂商都采用这种散热方式。

一般使用散热风扇的笔记本电脑都会备有低风量和高风量两个挡,风扇的速度视 CPU 的温度而定。最初的笔记本电脑采用的散热方式与台式机差不多,都是使用小风扇进行散热的,采用这种方法散热功耗大,效果差。现在风扇的设计相对比较科学,风扇由原来的垂直于主板改为平行于主板(如图 16.2 所示),平行于主板的风扇可以不受笔记本机身厚度的限制,因此可以采用比较大的风扇,从而提高散热效率,同时平行于主板更有助于将机身做的更薄,符合现代笔记本的潮流。

2. 散热管散热

散热管散热(如图 16.3 所示)是 IBM 公司最早实施的一种有效地笔记本散热技术。散热管内有纤维和水,管内的空气被抽空后,一端贴近 CPU,另一端远离 CPU,这样 CPU 发热后,管内的水会蒸发,将热带到另一端,在另一端对水冷却后再流回,如此反复,热量不断地移动,从而达到降温的目的。

图 16.2 笔记本电脑风扇散热

图 16.3 散热管散热

3. 散热板散热

比较常见的情况是在笔记本电脑主机板的底部和上部各配一块金属散热板(如图 16.4 所示)。散热板散热,CPU 等配件产生的热量经由散热管,沿着金属散热板加以传导,再通过机身和键盘,将热排出。由于采用了这种高科技散热技术,使笔记本电脑即使长时间使用也不会使机身温度变得很高,提高了使用时的舒适性,而且系统也能够保持稳定,但这种散热设计造价较高,也因此增加了整机成本。

图 16.4　散热板散热

4. 整体散热

当然除了上面的三种散热方式外,还有一些特殊的散热方式,例如键盘对流散热、水冷散热等。

键盘对流散热的原理是当把键盘装到主板上方时,正好可以利用键盘的底部将 CPU 产生的热量传导出去。热量经由按键孔排出,冷空气就从键盘孔流入,以取代热空气。

而水冷散热是通过加入防冻液的水不断地在笔记本机内循环,从而带走 CPU 等部件产生的热量,如图 16.5 所示。

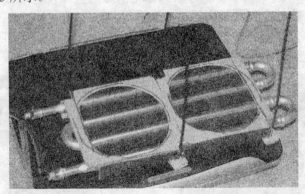

图 16.5　水冷散热

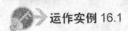

运作实例 16.1

笔记本散热不畅而"罢工"

某企业的老总在上班时使用笔记本上网正在查阅资料时,突然鼠标不动了,键盘也没有反应。打厂家的售后服务电话,让他重新启动计算机。重新启动后鼠标能动了,键盘也有反应了,可是用不了多长时间,

第 16 章 散热系统的维护

毛病又犯了。老总没有办法,只能找来单位负责计算机维护的职员小王。小王首先重新安装系统,可是刚刚开始安装大约半个小时,笔记本突然自动关机了。起初他还以为是停电了,问其他同事说没有停电,后来一想不对啊,笔记本有电池,不应该自动关机。只好又打开笔记本,可是这次用的时间更短,又自动关机了。

起初小王怀疑笔记本电脑的硬件出问题了,由于笔记本还在保修期内,小王拿到该品牌的维修中心。维修中心的人员在听了小王的仔细描述后,打开笔记本散热挡板,小王看到散热风扇上积满了灰尘,自然散热效果可想而知了,CPU 的排风口积满了灰尘,导致 CPU 的温度过高,从而使计算机的温度过高,为保护计算机,自动关机。在经过小王仔细地除尘、清扫后,笔记本电脑运行一切正常了。

16.2 笔记本电脑散热技巧及散热架

眼下使用笔记本的人是越来越多了,这其中有一些第一次接触笔记本电脑的新手。随着性能提升,笔记本电脑发热问题也日益严重,但由于体积限制,笔记本不可能像台式机一样使用巨大的散热器和散热风扇,这就导致热量大量聚集在笔记本底部,降低了使用舒适度和运行稳定性,因此有必要采取一定的措施为笔记本散热。

16.2.1 笔记本电脑的散热技巧

笔记本电脑的性能不断提高,体积不断向轻薄方向发展,其内部空间也越来越狭小,狭窄的内部空间与提高性能所产生的热量使散热技术成为笔记本电脑设计的技术关键。其使用的散热方法与技巧也是我们需要掌握和了解的重要内容。

1. 保持散热孔的清洁和畅通

散热孔散热是笔记本电脑最常见的散热方式。这种方式是通过在笔记本电脑的四周留有大量的散热孔,将笔记本电脑内所产生的热量流通到周围的空气中,从而降低笔记本电脑温度。因此,为了保证笔记本内部产生的热量能够有效地排出,必须要保证散热孔的清洁。

2. 合理的电源管理设置

合理的电源管理设置是协助笔记本电脑降温的基础,比如设置定时关闭显示器、关闭硬盘和系统等待的时间等来减少硬件的运转时间,以此达到降温的目的,这点对硬件也是很有好处的。其次,在笔记本电脑暂时不使用的时候应用挂起模式,这样达到既省电又降低发热量的双重功效。另外,还可以通过关闭不常使用的外部设备和端口来减少能量消耗,以降低温度,比如移动硬盘、PCMCIA 设备、串口、并口或红外线端口等,这样既可以减少耗电量及发热量又可以延长部件的使用寿命。

3. 使用降温软件

对于笔记本电脑的主要发热源如 CPU,我们采用一些软件来达到降温的目的。现在的降温软件比较多,主要有 CPU Cool,CpuIdle 和 Waterfall 等,其中比较有效的是 CPU Cool。

其优点是可在所有的 Windows 系统下使用，运行后会自动对 CPU 进行降温，并且在 CPU 信息选项可以看到 CPU 的全部资料。

4. 尽量在凉爽通风的环境中使用笔记本电脑

尤其在高温的盛夏，室内温度一般能达到 35℃左右，让笔记本电脑在这样的高温环境下工作，难保不会因温度过高而罢工，因此在温度过高的情况下应借助空调来降低温度。如果没有空调的话，使用电风扇来保持笔记本电脑周围空气的畅通来协助降温也不失为一个办法。

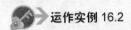运作实例 16.2

散热不畅导致笔记本"蓝屏"

某单位办公室的打字员小张的笔记本电脑购买了一年多了，一直运行正常，自从一个同事前几天给她安装了一个游戏后，这几天在正常使用过程中经常出现"蓝屏"现象(如图 16.6 所示)，屏幕上显示的全是计算机专业术语，她只好按主机上的 Reset 键重启计算机。

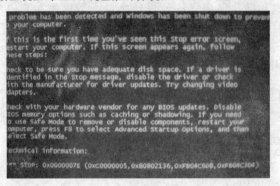

图 16.6 笔记本"蓝屏"

这样一来，就给小张带来很多麻烦，一则是输入的文字需要随时保存，影响打字的效率。二则是计算机频繁的重新启动对计算机的硬件是否有影响。于是向领导汇报，但领导说这台计算机已经过了保修期，让她凑合用，过一段时间就换新的计算机了。

小张回家后和自己的弟弟说起这个事情，弟弟就帮她维修，打开小张的笔记本电脑，用刷子把散热风扇上的灰尘扫干净，并且用橡皮把笔记本的几个配件反复擦了好几遍。自从经过弟弟这么处理后，小张的笔记本再也没有出现过"蓝屏"的现象。

16.2.2 笔记本电脑的散热架

散热问题，一直是笔记本电脑最大的技术"瓶颈"之一，散热好坏关系到产品运行的稳定程度和整机使用寿命，因此散热问题是笔记本电脑设计中的重要环节。目前，大多数笔记本尽管采用了种种高科技的散热技术，但由于 CPU、硬盘等配件的性能提升迅速，其发热依然较大，因此市面上出现了不少专门为笔记本电脑设计的散热器。

目前市场上笔记本散热器有很多，主要分为被动散热型和主动散热型。被动型的散热器是由一块导热率较高的金属作为笔记本底座，它紧贴着笔记本从而加快热量的散发，但散热效果并不能得到保证，而且重量也比较重，但价格相对便宜，使用简单，不消耗电能。现在大多数是主动型散热器(如图 16.7 所示)，也就是说带有主动散热风扇，风扇将冷风吹向温度较高的位置，在散热器和笔记本之间形成一个热循环从而降低笔记本的温度。

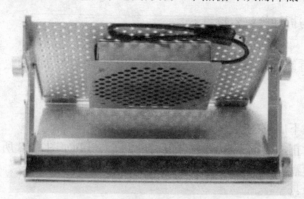

图 16.7 主动型笔记本散热器

笔记本散热器是比较冷门的配件，下面简单谈谈选购时的注意事项。

首先，要注意与笔记本的配合问题，尽管大多数散热器都声称能匹配 10 英寸至 15 英寸的机型，但在选购时最好带上自己的本本去挑选，注意笔记本是否和散热器紧密贴合，散热器能不能紧紧固定在笔记本下部，一款做工精细的笔记本散热器在安装使用时要方便，卡扣的设计要能让使用者轻松安装及卸装。

其次，散热器的散热效果是其最重要的指标，最好能在装上散热器后运行大型软件试用一下，亲自体验一下散热效果是否良好。散热效果通常取决于材质及整体设计，比如采用导热系数比较高的铝合金材质就要比采用塑料材质的散热器在散热效果上好一些。散热器风扇的质量也十分关键，其好坏直接关系到散热效果以及散热器噪声的大小，如果在试用时发现风扇声音过大或者风扇有杂音，就要考虑其质量是否可靠。

16.3 实训——笔记本电脑灰尘的处理

一、实训目的

通过实训，使学员掌握笔记本电脑的除尘。

二、实训内容

(1) 笔记本键盘的拆卸。
(2) 灰尘的清理。
(3) 其他部分灰尘的清理。

三、实训过程

1. 笔记本键盘的拆卸

分析

反复练习安装与拆卸笔记本键盘。

实训要求

正确地安装与拆卸笔记本键盘，要求学员要反复地安装与拆卸笔记本键盘，直到非常熟练为止。

实训步骤

(1) 用螺丝刀扭下底部的键盘固定螺丝。
(2) 翻转到键盘正面，向下拨动键盘上部的四个卡口(如图 16.8 所示)。
(3) 轻轻拔下键盘与主板的接口电路。
(4) 轻轻取下键盘。

图 16.8　键盘上的四个卡口

2. 灰尘的清理

分析

小心翼翼地反复清理笔记本电脑内部的灰尘。

实训要求

正确地清理灰尘，要求学员要反复地清理笔记本电脑内部的灰尘，直到非常熟练为止。

实训步骤

1) 清除散热片上的灰尘杂物

开启气泵(用自行车打气筒代替也可以)，用 0.5 个压力的干燥空气对准散热片排风口吹洗，这时附着在散热片上的灰尘和杂物就会吹散到风扇周围的叶片上，再用尖头镊子把剩余没有吹走的杂物小心地取出(如图 16.9 所示)。

2) 清理风扇叶片

首先用镊子固定住风扇叶片，再用棉签对每个叶片上的灰尘进行清理(如图 16.10 所示)，直到清除干净为止。然后用气泵的低压干燥空气对着排风口反复吹洗几次，最后把拆下的键盘和电池重新归位，维护完成。

第 16 章 散热系统的维护

图 16.9 清理散热片的灰尘

图 16.10 风扇叶片灰尘的清理

3. 其他部分灰尘的清理

分析

仔细观察其他部分，看是否有灰尘，仔细清理。

实训要求

仔细观察，小心清理。

实训步骤

(1) 关闭电源并移除外接电源线，拆除内接电池及所有的外接设备连接线。

(2) 用小吸尘器将连接头、键盘缝隙等部位之灰尘吸除。

(3) 用干布略为蘸湿再轻轻擦拭机壳表面，请注意千万不要将任何清洁剂滴入机器内部，以避免电路短路烧毁。

(4) 等待笔记本电脑完全干透才能开启电源。

四、实训总结

通过本章的实训，学员应该能够熟练清理笔记本内部的灰尘，可以针对计算机使用过程中出现的因散热不畅而导致的相关问题作出及时的处理。

本 章 小 结

本章首先介绍了笔记本电脑散热的基础知识；然后介绍了散热的技术指标和技巧；接着讲解了灰尘的清理；最后安排了技能实训，以强化技能练习。

本章的重点是散热的技巧和笔记本电脑灰尘的清理。

本章的难点是笔记本电脑灰尘的清理。

习 题

一、理论习题

1. 填空题

(1) 笔记本流行的散热方式有(　　)、(　　)、(　　)和(　　)等几种。

(2) 高档的笔记本为了追求更好的机械强度而使用(　　)的，可以利用其辅助散热。

(3) 散热板散热比较常见的情况是在笔记本电脑(　　)的底部和上部各配一块金属散热板。

(4) 目前市场上笔记本散热架有很多，主要分为(　　)和(　　)。

2. 选择题

(1) 笔记本上面有很多孔，起其作用是(　　)。
　　A．减少成本　　B．美观　　C．散热　　D．便于携带

(2) 下列(　　)是笔记本电脑的降温软件。
　　A．CPU Cool　　B．CpuIdle　　C．Waterfall　　D．以上都是

(3) 图 16.11 笔记本电脑采用的散热方式是(　　)。
　　A．风扇　　B．散热板　　C．水冷　　D．散热管

图 16.11

3. 判断题

(1) 笔记本的热量全部是 CPU 发热引起的。　　(　　)

(2) 由于成本比较低，因此绝大多数的厂商都采用风扇散热这种散热方式。　　(　　)

(3) 为了保持笔记本运行稳定，需要定期对笔记本内部的灰尘进行清理。　　(　　)

(4) 一般使用散热风扇的笔记本电脑都会备有低风量和高风量两个挡，风扇的速度视 CPU 的温度而定。　　(　　)

第 16 章　散热系统的维护

(5) 散热问题，一直是笔记本电脑最大的技术"瓶颈"之一，散热好坏关系到产品运行的稳定程度和整机使用寿命。（　　）

4. 简答题

(1) 简述笔记本电脑的散热原理。
(2) 简述清理笔记本电脑内部灰尘的步骤。
(3) 简述笔记本电脑的散热技巧。
(4) 简述笔记本电脑散热架的选购。

二、实训习题

1. 操作题

(1) 在当地的电脑市场上观察笔记本电脑的散热方式。
(2) 在笔记本维修店内清理散热片上的灰尘。
(3) 在笔记本维修店内清理风扇上的灰尘。
(4) 在笔记本维修店内清理笔记本外部表面的灰尘。

2. 综合题

(1) 某科研所单位的员工邱某购买了一台某品牌笔记本，邱某经常出差，需要随身携带笔记本，可是最近他的笔记本电脑莫名其妙地出现了自动关机的毛病，例如他正在向客户介绍他们所最近的技术和产品时，笔记本电脑就自动关机了，弄得他在客户面前很尴尬。请根据所学知识，帮助邱某解决问题。

(2) 某单位的职员小王买了一台普通笔记本电脑，他在使用笔记本的时候，尤其是在打字的时候，感觉到键盘的左侧温度很高，有点烫手的感觉。请想办法降低笔记本的温度。

第17章 存储系统的维护

教学提示:
- 掌握硬盘的维护方法
- 掌握内存的维护方法
- 掌握光驱的维护方法
- 了解其他移动设备的维护

教学要求:

知 识 要 点	能 力 要 求	相关及课外知识
硬盘的维护	掌握硬盘的日常维护	硬盘的维护
内存条的维护	掌握内存条的维护方法	内存条的维护
光驱的维护	掌握光驱的维护方法	光驱的维护
其他移动设备的维护	了解其他移动设备的维护	其他移动设备的维护

第 17 章　存储系统的维护

 引例

请关注并体会以下与笔记本存储系统有关的现象：

(1) 某单位的职员小王的笔记本昨天使用完全正常，可是，今天开机时，屏幕上出现了一行白色的英文提示：Hard Disk Error，Please Check。

他关闭计算机，过一段时间再开机，故障依旧。

(2) 某科研所的员工刘某购买了一台某品牌笔记本电脑，计算机自身带着正版的 Windows Vista 操作系统，笔记本电脑的各项性能表现都不错，Vista 的桌面也让他"耳目一新"，但是笔记本电脑的硬盘只有 C、D 两个分区，对于习惯了 C、D、E、F 4 个分区的他，使用起来感觉有点别扭。

(3) 正在某职业中专就读计算机专业的学生侯某，有台笔记本电脑，是他叔叔淘汰下来后送给他的，最近这台笔记本电脑运行越来越慢了，他想把系统重新安装，可是这台笔记本电脑的光驱坏了(叔叔送给他时就坏了)，他该怎么为他的笔记本安装操作系统呢？

(4) 某单位的工程师王某的计算机为某品牌笔记本电脑，以前计算机一直正常使用，可是最近一段时间，插上 USB 设备后，计算机毫无反应，既没有出现图标，打开"我的电脑"也没有出现 USB 设备的盘符。

这样的例子还可以列出很多。

计算机所有的程序都保存在存储系统中，一旦存储系统出现问题，那么程序在运行过程中就会出问题，其表现出来的形式可能是各种各样，但其本质都是存储系统的原因造成的。

本章重点讨论与笔记本存储系统的基础知识及计算机在使用过程中遇到的与存储系统相关的问题。通过本章的学习，了解存储系统的基本情况，针对计算机使用过程中出现的与存储系统相关的问题作出及时的处理。

17.1　硬盘和光驱的维护

存储系统是笔记本电脑重要的组成部分，因为存储系统几乎保存了计算机中所有的程序和数据，一旦存储系统出了问题，笔记本电脑中的数据可能要受到影响，特别是重要的数据一旦出现问题，其损失是无法估量的。因此对于笔记本电脑的存储系统要倍加珍惜，认真维护。

17.1.1　硬盘的维护

硬盘是笔记本电脑中保存信息资源的重要设备，尽管现在生产商的硬盘技术先进和精密，硬盘的故障率通常低于其他存储设备，但只有正确地使用以及良好的维护，才能保证硬盘能够发挥出最佳的性能，才可以保证数据安全和延长硬盘的寿命。

在日常使用中，笔记本硬盘应注意以下几个方面。

1. 养成正确关机的习惯

硬盘在工作时突然关闭电源，可能会导致磁头与盘片猛烈摩擦而损坏硬盘，还会使磁头不能正确复位而造成硬盘的划伤。关机时一定要注意硬盘指示灯是否还在闪烁，只有当硬盘指示灯停止闪烁、硬盘结束读/写后方可关机。

2. 正确搬动硬盘，注意防震

搬动硬盘时最好等待关机十几秒等硬盘完全停转后再进行。在开机时硬盘高速转动，轻轻的震动都可能使碟片与读/写头相互摩擦而产生磁片坏轨或读/写头损毁。所以建议在开机的状态下，最好不要移动笔记本。

3. 要定期整理硬盘

定期整理硬盘可以提高速度，如果碎片积累过多不但访问效率下降，还可能损坏磁道。但不要经常整理硬盘，这样也会有损硬盘寿命。

4. 注意预防病毒和木马程序

硬盘是计算机病毒和木马等非法软件攻击的重点目标，应注意利用最新的杀毒软件对病毒进行"清剿"。要定期对硬盘进行杀毒，并注意对重要的数据进行保护和经常性的备份。

5. 让硬盘智能休息

让硬盘智能进入"关闭"状态，一般的用户总会忽视这个功能，使用硬盘智能休息可以使硬盘工作在"健康"的状态之下。

6. 合理的分区

硬盘分区的大小似乎与维护硬盘的关系不大，但分区的合理与否，其实是与日后的维护、升级操作系统和优化等密切相关，绝对不可忽视。一开始设置好适当的分区大小，会免去很多不必要的麻烦，并能方便日后的管理。

17.1.2 光驱的维护

由于光驱是笔记本电脑中最易损坏的部件之一，一旦损坏还不一定有同型号的备件可供更换，因此要维护好光驱。由于光驱在长时间处于高速旋转状态，这样既增加了激光头的工作时间，也使光驱内的电机及传动部件处于磨损状态，无形中缩短了光驱的寿命。所以，要注意不要使用质量差的盘片，使用完盘片后要及时把盘片从光驱中取出来。

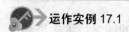
运作实例 17.1

为笔记本硬盘合理分区

某科研所的员工刘某购买了一台某品牌笔记本电脑，计算机自身带着正版的"Windows Vista"操作系统，笔记本电脑的各项性能表现都不错，Vista 的桌面也让他"耳目一新"，但是笔记本电脑硬盘只有C、D 两个分区，对于习惯了 C、D、E、F 4 个硬盘分区的他，使用起来感觉有点别扭。如果自己重新分区，又担心把笔记本电脑的隐藏分区破坏了而导致"一键还原"无法使用。前几天自己单位的同事就是因为破坏了隐藏分区，请来笔记本电脑的维修中心重新安装了系统，收取了 200 元的维护费。

刘某找到了一直从事 IT 行业的好朋友张某(刘某的笔记本电脑就是托张某购买的)，张某告诉他对于这

第 17 章 存储系统的维护

个品牌的计算机,如果想把 D 盘再重新分为几个区,最好使用 PartitionMagic 分区软件工具,但手头上没有这个软件,也可以使用 Windows 安装光盘中自带的分区工具。

张某启动笔记本电脑,设置为光驱启动,把 Windows 安装光盘放入计算机中,在出现如图 17.1 所示的界面后把 D 分区删除(此前应当把 D 分区中的重要信息进行备份),然后再把"未划分的空间"重新分为 D、E、F 3 个分区。

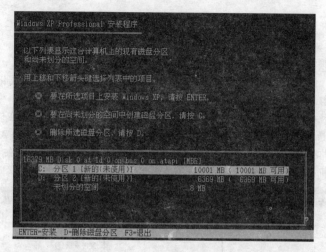

图 17.1 硬盘重新分区

17.2 移动存储设备的维护

笔记本电脑尽管移动性好,携带非常方便,但是笔记本电脑还是离不开移动存储设备,而且笔记本电脑拥有更多的使用移动存储设备的性能。

1. U 盘的维护

U 盘的维护虽然很简单,但还是有一些事项需要注意,不正确的使用会导致数据的丢失,甚至造成 U 盘的损坏。

2. 存储卡的维护

存储卡作为数码设备的搭档,在使用的同时,也一定要注意对存储卡精心的保护,以免使用不当,造成存储卡的数据遭到破坏。在日常使用存储卡应注意以下事项:

(1) 不对存储卡施以重压,不弯曲存储卡,避免存储卡掉落和受撞击。

(2) 避免在高温、高湿度下使用和存放,不将存储卡置于高温和直射阳光下。

(3) 要避静电、避磁场(如避开电视机、音箱)存放存储卡,在存放和运输途中,尽可能将已存储有影像文件的存储卡置于防静电盒中。

(4) 不随意拆卸存储卡、避免触及存储卡的电触点。

(5) 将存储卡远离液体和腐蚀性材料。

(6) 从数码照设备取出存储卡时，要在关闭数码设备的情况下进行。

(7) 当存储卡正在工作时，不要从数字设备中取出存储卡。

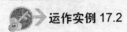 运作实例 17.2

存储卡格式化后无法使用

某单位的职员小张有张手机存储卡，一直使用很正常，有一次手机卡中病毒了，同事建议他对卡进行格式化，那还不简单，他在自己的笔记本电脑的读卡器上就把卡给格式化了。格式化后有个"毛病"：在他的笔记本电脑上能够使用存储卡，可是把存储卡放到手机上就无法使用。

小张只好找到单位的计算机工程师，工程师在检测后，告诉他"毛病"就出在他的格式化上。

在"格式化"对话框中(如图 17.2 和图 17.3 所示)，手机卡格式化应该选择 FAT 格式，而小张很可能选择了 FAT(32)的格式，这两种格式计算机是都能够识别的，而手机的操作系统目前却只能识别 FAT 格式。因此造成了手机卡计算机能够识别而手机不能够识别的现象。

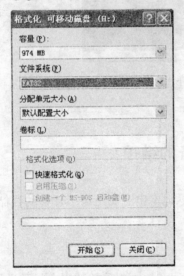 

图 17.2　存储卡格式化　　　　　　　图 17.3　存储卡格式化

小张又重新把手机卡格式化后，再放到手机上，手机能够识别了。

17.3　实训——笔记本存储设备的安装

一、实训目的

通过实训，使学员掌握笔记本内存条的安装、硬盘的安装、存储卡的安装。

二、实训内容

(1) 笔记本内存条的安装与拆卸。

第 17 章 存储系统的维护

(2) 笔记本硬盘的安装。

(3) 存储卡的安装。

三、实训过程

1. 笔记本内存条的安装与拆卸

分析

反复地练习内存条的安装。

实训要求

正确地安装内存条，要求学员要反复地安装内存条，直到非常熟练为止。

实训步骤

(1) 打开笔记本电脑背面的内存保护仓盖(如图 17.4 所示)。

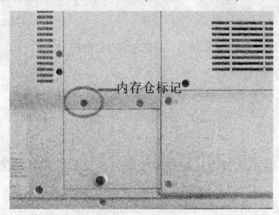

图 17.4　笔记本内存保护仓盖

(2) 将内存用 45°角斜插入插槽，插到底后将内存向下按(如图 17.5 所示)，此时两边的卡锁会将内存卡住，并发出"啪"的一声轻响，表示这条内存已经被安装到插槽中，如果没能听到声音，就很可能是内存没安装好，需要重新安装一下。

图 17.5　笔记本内存安装

如果要拆卸内存条,可将两侧的卡扣轻轻地打开,内存会自动弹起,轻轻地取出内存(如图 17.6 所示)。

图 17.6　笔记本内存的拆卸

2. 笔记本硬盘的安装与拆卸

分析

反复练习硬盘的安装。

实训要求

正确地安装硬盘,要求学员要反复地安装硬盘,直到非常熟练为止。

实训步骤

(1) 先将硬盘与保护盒结合在一起,如图 17.7 所示。

图 17.7　笔记本硬盘的安装

(2) 打开笔记本电脑背面的硬盘保护仓盖。

(3) 将硬盘的数据接口与笔记本主板上的硬盘接口对接好,再将硬盘放入硬盘仓,如图 17.8 所示。

第 17 章 存储系统的维护

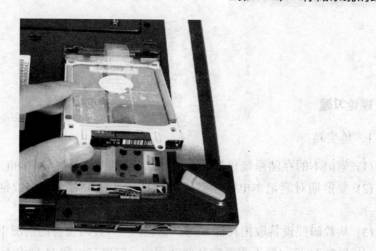

图 17.8 笔记本硬盘的安装

3. 存储卡的安装(以数码相机为例)

分析

根据不同的存储卡，仔细分析，阅读说明书，按照说明书进行操作，同时积累经验，保持创新的精神，不固守原有的思维习惯和方式，锻炼学员独立处理问题的能力。

实训要求

根据常见存储卡的操作，细心体会，反复揣摩。

实训步骤(以数码相机为例)

(1) 关闭电源。
(2) 按照存储卡上箭头对准数字照相机上的存储卡仓。
(3) 将存储卡装载到位。
(4) 将存储卡仓盖盖好，以免灰尘侵入。

四、实训总结

通过本章的实训，学员应该能够熟练掌握内存条的安装、硬盘的安装与存储卡的安装，可以针对笔记本存储系统使用过程中出现的问题作出及时处理。

本 章 小 结

本章首先介绍了笔记本硬盘和光驱的维护，然后介绍了移动存储设备的维护；接着讲解了存储设备的安装；最后安排了技能实训，以强化技能练习。

本章的重点和难点是存储设备的安装与维护。

习 题

一、理论习题

1. 填空题

(1) 笔记本的存储系统包括( )、( )、( )、( )和( )等。

(2) 要定期对笔记本电脑硬盘进行杀毒，并注意对重要的数据进行( )和经常性的( )。

(3) 从数码照设备取出存储卡时，要在( )数码设备的情况下进行。

(4) 现在 U 盘一般不需要安装驱动程序。但也有一些 U 盘由于具有( )、( )等功能，那么在任何 Windows 的版本中可能都需要安装驱动。

(5) 存储卡在安装时应注意( )箭头，以免出错。

2. 选择题

(1) 安装笔记本内存时，需要用( )插入插槽。
    A. 30°角   B. 45°角   C. 水平   D. 垂直

(2) 手机存储卡进行格式化应选择( )。
    A. FAT(32)   B. NTFS   C. FAT(16)   D. 以上都可以

(3) 硬盘在移动、安装、维修过程中很容易受到物理损坏，但以下描述( )不能断定硬盘存在物理损伤。

    A. 硬盘内部发出"咔咔"生硬的声响

    B. 硬盘集成电路有烧坏的迹象

    C. 微机找不到硬盘，硬盘没有流畅的转动

    D. 硬盘被摔，外壳有严重变形。

(4) 图 17.9 所示的存储卡是( )卡。
    A. CS   B. SD   C. XD   D. MMC

图 17.9 存储卡

第 17 章 存储系统的维护

(5) 目前主流笔记本的内存为(　　)。
　　A．256MB　　　B．512MB　　　C．1GB　　　　　D．8GB

3．判断题

(1) 在开机的状态下，最好不要移动笔记本。　　　　　　　　　　　　　(　)
(2) 用户最好在关机前及时从光驱中取出光盘。　　　　　　　　　　　　(　)
(3) 避免在高温、高湿度下使用和存放存储卡。　　　　　　　　　　　　(　)
(4) 可以在计算机开机时安装内存条。　　　　　　　　　　　　　　　　(　)
(5) 数码相机存储卡的仓盖要及时盖好，以防止灰尘进入。　　　　　　　(　)

4．简答题

(1) 如何维护笔记本硬盘？
(2) 如何维护笔记本光驱？
(3) 简述存储卡的维护。

二、实训习题

1．操作题

(1) 在当地的电脑市场上认识各个品牌的笔记本硬盘。
(2) 在当地的电脑市场上认识各个品牌的笔记本的内存。
(3) 在当地的电脑市场上认识各个品牌的笔记本存储卡。
(4) 在笔记本维修中心练习硬盘的安装。
(5) 在笔记本维修中心练习各种存储设备的安装。

2．综合题

(1) 某科研所的员工刘某购买了一台某品牌笔记本电脑，计算机自身带着正版的 Windows Vista 操作系统，笔记本电脑的各项性能表现都不错，但是笔记本电脑硬盘只有 C、D 两个分区，对于习惯了 C、D、E、F 4 个分区的刘某来说，这让他感觉到有点别扭。想自己重新分区，又害怕把笔记本电脑的隐藏分区破坏了而导致"一键还原"无法使用。请在不破坏隐藏分区的情况下为刘某的笔记本电脑分为 C、D、E、F 4 个分区。

(2) 某单位的职员小王昨天他的笔记本电脑还正常关机，可是今天上班打开笔记本的时候，显示屏上什么也没有，而且听见笔记本有不断"滴、滴"的声音。请为小王处理这个故障。

第18章 笔记本电脑上网

教学提示：
- 了解笔记本电脑的上网方式
- 掌握笔记本局域网上网的设置
- 掌握笔记本无线上网的设置
- 掌握局域网共享上网的设置

教学要求：

知识要点	能力要求	相关及课外知识
笔记本电脑的上网方式	了解各种上网方式的要求	世界各国上网途径和方式
笔记本局域网上网的设置	掌握上网设置	了解局域网中计算机数量的限制
笔记本无线上网的设置	掌握上网设置	了解各国无线网络资费
局域网共享上网	掌握上网设置	了解共享方式

第 18 章　笔记本电脑上网

引例

请关注以下与笔记本上网有关的现象：

（1）大学毕业后进入某公司上班的小庞负责公司的计算机维护任务。有一天老总告诉小庞，他自己的笔记本"不能上网"了，总是提示"找不到服务器"。

（2）某非常有实力的 IT 公司为了提高企业自身形象，在公司办公楼内实现了无线上网，公司员工使用自己的笔记本电脑在办公室内可以随心所欲地上网，摆脱了接线的麻烦。

（3）某物业公司职员罗某有一台三星笔记本电脑，此前一直正常使用，可是昨天怎么也无法上网了。这样的例子还可以列出很多。

随着网络技术的发展，用户上网越来越方便，上网用户也越来越多，这样也带来了网络使用过程中的各种问题，其表现出来的形式可能是各种各样，这都是值得计算机网络工程师深入研究的问题。

本章重点讨论计算机网络的基础知识及计算机上网使用过程中遇到的与网络相关的问题。通过本章的学习，了解笔记本电脑上网的基本情况，选择合适的上网方式，针对计算机在网络使用过程中出现的与网络相关的问题作出及时的处理。

18.1　有 线 上 网

笔记本电脑上网与传统的台式机上网不同之处是：它具有更多的可选择性与灵活性。目前仍占网络系统集成主要业务的布线系统就是为台式机量身定做的，因为台式机本来就是固定在一个位置，用有线上网很方便；而笔记本则大不相同了，可以带在身边，如果还是按照以前的传统上网方式，那实在是太束手束脚了。笔记本电脑与台式机相比较上网方式更多，更方便快捷地畅游网络，不同环境下其上网方式也有所不同。笔记本电脑按照是否有网线可以分为有线上网和无线上网；按照网络连接方式可以分为拨号上网、ADSL 上网、手机上网、GPRS、CDMA 等众多上网方式。

18.1.1　单机"软猫"上网

由于传统的"猫"的上网方式速度较慢，现在台式机基本上抛弃了 Modem 接口，自然台式机也就无法通过传统的"猫"来上网。但是现在的笔记本电脑依然保留了 Modem 接口，可见"小猫"虽老，但生命力仍然很顽强，在偏远的山区和某些旅游景点，"小猫"依然是无可替代的。

1．Modem 接口

笔记本电脑的 Modem 接口都是 56KB 的，其接口如图 18.1 所示。

2．安装与配置

（1）安装驱动程序

在笔记本随机软件的驱动程序光盘中，找到 Modem 的安装程序，进行安装，如果没有随机光盘，可以到笔记本电脑的品牌网站上去下载其驱动程序进行安装。安装完成后在

"设备管理器"窗口中,在"调制解调器"下拉菜单中会显示已经安装 Modem 的型号,如图 18.2 所示。

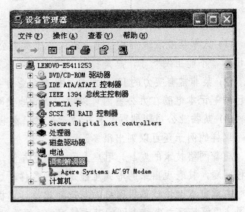

图 18.1　笔记本电脑的 Modem 接口　　　　　图 18.2　笔记本电脑的 Modem

(2) 设置 Modem

驱动程序安装完毕后,就可以建立网络连接了,步骤如下。

第 1 步:在"网上邻居"属性窗口中,选中"创建一个新的连接",弹出"新建连接向导",如图 18.3 所示。

第 2 步:单击【下一步】按钮,按照向导直至最后一步输入 ISP 提供的用户名和密码,设置完成。

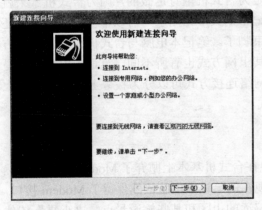
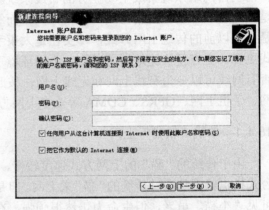

图 18.3　创建连接　　　　　　　　　　　图 18.4　输入账号信息

(3) 上网登录

把电话线连接到笔记本电脑的调制解调器上,拨号连接,连通后会提示"连接成功"。

18.1.2　网卡接口上网

1. 网卡接口

笔记本网卡大多数为 10/100Mb/s 自适应网卡,使用 32 位 PCI 总线进行传输数据,我们采用网卡上网,一般使用 RJ-45 接口,如图 18.5 所示。

第 18 章　笔记本电脑上网

图 18.5　笔记本电脑的网卡接口

2. 安装与配置

(1) 安装驱动程序

在笔记本随机软件的驱动程序光盘中，找到网卡(LAN)的安装程序，进行安装，如果没有随机光盘，可以到笔记本电脑的品牌网站上去下载其驱动程序进行安装。安装完成后在"设备管理器"窗口中，在"网卡"下拉菜单中会显示已经安装网卡的型号，如图 18.6 所示。

图 18.6　网卡驱动安装

(2) 上网设置

设置过程和 Modem 上网设置大同小异，只是在选择设备时不是选择"用拨号调制解调器连接"选项，而是选择"用要求用用户名和密码的连接来连接"选项，其他步骤完全一样。

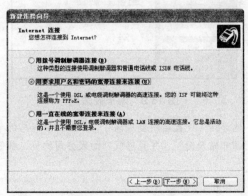

图 18.7　上网方式选择

(3) 上网登录

把 ISP 提供的网线连接到笔记本电脑的网卡上，拨号连接，连通后会提示"本地连接成功"。

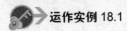运作实例 18.1

笔记本网卡禁用故障的排除

大学毕业后进入某公司上班的小庞负责公司的计算机维护任务，小庞经常受到老总的表扬，理由很简单，小庞为老总购买的笔记本电脑使用一直很正常，别的笔记本总是时不时出点小故障。可是有一天老总告诉小庞自己的笔记本"不能上网"了，总是提示"无法显示该页面"，如图 18.8 所示。

图 18.8　无法显示该页面

小庞首先把笔记本拿到自己的办公室，连接自己的网卡接口，也是同样的故障。然后查看笔记本的网络配置，可是当他打开"网上邻居/属性"窗口时，发现老总的笔记本的"本地连接"是灰色的，网卡被"禁用"了，自然就连不通了，更无法打开网页了，如图 18.9 所示。

图 18.9　网卡被禁用

处理方法很简单，把"本地连接"设置启用就可以了，一分钟后老总的笔记本上网一切正常了，老总这次又表扬了小庞，"处理问题非常及时"，并且感叹"如果公司的员工都像小庞这样，公司他就不用管理了"。

第 18 章　笔记本电脑上网

18.2　无　线　上　网

随着英特尔迅驰移动计算技术大张旗鼓地进军市场时，无线上网也成为 IT 科技的热门话题。无线上网可以分为远程无线上网与无线局域网两种方式，二者各有千秋。

18.2.1　远程无线上网

目前，国内的两大移动电话运营商中国移动与中国联通，分别推出了 GPRS 业务与 CDMA1X 业务，这是在原有的 GSM 手机网络上进行扩展而开发的新技术，其简单的原理就是在原有的 GSM 网络的音频脉冲信号上进行改进，使其采用电磁信号进行传输，并且扩大了网络带宽，我们只需要在笔记本电脑的 PC 卡插槽中插上一块 GPRS 上网卡或是 CDMA 上网卡，并且在移动或联通的营业厅办理好相关的手续，就可以使用随卡光盘中的拨号程序进行无线上网了。

整个安装使用流程如下(以 GPRS 为例)。

第 1 步：连接手机和笔记本电脑。

手机和笔记本电脑的连接方式主要有两种：数据线连接、红外连接。

(1) 数据线连接。

不同的手机型号数据线是不一样的，专用数据线通常需要另外购买，数据线的计算机接口有 USB 和串口两种。

(2) 红外连接。

目前大部分的笔记本电脑都有 IrDA 红外接口，可以与带红外接口 GPRS 手机相连。台式机一般不带红外接口，如需连接红外接口的手机可另外添置红外接口适配器，红外接口适配器的价格一般在数十元到 200 元，USB 接口的要贵一些。

第 2 步：购买 GPRS 无线上网卡(如图 18.10 所示)，然后在营业厅开户领取你手机号码的副卡(与你的手机号码一样，但不能在手机上使用，只是作为无线上网的身份识别工具)，并将副卡装入无线上网卡中。

图 18.10　PCMCIA 接口的 GPRS 卡

第 3 步：在笔记本电脑上安装驱动程序，创建拨号网络。

从网上或者光盘上安装 "GPRS 上网直通车"，然后运行该程序(如图 18.11 所示)，安装手机 Modem(如图 18.12 所示)，并创建拨号网络(如图 18.13 所示)，根据移动公司给出的参数、账号和密码等设置好。

第 4 步：运行"GPRS 上网直通车"，设置手机 APN 参数(如图 18.14 所示)。

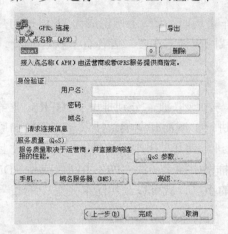

图 18.11　GPRS 软件安装

图 18.12　GPRS 软件安装

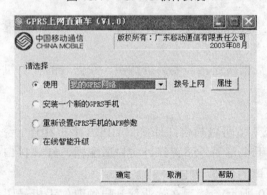

图 18.13　创建拨号网络

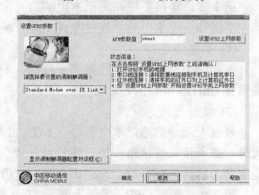

图 18.14　设置 APN 参数

第 5 步：拨号连通网络，打开浏览器开始上网。

通过以上简单的设置，就完成了 GPRS+电脑无线上网的方案部署，直接双击在桌面上创建的无线上网拨号连接快捷项即可上网了，与普通拨号一样。

18.2.2　无线局域网

无线局域网目前已经发展出 802.11B 与 802.11A，随之还有 802.11G，在市场上已经有销售的成熟产品主要是 802.11B 与 802.11A 这两种，802.11B 协议的产品传输速度是 11MB/s，而基于 802.11A 协议的产品传输速度则可以达到 56MB/s，这已经是接近有线局域网的速度了。由于价格的关系，大家已经在使用的迅驰笔记本采用的技术或是市面上能购买到的无线网卡，绝大部分是 802.11B 协议的。

要架设一个无线局域网域非常简单，购买一个无线收发器(简称 AP)，使用普通的网线将它连接到有线局域网上即可，这个无线收发器会把一定范围内的所有拥着无线网卡的接入到有线局域网的交换机上，其网络设置方法与使用有线网络一样，唯一有区别的是，你

第18章 笔记本电脑上网

的计算机会显示你正通过某无线设备连接到网络上(在右下角任务栏)，同时你可以在信号的覆盖范围内任意上网。

一个 AP 的信号覆盖范围大约在 100～300 米之间，依现场环境而言，如果是开阔的环境(即没有太多墙壁阻挡信号)，那么超过 300 米也能接收到信号，更棒的是，一个 AP 根据型号的不同，可以同时接入 10～30 名用户无线上网。

通常无线局域网有两种网络类型，一种是以无线 AP 为中心的无线局域网，在此类型无线局域网中，所有的用户数据都要经过无线 AP 转发，这种类型被称为"Infrastructure"结构。还有一种为对等方式无线局域网，网络中没有无线 AP 设备，所有客户机地位平等，彼此间可以直接通信，这种类型被称为"Ad-Hoc"结构。因此用户要根据自己无线局域网的实际情况进行网络类型选择，这里我们以前者为例讲解无线局域网的配置。

1. 客户端的设置

无线局域网中的客户机一般比较复杂，系统有的是 WindowsXP，还有更低版本的像 Windows98/Me/2000 系统，以此为例讲解客户端的设置情况。

1) 创建用户配置文件

WindowsXP 可以利用内置"无线网络配置"功能快速配置客户端。而对于 Windows98/Me/2000 系统，它们对无线网络的支持不完善，并没有提供无线网络配置组件，因此必须利用无线网卡光盘自带的管理和配置工具进行配置，大多无线设备生产厂商都会提供此工具。Windows98 系统中，以"TP-LINK 11G 无线网卡"为例，介绍如何利用光盘提供的无线网络管理和配置工具，对客户机进行网络参数配置。

首先要新建用户配置文件，用来存储用户需要的各种网络参数。在"用户文件管理"标签页中单击【新建】按钮(如图 18.15 所示)，弹出【用户文件配置管理】对话框，下面还要根据你的无线网络实际情况，来配置对话框中的各种参数。

图 18.15　常规参数设置

2) 网络参数配置

(1) 常规参数配置

在"配置文件名称"栏中首先为该配置文件起个文件名(如图 18.16 所示)，如"CPCW"，接着在"客户端名称"栏中填入客户机的机器名。每个无线网络都有一个唯一的"SSID"标志，客户机要想成功接入该无线网络，必须清楚了解你所在的无线网络的"SSID"，如果你的无线网络环境较为复杂，处于多个无线网络信号覆盖范围之内，可以在"用户文件管理"标签页中单击【搜索】按钮，该程序会自动探测可用的所有无线网络资源，这时用户就可以根据提示，选择需要的无线网络，并得到网络标志(SSID)。

图 18.16 常规参数设置

在"网络标志"框的 SSID1 栏中,输入你要接入的无线网络的 SSID,如果你想分别接入多个无线网络,可以依次在 SSID2 和 SSID3 栏中填写各自的网络标志。

(2) 安全参数配置

为了保证无线网络的安全,大多数无线局域网都使用了加密协议,如 WEP、WPA,因此用户还要正确配置这些网络安全参数,才能正常接入无线网络。如无线网络采用 WEP 加密协议,并且密钥格式为 ASCⅡ码,长度为 64 位。

切换到"安全"标签页(图 18.17 所示),这里提供了多种安全认证类型,如 WPA、WPA Passphrase、802.1X 和预共享密钥(静态 WEP)等。这里根据无线网络安全认证情况进行选择,在"安全设置"框中选中"预共享密钥(静态 WEP)"单选项,接着单击下方的【配置】按钮,弹出【设置预共享密钥】对话框,在【密钥格式】框中选择【ASCⅡ码】选项,【密钥长度】选择 64 位,然后在【WEP 密钥】栏中输入无线网络数据加密所采用的密钥,最后单击【确定】按钮,完成安全参数设置。

图 18.17 安全参数设置

(3) 高级参数配置

切换到"高级"标签页(如图 18.18 所示),在这里对无线网络参数进行深入配置。在"发射功率等级"栏中指定无线设置的发射功率,一般对于"802.11b/g"无线设备,使用默认的"100mW"即可,如果是较老的无线设备,一般选择"40mW"即可。

3) 激活配置文件

完成了以上用户配置文件的设置后,返回到"用户文件管理"标签页,在配置文件列表框中选中刚才配置的 CPCW 配置文件后,然后单击【激活】按钮(如图 18.19 所示),使配置文件立即生效,这样客户机就接入了无线局域网。

第 18 章　笔记本电脑上网

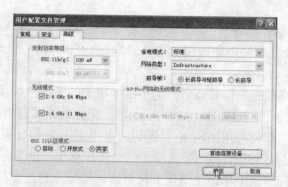

图 18.18　高级参数设置

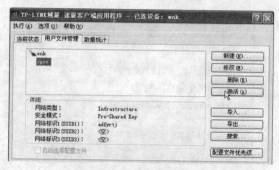

图 18.19　激活配置文件

4) 如果笔记本电脑采用的是 WindowsXP 系统，一切问题就迎刃而解了。它内置的"无线网络配置"功能，能让用户快速配置无线网络。

安装好无线网卡驱动程序后，右键点击系统托盘的无线网卡图标，选择"状态"选项，在弹出的对话框中单击【属性】按钮，切换到"无线网络配置"标签页。接着在"首选网络"框中单击【添加】按钮，弹出【无线网络属性】对话框(如图 18.20 所示)。

图 18.20　无线网络配置

在"网络名(SSID)"栏中输入你要接入的无线网络的 SSID，接着在"无线网络密钥"框中进行安全认证设置。这里还是以无线网络为例，在"网络验证"框中选择"共享式"，在"数据加密"框中选择"WEP"。这里要注意，一定要取消"自动为我提供此密钥"选项前面的钩，否则就无法填写网络密钥，接着在"网络密钥"栏中输入密钥，最后单击【确定】按钮。

返回到"无线网络配置"标签页后，选中刚才添加的无线网络项目，单击【高级】按钮，弹出【高级】配置对话框(如图18.21所示)。如果你的无线网络是"Infrastructure"结构，建议选择默认的"任何可用的网络(首选访问点)"选项，但如果是"Ad-Hoc"结构，就要选择"仅计算机到计算机(特定)"选项，这里要根据用户的实际需要进行选择。最后在"无线网络配置"标签页中单击【确定】按钮后，稍等片刻，客户机就可以接入你指定的无线局域网。

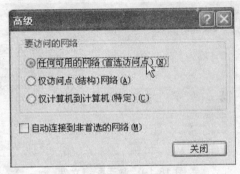

图 18.21 选择无线网络

2. 无线路由器的配置

当无线局域网中的客户机数量较多时，可以借助于无线路由器实现 Internet 连接共享上网。目前无线路由器的产品很多，性能也日益趋于完善，在此我们以 TP-LINK TL-WR841N 11N 无线路由器为例说明无线路由器的配置。

TP-LINK TL-WR841N 11N 采用了全中文的 Web 管理界面，还有人性化的快速配置向导，简洁易懂便于操作。

1) 登录无线路由器

输入无线路由器的 IP 地址：192.168.1.1，输入用户名和密码(默认的用户名和密码都是：admin，如图 18.22 所示)。

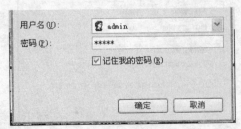

图 18.22 登录无线路由器

2) 设置上网方式

支持 PPPoE、动态 IP、静态 IP 等宽带接入方式；根据上网方式进行选择，这里我们选

第 18 章 笔记本电脑上网

择的是 PPPoE 虚拟拨号方式，设置好"上网账号"和"上网口令"(如图 18.23 所示)。

图 18.23 设置上网方式

3) 配置无线网络

设置完上网方式后，自动弹出"无线设置"，可以选择是否开启无线功能，设置无线路由器的 SSID 号、频段、模式等(如图 18.24、图 18.25 所示)。

图 18.24 无线网络

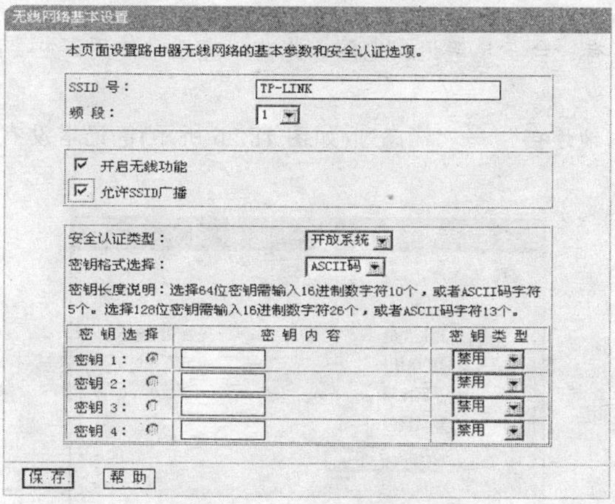

图 18.25 配置无线网络

此页中除了向导中设置过的无线功能的开启、SSID、频段之外，还有更多安全机制的设定。其中如果勾选了"允许 SSID 广播"，此路由器将向所有的无线主机广播自己的 SSID 号，也就是说未指定 SSID 的无线网卡都能获得 AP 广播的 SSID 并连入。如果用户不想附近有别的无线客户端"不请自来"，那么建议取消此选项，并在客户端网卡无线设置中手动指定相同的 SSID 来连入。"安全认证类型"中可以选择允许任何访问的"开放系统"模式，基于 WEP 加密机制的"共享密钥"模式，以及"自动选择"方式。为安全着想，建

321

议选择"共享密钥"模式。密钥格式选择"中可以选择下面密钥中使用的 ASCⅡ码还是 16 进制数。一般选择 16 进制数(HEX)。下面的密钥信息中,内容项按说明自由填写一"选择 64 位密钥需输入 16 进制数字符 10 个,或者 ASCⅡ码字符 5 个。选择 128 位密钥需输入 16 进制数字符 26 个,或者 ASCⅡ码字符 13 个"。然后在"密钥类型"处选择加密位数,可以选择 64 位或 128 位,选择"禁用"将不使用该密钥。需要注意的是:同一时刻,只能选择一条生效的密钥,但最多可以保存 4 条。而且加密位数越高,则通信的效率越低,也就是说连接速率会受到影响,所以建议在家庭 WLAN 这种对安全不太敏感的环境中,不必选择过高的加密位数。

4) 设置 DHCP 服务

无线路由器默认起用 DHCP 服务,默认的 IP 地址分配范围为 192.168.1.100～192.168.1.199。

5) 其他设置

支持 UPnP、DDNS、静态路由、VPN Pass-through;支持虚拟服务器、特殊应用程序和 DMZ 主机等多种端口转发,可用于建设内网网站;内建防火墙,支持 IP、MAC、URL 过滤,可灵活地控制上网权限与上网时间等。

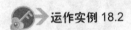
运作实例 18.2

笔记本无法自动获得 IP 地址?

某物业公司的职员罗某有一台三星笔记本电脑,此前一直正常使用,主要是上网,可是昨天怎么也无法上网了。

查看笔记本电脑的"本地连接"—"状态"(如图 18.26 所示)笔记本没有获得 IP 地址,自然无法上网了。

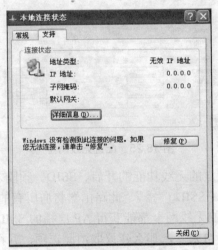

图 18.26 笔记本电脑无法获得 IP 地址

第 18 章 笔记本电脑上网

出现上述原因最可能的是系统服务中的 DHCP 服务被停用或者禁用了。进入系统服务,发现笔记本电脑的"DHCP"没有启动,将其设置为"自动",并启动该服务,计算机获得了 IP 地址(如图 18.27 所示)。然后上网一切正常了。

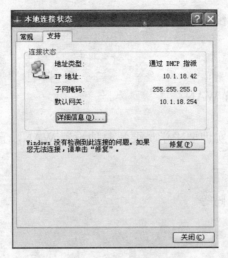

图 18.27 笔记本电脑获得 IP 地址

18.3 利用宽带路由器共享上网

一、实训目的

本章通过实训,使学员掌握带路由器共享上网的设置与调试。

二、实训内容

(1) 宽带路由器的安装。
(2) WAN 的设置。
(3) LAN 的设置。

三、实训过程

1. 宽带路由器的安装

分析
在实训室内连接宽带路由器。

实训要求
正确地连接宽带路由器,本实训要求学员要反复地连接宽带路由器,直到非常熟练为止。

实训步骤

(1) 物理连接宽带路由器。

(2) 登录宽带路由器。

(3) 查看宽带路由器的配置说明。

2. WAN 的设置

分析

在实训室内正确地设置 WAN。

实训要求

正确地设置 WAN，本实训要求学员要反复地设置 WAN，直到非常熟练为止。

实训步骤

(1) 选择 WLAN 选项。

(2) 配置上网账号和密码等。

3. LAN 的设置

分析

根据局域网的实际状况和同学协商，仔细分析，逐步确认，积累经验，同时保持创新的精神，不固守原有的思维习惯和方式，锻炼学员独立处理问题的能力。

实训要求

根据常见案例，细心体会，反复揣摩。

实训步骤

(1) 设置内部 IP 地址。

(2) 登录上网。

四、实训总结

通过本章的实训，学员应该能够熟练掌握宽带路由器共享上网，可以针对计算机使用过程中出现的相关问题作出及时的处理。

本 章 小 结

> 本章首先介绍了笔记本电脑的上网方式；然后介绍了有线网上网配置，接着讲解了无线上网配置，最后安排了实训，以强化技能训练。
>
> 本章的重点是网络上网配置。
>
> 本章的难点是无线局域网上网配置。

习 题

一、理论习题

1. 填空题

(1) 笔记本电脑按照是否有网线可以分为(　　)和(　　)。

(2) 按照网络连接方式可以分为(　　)、(　　)、(　　)、(　　)、(　　)等众多上网方式。

(3) 一个 AP 的信号覆盖范围大约在(　　)米之间。

(4) 无线上网可以分为(　　)与(　　)两种方式，二者各有千秋。

(5) 通常无线局域网有两种网络类型，一种是以(　　)的无线局域网，另一种为(　　)的无线局域网。

2. 选择题

(1) 下图所示的设备是(　　)。

　　A．Modem　　B．LAN　　C．无线网卡　　D．存储卡

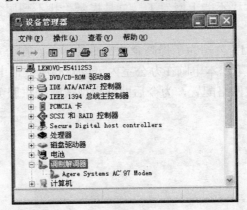

(2) 基于 802.11A 协议的产品传输速度则可以达到(　　)，这已经是接近有线局域网的速度了。

　　A．56KB/s　　B．2MB/s　　C．56MB/s　　D．100MB/s

(3) 下列(　　)不是手机和笔记本电脑的连接接口方式。

　　A．蓝牙　　B．USB 接口　　C．并口　　D．红外线

3. 判断题

(1) 现在的笔记本电脑依然保留了 Modem 接口。　　　　　　　　　　　　　(　　)

(2) Windows XP 系统内置的"无线网络配置"功能，能让用户快速配置无线网络。
　　　　　　　　　　　　　　　　　　　　　　　　　　　　　　　　　　(　　)

(3) 无线路由器本身的 IP 地址是由用户来设置的。　　　　　　　　　　　　(　　)

4. 简答题

(1) 简述网卡驱动程序的安装。
(2) 简述远程无线上网的流程。
(3) 简述手机和笔记本电脑的连接方式。
(4) 简述无线局域网上网路由器的设置。

二、实训习题

1. 操作题

(1) 到当地的移动营业厅上了解各类无线网卡。
(2) 反复练习 LAN 上网方式的配置。
(3) 反复练习无线上网方式的配置。
(4) 反复练习无线局域网上网方式的配置。

2. 综合题

(1) 大学毕业后进入某公司上班的小庞负责公司的计算机维护任务，小庞经常受到老总的表扬，理由很简单，小庞为老总购买的笔记本电脑使用一直很正常。可是有一天老总告诉小庞，自己的笔记本"不能上网"了，总是提示"找不到服务器"。请为小庞处理该故障。

(2) 某非常有实力的 IT 公司为了提高企业自身的形象，在公司办公楼内实现了无线上网，公司员工使用自己的笔记本电脑在办公室内可以随心所欲地上网，摆脱了接线的劳苦。请具体考查该公司的无线网络配置，为今后网络出现故障提供服务。

参 考 文 献

[1] 宋清龙，王保成，向炜. 计算机组装与维护[M]. 北京：高等教育出版社，2006.
[2] 梁和，王文艺. 微机组装与维修[M]. 北京：清华大学出版社，2007.
[3] 刘文硕，胡豪志，卢飞. 计算机组装与维护[M]. 北京：人民邮电出版社，2007.
[4] 胡暇，林燕霞，汤婷. 笔记本电脑选购/应用/优化/维护/故障[M]. 山东：齐鲁电子音像出版社，2007.
[5] 周佩锋，王春红. 计算机组装与维修教程与实训[M]. 北京：北京大学出版社，2005.
[6] 程时兴. 电脑维护与维修[M]. 西安：西安电子科技大学出版社，2003.
[7] 陈国先. 计算机组装与维修实训[M]. 北京：电子工业出版社，2005.
[8] 张林国. 计算机组装与维护[M]. 南京：东南大学出版社，2005.
[9] 蔡泽光，廖乔其. 计算机组装与维护[M]. 北京：清华大学出版社，2004.
[10] 陈浩，孙宇，罗建平. 计算机组装与维护[M]. 北京：人民邮电出版社，2006.

全国高职高专计算机、电子商务系列教材推荐书目

【语言编程与算法类】

序号	书号	书名	作者	定价	出版日期	配套情况
1	978-7-301-13632-4	单片机C语言程序设计教程与实训	张秀国	25	2012	课件
2	978-7-301-15476-2	C语言程序设计(第2版)(2010年度高职高专计算机类专业优秀教材)	刘迎春	32	2011	课件、代码
3	978-7-301-14463-3	C语言程序设计案例教程	徐翠霞	28	2008	课件、代码、答案
4	978-7-301-16878-3	C语言程序设计上机指导与同步训练(第2版)	刘迎春	30	2010	课件、代码
5	978-7-301-17337-4	C语言程序设计经典案例教程	韦良芬	28	2010	课件、代码、答案
6	978-7-301-09598-0	Java程序设计教程与实训	许文宪	23	2010	课件、答案
7	978-7-301-13570-9	Java程序设计案例教程	徐翠霞	33	2008	课件、代码、习题答案
8	978-7-301-13997-4	Java程序设计与应用开发案例教程	汪志达	28	2008	课件、代码、答案
9	978-7-301-10440-8	Visual Basic程序设计教程与实训	康丽军	28	2010	课件、代码、答案
10	978-7-301-15618-6	Visual Basic 2005程序设计案例教程	靳广斌	33	2009	课件、代码、答案
11	978-7-301-17437-1	Visual Basic程序设计案例教程	严学道	27	2010	课件、代码、答案
12	978-7-301-09698-7	Visual C++ 6.0程序设计教程与实训(第2版)	王丰	23	2009	课件、代码、答案
13	978-7-301-15669-8	Visual C++程序设计技能教程与实训——OOP、GUI与Web开发	聂明	36	2009	课件
14	978-7-301-13319-4	C#程序设计基础教程与实训	陈广	36	2012年第7次印刷	课件、代码、视频、答案
15	978-7-301-14672-9	C#面向对象程序设计案例教程	陈向东	28	2012年第3次印刷	课件、代码、答案
16	978-7-301-16935-3	C#程序设计项目教程	宋桂岭	26	2010	课件
17	978-7-301-15519-6	软件工程与项目管理案例教程	刘新航	28	2011	课件、答案
18	978-7-301-12409-3	数据结构(C语言版)	夏燕	28	2011	课件、代码、答案
19	978-7-301-14475-6	数据结构(C#语言描述)	陈广	28	2012年第3次印刷	课件、代码、答案
20	978-7-301-14463-3	数据结构案例教程(C语言版)	徐翠霞	28	2009	课件、代码、答案
21	978-7-301-18800-2	Java面向对象项目化教程	张雪松	33	2011	课件、代码、答案
22	978-7-301-18947-4	JSP应用开发项目化教程	王志勃	26	2011	课件、代码、答案
23	978-7-301-19821-6	运用JSP开发Web系统	涂刚	34	2012	课件、代码、答案
24	978-7-301-19890-2	嵌入式C程序设计	冯刚	29	2012	课件、代码、答案
25	978-7-301-19801-8	数据结构及应用	朱珍	28	2012	课件、代码、答案
26	978-7-301-19940-4	C#项目开发教程	徐超	34	2012	课件
27	978-7-301-15232-4	Java基础案例教程	陈文兰	26	2009	课件、代码、答案
28	978-7-301-20542-6	基于项目开发的C#程序设计	李娟	32	2012	课件、代码、答案

【网络技术与硬件及操作系统类】

序号	书号	书名	作者	定价	出版日期	配套情况
1	978-7-301-14084-0	计算机网络安全案例教程	陈昶	30	2008	课件
2	978-7-301-16877-6	网络安全基础教程与实训(第2版)	尹少平	30	2012年第4次印刷	课件、素材、答案
3	978-7-301-13641-6	计算机网络技术案例教程	赵艳玲	28	2008	课件
4	978-7-301-18564-3	计算机网络技术案例教程	宁芳露	35	2011	课件、习题答案
5	978-7-301-10226-8	计算机网络技术基础	杨瑞良	28	2011	课件
6	978-7-301-10290-9	计算机网络技术基础教程与实训	桂海进	28	2010	课件、答案
7	978-7-301-10887-1	计算机网络安全技术	王其良	28	2011	课件、答案
8	978-7-301-12325-6	网络维护与安全技术教程与实训	韩最蛟	32	2010	课件、习题答案
9	978-7-301-09635-2	网络互联及路由器技术教程与实训(第2版)	宁芳露	27	2012	课件、答案
10	978-7-301-15466-3	综合布线技术教程与实训(第2版)	刘省贤	36	2012	课件、习题答案
11	978-7-301-15432-8	计算机组装与维护(第2版)	肖玉朝	26	2011	课件、习题答案
12	978-7-301-14673-6	计算机组装与维护案例教程	谭宁	33	2012年第3次印刷	课件、习题答案
13	978-7-301-13320-0	计算机硬件组装和评测及数码产品评测教程	周奇	36	2008	课件
14	978-7-301-12345-4	微型计算机组成原理教程与实训	刘辉珞	22	2010	课件、习题答案
15	978-7-301-16736-6	Linux系统管理与维护(江苏省省级精品课程)	王秀平	29	2010	课件、习题答案
16	978-7-301-10175-9	计算机操作系统原理教程与实训	周峰	22	2010	课件、答案
17	978-7-301-16047-3	Windows服务器维护与管理教程与实训(第2版)	鞠光明	33	2010	课件、答案
18	978-7-301-14476-3	Windows2003维护与管理技能教程	王伟	29	2009	课件、习题答案
19	978-7-301-18472-1	Windows Server 2003服务器配置与管理情境教程	顾红燕	24	2012年第2次印刷	课件、习题答案

【网页设计与网站建设类】

序号	书号	书名	作者	定价	出版日期	配套情况
1	978-7-301-15725-1	网页设计与制作案例教程	杨森香	34	2011	课件、素材、答案
2	978-7-301-15086-3	网页设计与制作教程与实训(第2版)	于巧娥	30	2011	课件、素材、答案

序号	书号	书名	作者	定价	出版日期	配套情况
3	978-7-301-13472-0	网页设计案例教程	张兴科	30	2009	课件
4	978-7-301-17091-5	网页设计与制作综合实例教程	姜春莲	38	2010	课件、素材、答案
5	978-7-301-16854-7	Dreamweaver 网页设计与制作案例教程(2010年度高职高专计算机类专业优秀教材)	吴 鹏	41	2012	课件、素材、答案
6	978-7-301-11522-0	ASP .NET 程序设计教程与实训(C#版)	方明清	29	2009	课件、素材、答案
7	978-7-301-13679-9	ASP .NET 动态网页设计案例教程(C#版)	冯 涛	30	2010	课件、素材、答案
8	978-7-301-10226-8	ASP 程序设计教程与实训	吴 鹏	27	2011	课件、素材、答案
9	978-7-301-13571-6	网站色彩与构图案例教程	唐一鹏	40	2008	课件、素材、答案
10	978-7-301-16706-9	网站规划建设与管理维护教程与实训(第2版)	王春红	32	2011	课件、答案
11	978-7-301-17175-2	网站建设与管理案例教程(山东省精品课程)	徐洪祥	28	2010	课件、素材、答案
12	978-7-301-17736-5	.NET 桌面应用程序开发教程	黄 河	30	2010	课件、素材、答案
13	978-7-301-19846-9	ASP .NET Web 应用案例教程	于 洋	26	2012	课件、素材
14	978-7-301-20565-5	ASP.NET 动态网站开发	崔 宁	30	2012	课件、素材、答案
15	978-7-301-20634-8	网页设计与制作基础	徐文平	28	2012	课件、素材、答案
16	978-7-301-20659-1	人机界面设计	张 丽	25	2012	课件、素材、答案

【图形图像与多媒体类】

序号	书号	书名	作者	定价	出版日期	配套情况
1	978-7-301-09592-8	图像处理技术教程与实训(Photoshop 版)	夏 燕	28	2010	课件、素材、答案
2	978-7-301-14670-5	Photoshop CS3 图形图像处理案例教程	洪 光	32	2010	课件、素材、答案
3	978-7-301-12589-2	Flash 8.0 动画设计案例教程	伍福军	29	2009	课件
4	978-7-301-13119-0	Flash CS 3 平面动画案例教程与实训	田启明	36	2008	课件
5	978-7-301-13568-6	Flash CS3 动画制作案例教程	俞 欣	25	2012年第4次印刷	课件、素材、答案
6	978-7-301-15368-0	3ds max 三维动画设计技能教程	王艳芳	28	2009	课件
7	978-7-301-18946-7	多媒体技术与应用教程与实训(第2版)	钱 民	33	2012	课件、素材、答案
8	978-7-301-17136-3	Photoshop 案例教程	沈道云	25	2011	课件、素材、视频
9	978-7-301-19304-4	多媒体技术与应用案例教程	刘辉珞	34	2011	课件、素材
10	978-7-301-20685-0	Photoshop CS5 项目教程	高晓黎	36	2012	课件、素材

【数据库类】

序号	书号	书名	作者	定价	出版日期	配套情况
1	978-7-301-10289-3	数据库原理与应用教程(Visual FoxPro 版)	罗 毅	30	2010	课件
2	978-7-301-13321-7	数据库原理及应用 SQL Server 版	武洪萍	30	2010	课件、素材、答案
3	978-7-301-13663-8	数据库原理及应用案例教程(SQL Server 版)	胡锦丽	40	2010	课件、素材、答案
4	978-7-301-16900-1	数据库原理及应用(SQL Server 2008 版)	马桂婷	31	2011	课件、素材、答案
5	978-7-301-15533-2	SQL Server 数据库管理与开发教程与实训(第2版)	杜兆将	32	2012	课件、素材、答案
6	978-7-301-13315-6	SQL Server 2005 数据库基础及应用技术教程与实训	周 奇	34	2011	课件
7	978-7-301-15588-2	SQL Server 2005 数据库原理与应用案例教程	李 军	27	2009	课件
8	978-7-301-16901-8	SQL Server 2005 数据库系统应用开发技能教程	王 伟	28	2010	课件
9	978-7-301-17174-5	SQL Server 数据库实例教程	汤承林	38	2010	课件、习题答案
10	978-7-301-17196-7	SQL Server 数据库基础与应用	贾艳宇	39	2010	课件、习题答案
11	978-7-301-17605-4	SQL Server 2005 应用教程	梁庆枫	25	2012年第2次印刷	课件、习题答案

【电子商务类】

序号	书号	书名	作者	定价	出版日期	配套情况
1	978-7-301-10880-2	电子商务网站设计与管理	沈凤池	32	2011	课件
2	978-7-301-12344-7	电子商务物流基础与实务	邓之宏	38	2010	课件、习题答案
3	978-7-301-12474-1	电子商务原理	王 震	34	2008	课件
4	978-7-301-12346-1	电子商务案例教程	龚 民	24	2010	课件、习题答案
5	978-7-301-12320-1	网络营销基础与应用	张冠凤	28	2008	课件、习题答案
6	978-7-301-18604-6	电子商务概论(第2版)	于巧娥	33	2012	课件、习题答案

【专业基础课与应用技术类】

序号	书号	书名	作者	定价	出版日期	配套情况
1	978-7-301-13569-3	新编计算机应用基础案例教程	郭丽春	30	2009	课件、习题答案
2	978-7-301-18511-7	计算机应用基础案例教程(第2版)	孙文力	32	2012年第2次印刷	课件、习题答案
3	978-7-301-16046-6	计算机专业英语教程(第2版)	李 莉	26	2010	课件、答案
4	978-7-301-19803-2	计算机专业英语	徐 娜	30	2012	课件、素材、答案
5	978-7-301-21004-8	常用工具软件实例教程	石朝晖	37	2012	课件

电子书(PDF 版)、电子课件和相关教学资源下载地址：http://www.pup6.cn，欢迎下载。
联系方式：010-62750667，liyanhong1999@126.com，linzhangbo@126.com，欢迎来电来信。